温度响应烷基多糖化学品

设计·合成·应用

田野 —— 著

化学工业出版社
·北京·

内容简介

本书全面系统地介绍了温度响应型聚合物的定义和理化性质，重点介绍了温度响应型烷基纤维素、烷基纤维素凝胶、烷基淀粉、烷基淀粉凝胶、烷基瓜尔胶等多糖化学品的设计理念、合成策略以及物理化学性质，还包括多糖基温度响应聚合物在生物医学、分离工程等诸多领域的实际应用。

本书可供智能高分子材料、功能型生物质材料、高分子科学、复合材料科学、精细化工等领域的高校学生和科研人员、工程技术人员阅读和参考。

图书在版编目（CIP）数据

温度响应烷基多糖化学品 ：设计·合成·应用 / 田野著. -- 北京 ：化学工业出版社，2024. 7. -- ISBN 978-7-122-45937-4

Ⅰ. O621.25

中国国家版本馆CIP数据核字第20246K168J号

责任编辑：冉海滢　　装帧设计：王晓宇
责任校对：李雨晴

出版发行：化学工业出版社（北京市东城区青年湖南街13号　邮政编码100011）
印　　装：北京天宇星印刷厂
710mm×1000mm　1/16　印张15　字数352千字　　2024年7月北京第1版第1次印刷

购书咨询：010-64518888　　售后服务：010-64518899
网　　址：http://www.cip.com.cn
凡购买本书，如有缺损质量问题，本社销售中心负责调换。

定　　价：128.00元

前言
Preface

刺激响应型聚合物是智能材料的一个重要分支，它是一类能通过温度、pH、光照、离子强度、磁场等外部环境条件的微弱改变，使其自身的物理和化学性质发生变化的材料。在众多的外界刺激因素中，温度的改变相对比较容易，温度响应型聚合物对外界温度微小的变化就能做出刺激响应，因此温度响应型聚合物在生物、化学药物控释，物相分离，医用生物高分子材料等领域具有极大的应用价值。多糖作为自然界中广泛存在的重要天然高分子，具有生物相容性、生物降解性以及易被生物体吸收等优势。多糖基温度响应材料因其资源、结构和性能等优势得到了相关研究者的青睐。

本书全面介绍了温度响应多糖化学品的设计、合成及应用。全书共分6章，第1章介绍了温度响应型聚合物的定义和几个重要特性参数。第2～3章介绍温度响应型烷基纤维素化学品，其中第2章对温度响应型烷基纤维素醚的设计、合成方法、物理化学性质及其在不同领域的应用进行深度剖析；第3章介绍温度响应型烷基纤维素基水凝胶的合成、性能及应用。第4～5章着重介绍温度响应型烷基淀粉化学品，其中第4章主要介绍烷基淀粉醚的合成方法和温度响应性能；第5章为基于烷基淀粉醚的功能型温度响应水凝胶的设计合成及应用，包括烷基淀粉水凝胶和与其他多糖组成的复合水凝胶，并重点对它们在分离工程领域的应用进行阐述。第6章介绍了温度响应型瓜尔胶醚的合成和温度响应性能。书中部分彩图放于二维码中，读者扫码即可参阅。

本书中介绍的主要研究工作得到了国家自然科学基金（编号：31901775）、辽宁省自然科学基金面上项目（编号：2023-MS-285）、辽宁省教育厅面上项目（编号：LJKMZ20221101）和大连市青年科技之星（编号：2021RQ113）等的资助。本书部分研究内容得到了浙江大学刘鹰教授、大连理工大学具本植教授，以及鄢东茂、袁胥、张成龙、曹守琴、郭全莹、吕继祥、邱日园等专家的指导与支持，在此向诸位专家致以真挚的谢意。本书的出版得到了大连海洋大学海洋科技与环境学院、设施渔业教育部重点实验室和浙江大学生物系统工程与食品科学学院的大力支持，在此一并表示感谢。

由于作者水平有限，书中难免有不妥和疏漏之处，敬请各位读者批评指正。

田 野

2024 年 4 月

目录
Contents

第1章 绪论

1.1
温度响应型聚合物

1.1.1 温度响应型聚合物概述

近几十年来，新材料领域中形成了一门新的分支学科——智能材料。刺激响应型智能材料是一种新兴的高科技尖端材料，可在不同程度上检测或感知环境变化，能进行自我判断并得出结论，最终进行指令执行或实现指令。刺激响应型智能材料的智能性主要体现在如下几个方面：①具有感知功能，能够检测并识别周围环境的变化，如热、应变、应力、光、磁、电及核辐射等；②具有驱动特性及响应环境变化功能；③能以设定的方式选择和控制响应；④反应灵敏恰当；⑤在外界刺激消除后能够迅速恢复到原始状态[1,2]。

刺激响应型聚合物材料在智能聚合物材料中占有重要地位。刺激响应聚合物材料能通过外部环境条件发生微弱改变，例如温度、pH、光照、离子强度、磁场等，而使其自身的物理和化学性质发生变化。刺激响应型聚合物广泛地应用在药物缓释、基因传输、软组织修复、分离过程等方面。在众多的外界刺激因素中，温度的改变相对比较容易，而且温度响应也可以方便地应用，所以温度响应型聚合物得到广泛的关注和研究。温度响应型聚合物（thermoresponsive polymers）又称为温度敏感聚合物，简称温敏聚合物，是指当环境温度发生变化时，其自身结构和理化性质发生突变的一种高分子化合物[3]。

1.1.2 温度响应原理

按溶解行为，温度响应型聚合物主要分为两类：一类具有最低临界溶解温度（lower critical solution temperature, LCST）；另一类具有最高临界溶解温度（upper critical solution temperature, UCST）。LCST 及 UCST 均是高分子与溶剂完全混溶的温度点，如图 1-1 所示。

温度响应型聚合物水溶液随着温度改变，发生可逆的相分离现象，当聚合物溶液升高到某一特定温度时，溶液从透明状变为浑浊状，此温度点就是温度响应型聚合物特有的 LCST。当溶液温度达到 LCST 时，温度响应型聚合物链段从相对舒展的水合状态变为收缩状态（图 1-2），在此温度下，溶液通常被分为两相，即聚合物相和溶剂相，进而使透明的溶液变浑浊，所以又称这个相分离温度为浊点（T_c）[4,5]。LCST 是一种熵驱动效应，主要的驱动力是水的熵变，当温度高于 LCST 时，聚合物水溶液会发生相分离，即聚合物从水溶液中分离

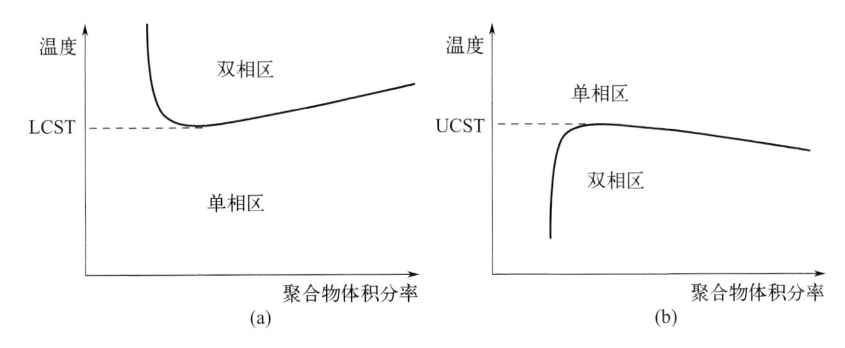

图 1-1　具有 LCST 行为（a）及 UCST 行为（b）的聚合物溶液的温度与聚合物体积分率 φ 的相图

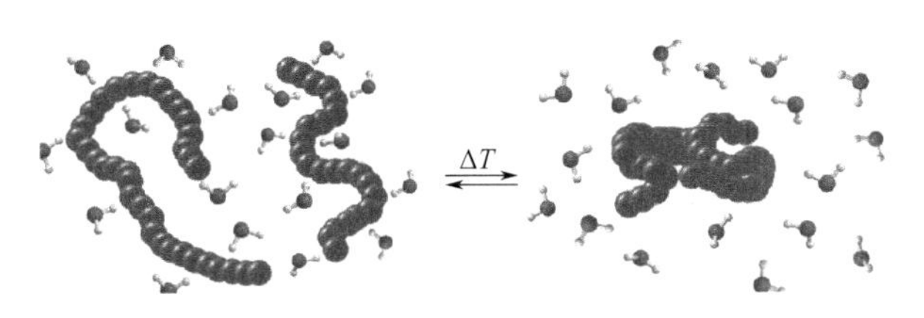

图 1-2　温度响应型聚合物的相转变行为

出来，导致溶剂水的无序度增加，水的熵增加（这一现象也可称为疏水效应）。根据吉布斯方程 $\Delta G=\Delta H-T\Delta S$（$G$—吉布斯自由能；$H$—焓；$S$—熵）可知，随温度升高，溶液发生相分离行为会使溶液体系更加稳定[6,7]。

具有 LCST 的水溶性温度响应型聚合物，当温度低于 LCST 时，其在水中是溶解状态，水溶液是均一的体系，而当温度高于 LCST 时，水溶液会因相分离而呈现浑浊现象，而且这一行为具有一定的可逆性。根据相变行为的可逆性及相变行为对温度的响应速度，温度响应型聚合物水溶液的透光率随温度的变化可以归为三类：第一类，相分离是在某一温度时突然发生的，且冷却和加热循环具有很好的重合性，可逆性很好［图 1-3（a）］；第二类，相分离是在某一温度时突然发生的，但冷却的过程较加热的过程而言，存在很大的滞后［图 1-3（b）］；第三类，相分离行为是随温度的变化而逐渐产生的［图 1-3（c）］[8-14]。

与 LCST 型温度响应型聚合物相反，当聚合物溶液升高到某一特定温度时，溶液从浑浊状变为透明状，此温度点就是温度响应型聚合物特有的 UCST。UCST 是一种焓驱动效应，主要的驱动力是高分子溶解于溶剂时的溶解焓，即主要是由溶剂化作用及分子间作用力和分子内作用力的平衡变化所引起。具有 UCST 的聚合物在温度较低时，聚合物分子链间的分子内氢键占主导地位，聚合物呈现出疏水状态；但当温度较高时，聚合物与水分子间的分子间氢键占主导地位，聚合物表现出亲水状态。具有 UCST 的聚合物主要有三类：第一类

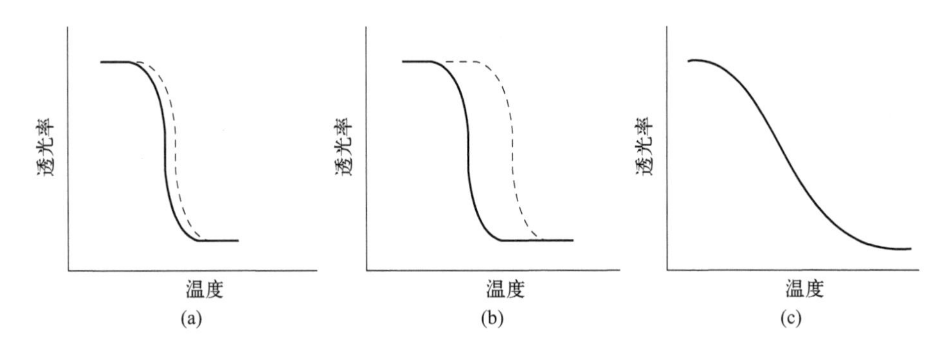

图 1-3 温度响应型材料的三种不同循环浊度测试曲线

是以聚甜菜碱等两性离子聚合物为典型代表的，其温度敏感行为主要由于分子间的库伦作用，聚合物浓度和离子强度对溶液的相分离温度影响较大；第二类是以聚（丙烯酰胺-丙烯腈）[P(acrylamide-*co*-acrylonitrile)] 为典型代表的分子内同时存在氢键受体及给体的聚合物，其温度敏感行为主要由于分子内与分子间氢键作用，聚合物浓度和离子强度对溶液的相分离温度影响较小；第三类是一类需要水和有机溶剂的混合体系才能呈现温度敏感性的聚合物。少数温度响应型聚合物同时具有 UCST 和 LCST，例如（寡聚乙二醇甲醚甲基丙烯酸酯（POEGMA）在水溶液中具有 LCST，而在乙醇溶剂中具有 UCST。通过将 LCST 型聚合物与 UCST 型聚合物嵌段共聚可制备在水溶液中同时具有 LCST 和 UCST 的双温度响应型聚合物。

相比于 LCST 型聚合物，UCST 型聚合物研究较少，主要原因如下：①聚合物的 UCST 值范围一般在小于 0℃或大于 100℃，同时需要溶液体系具有较高的离子强度或较低的 pH 值，限制了 UCST 型聚合物在不同领域的应用；② UCST 值对溶液体系电解质及聚合物浓度极其敏感，不利于其应用；③端基对 UCST 型聚合物溶液的相分离行为影响十分明显，因此，具有 UCST 型聚合物的相分离行为在端基的作用下很难被检测到，即 UCST 值消失。

1.2 温度响应型聚合物的几个重要参数及测定方法

1.2.1 最低临界溶解温度

（1）利用浊度仪测定最低临界溶解温度　浊度法是一种非常直观的表征手段，可以通过聚合物溶液透光率的变化直接判断相变行为的起点和终点。

测定方法：配制 0.1% ～ 10% 的聚合物水溶液，控制升温与降温速率均为 1℃ /min。用浊度仪［图 1-4（a）］测量聚合物溶液透光率随温度的变化。以温度为横坐标，透光率为纵坐标，得到透光率随温度变化的曲线。图 1-4（b）是浓度为 0.5% 的聚 *N*-异丙基丙烯酰胺水溶液透光率随温度变化的曲线，由图可以看出在温度较低的情况，其在水中是溶解状态，聚合物水溶液是均一的体系，透光率高；随温度升高至 LCST 附近时，聚合物水溶液因相分离行为的发生而呈现浑浊现象，透光率值急剧下降。利用透光率数据对温度数据求一阶导数，突变点处对应的温度为聚合物的 LCST。

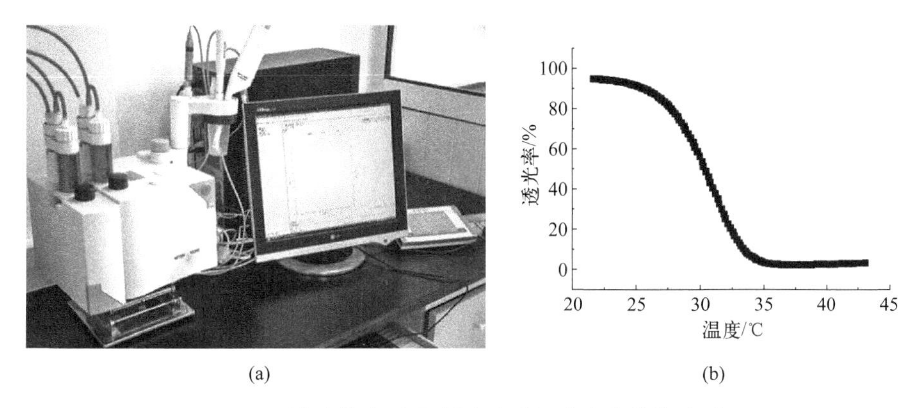

图 1-4　浊度仪（a）及透光率随温度变化曲线（b）

（2）利用控温紫外可见光谱仪测定最低临界溶解温度　测定方法：配制 0.1% ～ 10% 的聚合物水溶液，控制升温与降温速率均为 1℃ /min，照射波长 590nm。用控温紫外可见光谱仪［图 1-5（a）］测量聚合物溶液吸光度随温度的变化。以温度为横坐标，吸光度为纵坐标，得到吸光度随温度变化的曲线。图 1-5（b）是浓度为 0.5% 的聚 *N*-异丙基丙烯酰胺水溶液吸光度随温度变化的曲线，由图可以看出在温度较低的情况下，吸光度低；随温度升高至 LCST 附近时，

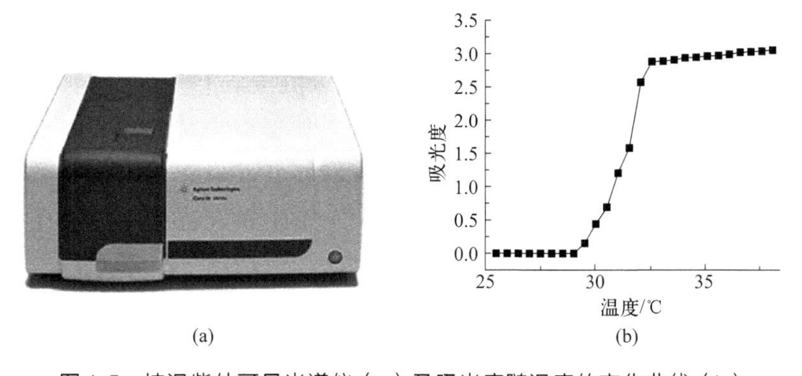

图 1-5　控温紫外可见光谱仪（a）及吸光度随温度的变化曲线（b）

聚合物的吸光度值快速升高。利用吸光度数据对温度数据求一阶导数，突变点处对应的温度为聚合物的 LCST。

（3）利用差示扫描量热法测定最低临界溶解温度　差示扫描量热法（differential scanning calorimetry, DSC）是一种热分析法，也是一种有效测量 LCST 的表征手段。在程序控制温度下，测量输入到试样和参比物的功率差（如以热的形式）与温度的关系。差示扫描量热仪记录的曲线称为 DSC 曲线，它以样品吸热或放热的速率即热流率 d*H*/d*t*（单位 mJ/s）为纵坐标，以温度 *T* 或时间 *t* 为横坐标，可以测量多种热力学和动力学参数，例如比热容、反应热、转变热、相图、反应速率、结晶速率、高聚物结晶度、样品纯度等。该法具有可检测温度范围宽（−175 ～ 725℃）、分辨率高、试样用量少等优点。同时通过 DSC 曲线的面积积分可准确得到焓变等热力学参数。

测定方法：配制 0.1% ～ 10% 的聚合物水溶液，测试条件为氮气气氛，升温速率为 3 ～ 5℃ /min，升温范围为 5 ～ 120℃。放热峰达到最高点时所对应的温度为聚合物的 LCST。值得注意的是，并不是所有 LCST 相分离体系都会出现明显的焓变现象，疏水基团数量较少、醚类及生物质基温度响应型聚合物无法使用 DSC 测定 LCST。疏水基团数量少，意味着疏水基团与水分子之间的氢键作用力总和也相对较弱，疏水基团脱水产生的吸热与放热能量相当，DSC 无法检测到总热量。另外，并不是聚合物温度敏感相变行为都会出现明显的焓变现象，特别是一些醚类聚合物体系的相变行为在 DSC 测量不到有效的数据，这主要是因为这些聚合物的相变过程主要由熵驱动。

（4）利用傅里叶变换红外光谱测定最低临界溶解温度　早期的红外光谱仪主要为色散型，由于其灵敏度低、分辨率低、扫描速度慢等缺点，并未得到广泛的应用。Fellgett 等科学家提出傅里叶积分变换光谱的方法以后，近几十年来，相关领域科学家致力于研制傅里叶变换红外光谱仪。相比于传统的红外光谱仪，傅里叶变换红外光谱仪具有更高的灵敏度、更好的信噪比，而且便于计算机批量处理和演绎。因此，目前几乎所有的红外光谱仪都是傅里叶变换型。

利用变温红外光谱可测定聚乙烯基甲基醚（PVME）、聚 *N*-乙烯基己内酰胺（PVCL）以及聚 *N*-异丙基丙烯酰胺（PNIPAM）的聚合物的 LCST。在 PVME 的相变过程中，水合的 CH_3 基团明显向低波数移动，而 C—O 基团的波数则发生明显蓝移，这些位移都充分证明 PVME 脱水的剧烈程度。而在 PVCL 的体系中，PVCL 的红外光谱在 LCST 附近发生显著的变化，当温度低于 LCST 时，PVCL 的酰胺基团包括三个谱峰 $1565cm^{-1}$、$1588cm^{-1}$ 和 $1610cm^{-1}$，然而温度高于 LCST 时包括四个谱峰 $1565cm^{-1}$、$1588cm^{-1}$、$1610cm^{-1}$ 和 $1625cm^{-1}$。此外，二阶导数谱也是在红外光谱分析中非常有用的方法，在研究聚［*N*-(2-乙氧基乙基) 丙烯酰胺］(PEoEA) 的相变行为时，比较升温前后二阶导数谱的变化，结果表明该 LCST 聚合物的 C═O 水合结构分为两种：一种是普通 C═O…H_2O 结构；另一种则以双氢键的水合模式存在［C═O…$(H_2O)_2$］。温度升高以后部分水合的 C═O 转换成酰胺氢键（C═O…HN），而聚合物上醚键基团却在升温前后未发生明显的脱水合现象。

（5）利用核磁共振氢谱测定最低临界溶解温度　核磁共振（NMR）技术是研究温度响应型聚合物水溶液相分离行为的一种重要手段，核磁共振的各个参数，如化学位移、弛豫时间、线形等，能在分子水平上提供体系环境的细微变化过程中大分子的构象、分子间的相互作用以及各种转变行为的动力学等信息，同时能够通过区分聚合物中不同基团的变化情况，实现对聚合物分子结构中发生刺激响应基团的定位。运动性强的高分子链段在核磁谱呈现出强度高且窄的信号；运动性弱的高分子链段呈现出强度低且宽的信号。当温度响应型聚合物发生无规线团-球形转变时，分子链的运动性急剧下降，聚集的高分子链之间偶极相互作用的增强，导致在液体核磁上聚合物的信号消失。所以核磁共振可选择性地观察快速运动的聚合物链段，可以从微观上直接观测相变过程中的分子链动力学，同时核磁共振还能提供相互作用的信息[15,16]。

以 PNIPAM 为例，具体说明如何通过 NMR 测定最低临界溶解温度。核磁共振波谱仪恒定场强为 9.4T，使用液态探头。光谱的采集采用 20s 的弛豫延迟和单个 90°脉冲，扫描次数至少为 32 次。PNIPAM 的甲基基团信号通过基线校正后的积分来计算。通过加热气流控制样品温度，精度为 0.15K。测量温度范围是 16 ～ 36℃，该温度范围包括 LCST。样品在每个温度点至少平衡 12min 后测量。

如图 1-6 所示，通过积分信号强度可以清楚地检测到 PNIPAM 溶液的相分离行为，在低温度范围时（16 ～ 24℃），化学位移 0.9 处 PNIPAM 的甲基质子峰信号的积分强度较高，而在较高温度范围（33 ～ 36℃），质子峰信号几乎消失。在 24 ～ 33℃范围内，质子峰信号急剧下降。LCST 定义为聚合物的甲基

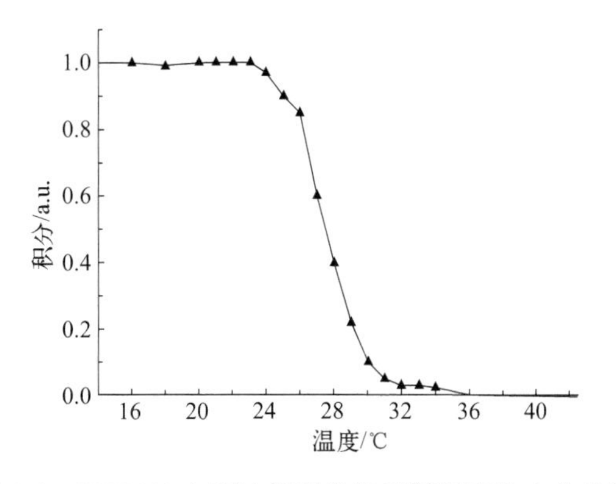

图 1-6　PNIPAM 水溶液的积分信号随温度的变化曲线

质子峰信号下降至 50% 时所对应的温度。

（6）利用荧光探针法测定最低临界溶解温度　荧光探针法测定最低临界溶解温度是利用荧光探针分子在聚合物溶液相变过程中所处环境特征的变化而引起的光谱和光物理特征改变，实现从分子水平上检测温度响应型聚合物水溶液体系在温度变化过程中的相变行为。荧光探针法测定最低临界溶解温度的工作原理如下：①不同极性的环境（溶剂）对荧光探针的弛豫效应可以引起探针激发态的荧光峰强度和波长位移的变化；②溶剂的极性可影响到 n-π* 和 π-π* 态的能级位置，进而影响荧光探针的峰值波长及荧光强度；③有些荧光探针分子内电子给体和受体基团之间相互作用，形成具有扭曲分子内电荷转移态（TICT）构象的激发态，这类探针具有一个共同特点，即在非极性溶剂中仅有短波长处的一个较宽单峰，而在极性溶剂中可观察到双重荧光峰；④有些荧光探针以荧光振动精细结构随溶剂极性而变化的 Ham 效应为基础，如芘、蒽等稠环化合物，它们的溶液在室温下呈现良好的分辨荧光光谱，并且探针的不同振动带可以清晰地区分，在特定位置可对其在不同溶剂中的发射强度进行测定，由于所用溶剂性质不同，可在无明显光谱位移的条件下检测到不同振动条带有较大变化，这就是所谓的 Ham 效应基础。

利用荧光探针测定温度响应型聚合物 LCST 的方式有两种：一种是利用化学键将荧光探针连接至聚合物骨架上，即探针标记法，如将萘基引入到 PNIPAM；另一种是将荧光探针和聚合物溶液物理混合测定 LCST，即荧光探针机械混入法。两种方法所测定的 LCST 有所不同，用机械混入法所测定的聚合物 LCST 偏大。造成这种差异的原因，主要是荧光探针进入温度响应型聚合物胶粒的方式不同。对于探针标记法，探针和聚合物已融为一体，当体系温度升高时，溶液发生相分离行为，由于探针分子已存在于高分子链中，探针荧光特征峰的出现几乎与溶液相分离同时发生。然而对于机械混入法，以游离在聚合物溶液中形式存在的探针不能在体系发生相变的瞬间出现荧光特征峰，而是需要一定时间扩散进入聚合物胶粒，因此出现上述的滞后现象。另外，聚合物溶液体系中探针的用量相同，当温度高于 LCST 时，标记法的荧光强度要远大于机械混入法产生的荧光强度，这主要是因为虽然使用荧光探针的量相同，但是进入到聚合物胶粒中的探针有效浓度存在差异，机械混入法要远低于标记法。

（7）利用光散射法测定最低临界溶解温度　光散射法可测定温度响应型聚合物在溶液中的形态、尺寸以及分子链间相互作用等信息。溶剂从良溶剂变成不良溶剂时，柔性聚合物分子链可以从伸展的无规线团蜷曲成密度均匀的球状。对于温度响应型聚合物，如聚-*N*-烷基丙烯酰胺类、聚醚、嵌段共聚物等，当溶液温度在 LCST 附近时，也将出现类似于柔性聚合物分子链的从无规线团到球状的转变。以 PNIPAM 为例，利用静态光散射（SLS）和动态光散射（DLS）测定 PNIPAM 水溶液在不同温度下的均方旋转半径 $<S^2>^{1/2}$ 和流体力学半径 R_h，由于 $<S^2>^{1/2}$ 与高聚物所占的实际空间有关，是一个与高聚物链有相同平移扩散系数的等效球体的半径。通过研究特征参数 $P=<S^2>^{1/2}/R_h$ 得出，PNIPAM 在水溶液中随温度上升其分子链从无规线团转变为熔化球状，同时也可测得温度响应型聚合物的 LCST。具体测定方法：采用的激光波长为 632nm，所有测试的温度响应型聚合物水溶液的浓度均为 0.01 ～ 2mg/mL，并在样品装进控温槽前先用 450nm 微孔的聚偏二氟乙烯（PVDF）膜过滤除尘。每一个温度点采集数据前恒温保持 15min，确保温度误差小于 0.1℃。测试角度范围为 45°～ 135°。均方旋转末端距 $<R_h>$ 采用 CONTINE 法从动态光散射数据中计算得到，而均方旋转半径 $<R_g>$ 则采用 Zimm-Plot 或 Guinier-Plot 作图得到。以 PNIPAM 水溶液为例，在 28℃以下，$<R_g>/<R_h>$ 大约在 1.32 ～ 1.45。随着温度的逐渐升高，在 28 ～ 32℃范围内，$<R_g>/<R_h>$ 从 1.35 减小至 1.0。当温度升高至 34℃以上时，$<R_g>/<R_h>$ 基本稳定在 0.62 附近，PNIPAM 的 LCST 定义为 $<R_g>/<R_h>$ 的最大值与最小值的中间值。

1.2.2　临界絮凝温度

1.2.2.1　临界絮凝温度定义

微粒表面带有同种电荷，在一定条件下由于静电的相互排斥而稳定。双电层的厚度越大，则相互排斥的作用力越大，微粒就越稳定。在体系中加入一定量的电解质（如氯化钠、氯化镁）后可降低双电层的厚度，导致微粒间的斥力下降，出现絮状聚集，这种现象叫作絮凝。一些温度响应型聚合物也会出现絮凝的现象，但是絮凝机理相比于传统的絮凝有所不同。

当溶液温度高于 LCST 时，聚合物与水分子之间的氢键遭到破坏，分子间的氢键作用和疏水相互作用增强，使聚合物相互聚集并从溶液中析出，进而使溶液变浑浊，此时溶液发生相分离。当水溶液体系中的离子强度较高时或聚合物分子量较大时，随着温度升高至 LCST 以上某一温度时，由于高温和盐析效应的共同作用使聚合物分子进一步脱水、收缩，含水量极少的聚集体从水溶液中沉淀下来，导致絮凝行为的发生，此温度就定义为温度响应型聚合物的临界絮凝温度（critical flocculation temperature，CFT）[17]（图 1-7）。

并不是所有的温度响应型聚合物都具有临界絮凝温度，一般来讲，温度响应型聚合物呈现絮凝现象需要满足如下条件之一：①聚合物溶液要有足够高的离子强度；②聚合物溶液浓度要足够高；③聚合物的分子量足够大且分子链是刚性的；④多糖基温度响应型聚合物一般具有临界絮凝温度，例如纤维素基、

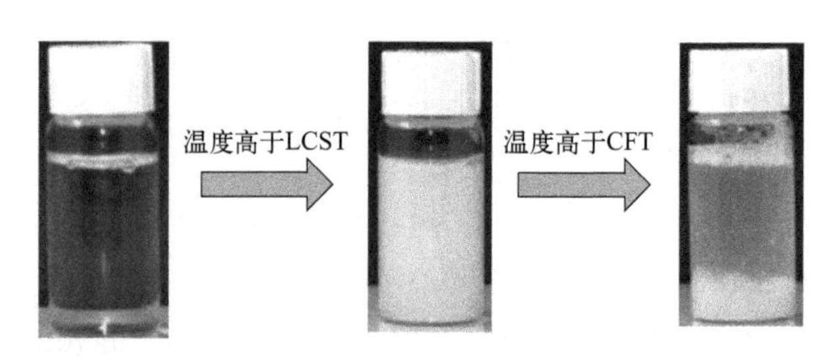

图 1-7　温度响应型聚合物水溶液的临界絮凝行为

壳聚糖、淀粉基温度响应材料等。如果聚合物有 CFT，那么它必然有 LCST，并且聚合物的 LCST 和 CFT 值随外界因素影响的规律基本是一致的。值得一提的是，在离子强度足够高的情况下，LCST 与 CFT 值可以重合，因此在很多研究中常常将两者统一称为 LCST[18]。实际上这种提法的准确性还有待考证，主要原因有两点：从温度一致性来讲，LCST 和 CFT 有显著温度差距，对于低离子强度的聚合物水溶液 CFT 值要比 LCST 值高 2 ～ 6℃ ；从聚合物水溶液相分离行为的微观和宏观状态角度讲，聚合物在 LCST 时，其分子链聚集体的微观尺寸为 80 ～ 700nm，而聚合物在 CFT 时，其聚集体微观尺寸为 0.55 ～ 2μm（甚至更大）。

1.2.2.2　临界絮凝温度测定

（1）利用控温紫外可见光谱仪测定临界絮凝温度　测定方法：配制 0.1% ～ 10% 的聚合物水溶液，控制升温与降温速率均为 1℃ /min，照射波长 590nm。用控温紫外可见光谱仪测量聚合物溶液吸光度随温度的变化。以温度为横坐标，吸光度为纵坐标，得到吸光度随温度变化的曲线，样品溶液吸光度达到最大值时，所对应的温度即为样品的临界絮凝温度。以纤维素基温度响应型聚合物 2-羟基-3-丁氧基丙基羟乙基纤维素（HBPEC）为例，HBPEC 水溶液在极低的离子强度下即可同时具有 LCST 和 CFT。配制 1% 的 HBPEC 聚合物水溶液，利用控温紫外可见光谱仪来测定溶液吸光度随温度的变化。由图 1-8 可知，HBPEC 水溶液的吸光度值随着温度的升高而迅速增大，这是因为 HBPEC 与水分子之间的氢键被破坏，引起 HBPEC 分子链段间的相互聚集，使澄清的溶液变为不透明的白色乳状液，进而引起吸光度值的上升，温度达到 LCST（32.5℃）附近时，吸光度值缓慢增加，水溶液温度升至 41.2℃（吸光度最大值）后，体系发生絮凝现象，絮体由于重力作用沉降到容器底部，吸光度快速下降，此温度即为该纤维素基聚合物的 CFT 值。

（2）利用动态光散射仪测定临界絮凝温度　与传统的表面活性剂相似，具有两亲性的温度响应型聚合物在水溶液中也会缔合成胶束或聚集体，聚合物聚

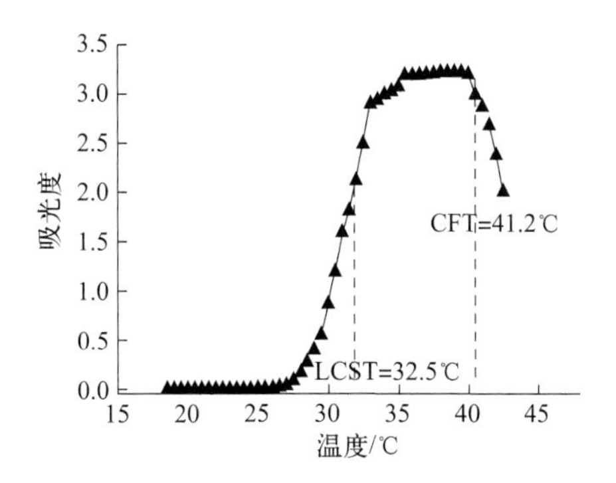

图 1-8　HBPEC 水溶液的吸光度值随温度的变化曲线

集体的直径随温度的变化可通过动态光散射仪进行检测。动态光散射（DLS）用于表征糖、蛋白质等高分子、胶束和纳米颗粒的尺寸。如果系统是单分散的，颗粒的平均有效直径可以求出，其取决于颗粒的内核、表面结构、颗粒的浓度和介质中的离子种类。DLS 也可以用于稳定性研究，通过测量不同时间的粒径分布，可以展现颗粒随时间聚沉的趋势。随着微粒的聚沉，具有较大粒径的颗粒增多。同样，DLS 也可以用来分析温度对稳定性的影响。

测定方法：配制 0.1% ～ 10% 的聚合物水溶液，控制升温与降温速率均为 1 ～ 5℃ /min，DLS 测试的散射角度为 90°，测试之前使用纳滤膜过滤聚合物水溶液，每个观测点样品平衡 3min。以温度为横坐标，动力学直径（$<D_h>$）为纵坐标，得到动力学直径随温度变化的曲线，通过对曲线进行分析得到聚合物的临界絮凝温度。以纤维素基温度响应型材料 HBPEC 为例，如图 1-9 所示，随着 HBPEC 水溶液温度的升高，聚集体粒径在 LCST 附近急剧增大，并达到第一个最大值，而后随着温度进一步升高，粒径略有减小，在温度升高至 40.2℃时，聚集体的粒径突然增大，该温度即为聚合物的 CFT。导致这种现象产生的原因是 HBPEC 聚集体进一步脱水，因重力使聚集体颗粒不能稳定地悬浮在溶液中，进而引起絮凝行为。不同类型的温度响应型聚合物其动力学直径随温

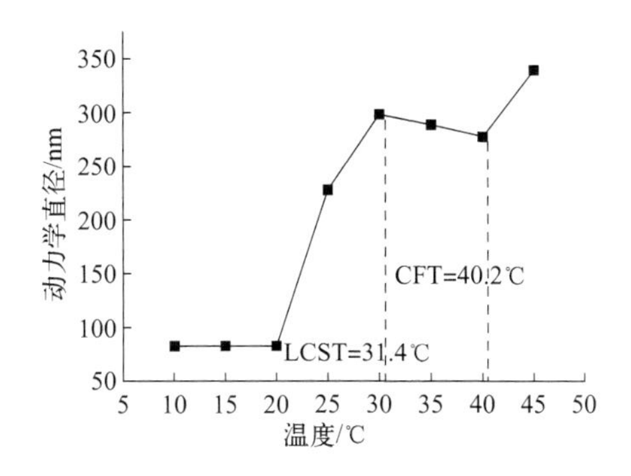

图 1-9　HBPEC 水溶液的动力学直径随温度的变化曲线

度变化的曲线也不相同，并且聚合物水溶液离子强度较高的情况下，CFT 和 LCST 值相差不大，因此针对特征曲线进行详细分析才能得到 CFT。

1.2.3 相体积转变温度

1.2.3.1 相体积转变温度定义

温度响应型水凝胶是指在受到温度变化的刺激之后，凝胶的体积会发生明显变化的一类水凝胶。温度响应型水凝胶这种体积的变化不是随着温度逐渐变化的，而是在某一温度，水凝胶会吸（或排）水（或溶剂）从而发生体积突变，水凝胶的体积会剧烈溶胀或者收缩，这个使水凝胶的体积发生突变的温度称为体积相转变温度（volume phase transition temperature, VPTT），也称最低临界溶解温度（LCST）[19-24]。根据温度响应型水凝胶在 VPTT 附近的体积变化，又可以将其划分成热胀型和热缩型水凝胶两大类[25]。

热胀型水凝胶当温度在 VPTT 以上时呈溶胀状态，在 VPTT 以下时呈收缩状态；热缩型水凝胶则表现出相反的性能，当温度在 VPTT 以上时水凝胶呈收缩状态，在温度低于 VPTT 时呈溶胀状态。温度响应型水凝胶具有温敏性能主要是因为水凝胶中同时具有亲水和疏水基团，以热缩型水凝胶为例，在温度低于 VPTT 时，亲水基团（羟基、羧基、氨基等）和水分子之间的氢键作用占主导地位，水凝胶吸水溶胀；当温度高于 VPTT 时，亲水基团和水分子之前的氢键被破坏，疏水基团（烷基、硝基、卤原子等）之间的相互作用占主导地位，水凝胶排水收缩[7, 26, 27]。

1.2.3.2 相体积转变温度测定

（1）重量法　重量法是测定凝胶 VPTT 值最常用的方法，尤其是对大体积块状水凝剂 VPTT 的测定。通常的测定方法是：将一定质量的干燥水凝胶在水中充分溶胀后，以某一恒定加热速率进行加热，在设定的温度点处待凝胶达到溶胀平衡后将其取出称重。称重前，应先用滤纸除去表面的水。溶胀率曲线的斜率出现显著变化的点被认为是 VPTT。

（2）紫外可见光谱法　对于温度响应型微凝胶（microgel）通常采用较为方便快捷的紫外可见光谱法测定其透光率随温度的变化，最终确定 VPTT 值。由于升高温度达到微凝胶溶液的 VPTT 值时，溶液会由透明变浑浊，常称此温度点为浊点或 LCST，很多研究也将这种测定 VPTT 值的方法叫做浊度法。测量波长决定能探测到的聚合物沉淀体的最小尺寸。对于尺寸大小均一的微凝胶水溶液而言，在体系可见光部分其透光率的变化基本相同，测定微凝胶 VPTT

值的重复率高。但当体系中存在表面活性剂、盐等添加剂时很容易导致微凝胶微小的脱水收缩，导致聚集得到的颗粒的尺寸大小可能会小于观察波长，所以这时 VPTT 值会随观察波长的不同而有所变化。另外，VPTT 值的测量还受测量时升温速率的影响。升温速率过快则相转变滞后，测得的 VPTT 值相对较高。

第2章 温度响应型烷基纤维素化学品

2.1 丁氧基纤维素醚（HBPEC）和异丙氧基纤维素醚（HIPEC）的合成及性能研究

2.2 2-羟基-3-烯丙氧基丙基纤维素（HAPEC）的合成及性能研究

2.3 丁氧基化阳离子纤维素（TPBCC和TTBCC）的制备及性能研究

为了使温度响应型聚合物具有更好的生物降解性及生物相容性，可将温度响应型聚合物接枝到多聚糖骨架上，制备（合成型聚合物 / 多聚糖）复合型温度响应聚合物。这类多聚糖基温度响应型共聚物在一定程度上满足了生物相容性和环境友好的要求，但是此类共聚物的单体存在一定毒性，并且其LCST 的可调控范围较窄、调节方式繁琐，因此制备新型的多糖基温度响应材料势在必行。

针对现阶段温度响应型聚合物的研究方向和所存在的不足，期望解决的问题有：①在保证良好的温度敏感性能的前提下，如何改进材料的生物降解性和生物相容性；②在保证聚合物结构稳定的前提下，选择何种合适的反应方式制备温度响应型聚合物，以避免接枝共聚法制备聚合物过程中存在的缺点；③在保证良好生物相容性和环境友好性的前提下，如何方便、快捷地调节聚合物的相分离温度。针对上述问题，将从以下四个方面进行设计：

（1）聚合物组成的选择　从聚合物的生物降解性和生物相容性考虑，选择羟乙基纤维素为亲水性主链和环境友好、低刺激性的烷氧基为疏水侧链，以保证目标产物对自然环境和生命体的良好生物相容性。

（2）制备聚合物方法的选择　羟乙基纤维素的化学反应活性基团主要为羟基，羟基可进行的化学反应包括醚化、酯化，自由基聚合等。从保证目标产物结构和组成的稳定性来考虑，醚化反应产物结构中的醚键比较稳定，不易断裂，有利于制备产品结构和组成稳定的改性纤维素产品。因此，可通过醚化反应，将疏水性试剂烷基缩水甘油醚接枝到羟乙基纤维素骨架上，合成具有温度敏感性的纤维素基材料。这类纤维素基温度响应材料展现了优良的温度敏感性能。

（3）疏水碳链长度的选择　从温度响应型聚合物的亲水-疏水平衡考虑，疏水碳链长度过短或过长会使聚合物的亲水性或疏水性过强，使聚合物不具有温度敏感性。因此选择不同碳链长度的疏水化试剂，分别对羟乙基纤维素进行疏水化改性，使其具有合适的亲水-疏水平衡性能。

（4）方便、快捷地调控聚合物的相分离温度　通常无机盐的加入会引起聚合物与水分子氢键作用力的变化，进而改变聚合物的溶解性。依据此原理，若能通过无机盐及其他小分子添加剂来调节温度响应型聚合物的相分离温度，这种调节方式操作更为简单，可行性更高。更重要的是，由于在所有的生物体内均具有一定浓度的电解质，通过盐的种类和浓度来调节 LCST 更具有实际意义。

基于以上思路，设计的目标分子结构如图 2-1 所示：以羟乙基纤维素为原料，其骨架的主链上引入碳链长度不同的烷基，使羟乙基纤维素具有一定的疏水性，通过改变碳链长度、摩尔取代度来调节烷基化改性羟乙基纤维素的亲水-疏水平衡，从而得到一系列相分离温度可调控的纤维素基温度响应材料。此外，利用无机盐和小分子溶剂可方便、快捷地调控产品水溶液的相分离温度。

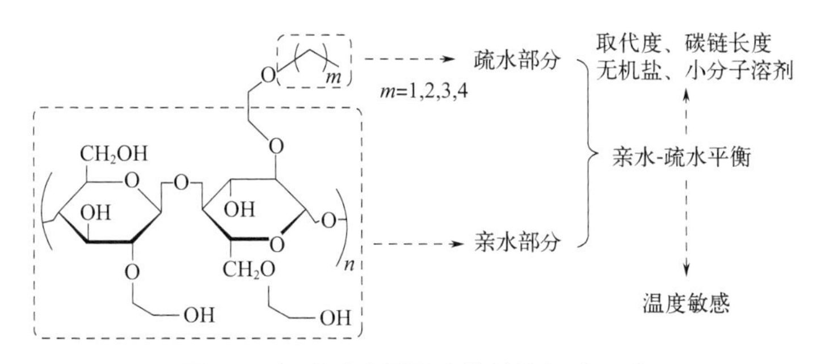

图 2-1　温度响应型聚合物结构设计思路

2.1 丁氧基纤维素醚（HBPEC）和异丙氧基纤维素醚（HIPEC）的合成及性能研究

2.1.1 HBPEC 和 HIPEC 的合成与表征

纤维素由于极强的氢键作用很难溶解于一般的溶剂，并且也不能熔融，从而限制了其应用。将纤维素衍生化可有效增大纤维素的溶解性，并赋予其新的功能和应用。因此，通常以纤维素衍生物为原料制备各种功能材料[28-31]。

目前纤维素的化学改性主要为通过酯化反应、醚化反应、接枝共聚反应将新的官能团引入到纤维素骨架上。通过酯化反应得到的纤维素衍生物中的酯键不稳定，易发生水解，不利于制备结构和组成稳定的改性纤维素；通过接枝共聚反应制备纤维素接枝共聚物时，不可避免会发生单体的均聚反应，影响产品的相关性能。由醚化反应制备的改性纤维素，尤其是通过环氧烷烃衍生物开环发生醚化反应得到的纤维素醚，只需要少量碱就可以催化活化纤维素的羟基，有利于保护纤维素大分子的结构和减少副反应的发生。

本节从羟乙基纤维素（HEC）出发，以烷基缩水甘油醚（AGE）为疏水性试剂，设计采用醚化法对羟乙基纤维素进行疏水化改性，期望制备出具有不同碳链长度疏水基团、不同摩尔取代度的 2-羟基-3-烷氧基丙基羟乙基纤维素（HalPEC），具体包括：2-羟基-3-丁氧基丙基羟乙基纤维素（HBPEC），2-羟基-3-异丙氧基丙基羟乙基纤维素（HIPEC），2-羟基-3-乙氧基丙基羟乙基纤维素（HEPEC）及 2-羟基-3-戊氧基丙基羟乙基纤维素（HPPEC）。在这四类纤维素衍生物中，以 HBPEC 和 HIPEC 为主要研究对象，优化合成工艺并得到较佳反应条件。

2.1.1.1 HBPEC 和 HIPEC 的制备方法与参数测定

（1）HBPEC 和 HIPEC 的制备方法　将羟乙基纤维素、去离子水、氢氧化钠溶液（40%）加入到 100mL 三口瓶中，搅拌并升温至 70℃，碱化 1h，而后缓慢滴加一定量的烷基缩水甘油醚，并升温至反应温度，进行醚化反应。反应结束后，体系冷却到室温，并用 1mol/L 醋酸中和到 pH 为 7，将混合溶液装入截留分子量为 8000 ～ 14000 的透析袋中透析 72h，随后通过旋转蒸发的方法将产品溶液中大部分水除去，利用低温冷冻干燥器除去残留的水并得到干燥的 2-羟基-3-丁氧基丙基羟乙基纤维素（HBPEC）和 2-羟基-3-异丙氧基丙基羟乙基纤维素（HIPEC）。

（2）HBPEC 和 HIPEC 的取代度计算　HBPEC 产品取代度按公式（2.1）计算，HIPEC 产品的取代度按公式（2.2）计算。

$$\mathrm{MS}=\frac{\frac{I_{\mathrm{CH_3}}}{3}}{I_{\mathrm{H1}}} \tag{2.1}$$

$$\mathrm{MS}=\frac{\frac{I_{\mathrm{CH_3}}}{6}}{I_{\mathrm{H1}}} \tag{2.2}$$

式中，$I_{\mathrm{CH_3}}$ 为端位甲基积分面积；I_{H1} 为 AGU（葡萄糖单元）中 H1 的积分面积。

（3）产品反应效率　由公式（2.3）计算。

$$\mathrm{RE}(\%)=\frac{\mathrm{MS}}{n_{\mathrm{AGE}}:n_{\mathrm{AGU}}}\times 100\% \tag{2.3}$$

式中，MS 为产品取代度；$n_{\mathrm{AGE}}:n_{\mathrm{AGU}}$ 为烷基醚化剂与葡萄糖单元环的物质的量之比。

2.1.1.2 HBPEC 和 HIPEC 的合成工艺优化

以水作为溶剂，通过 Williamson 醚化反应制备温度响应型纤维素醚 HBPEC 和 HIPEC。合成的主反应及副反应如图 2-2 所示：

从上述主反应方程式可以看出，为了使羟乙基纤维素与烷基缩水甘油醚反应，需要在反应体系中加入一定量的 NaOH 溶液，使羟乙基纤维素的葡萄糖单元环上的羟基与 NaOH 反应形成氧负离子活性中心，增加亲核性，促进反应进行。为优化工艺，首先将 BGE、IPGE 与 AGU 物质的量的比固定为 3.5∶1，以取代度和反应效率为指标，详细研究溶剂用量、氢氧化钠用量、反应时间、反应温度对 HBPEC 和 HIPEC 的取代度和反应效率的影响。

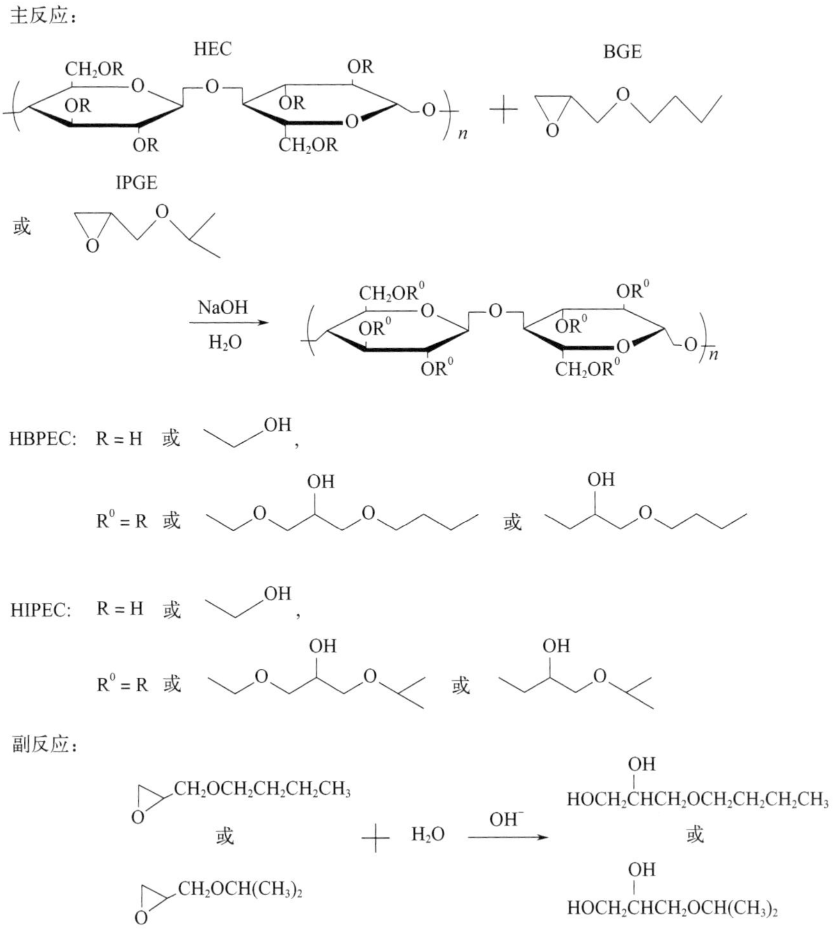

主反应：

HEC　BGE

或　IPGE

$\xrightarrow[H_2O]{NaOH}$

HBPEC:　R = H　或

R^0 = R　或　或

HIPEC:　R = H　或

R^0 = R　或　或

副反应：

$CH_2OCH_2CH_2CH_2CH_3$ 或 $CH_2OCH(CH_3)_2$ + H_2O $\xrightarrow{OH^-}$ $HOCH_2CH(OH)CH_2OCH_2CH_2CH_2CH_3$ 或 $HOCH_2CH(OH)CH_2OCH(CH_3)_2$

图 2-2　HBPEC 和 HIPEC 的合成主反应及副反应

（1）溶剂用量对取代度和反应效率的影响　溶剂用量对于羟乙基纤维素和烷基缩水甘油醚的醚化反应具有重要的影响，一方面溶剂用量影响羟乙基纤维素和醚化剂分子之间的碰撞，进而影响醚化反应的速率；另一方面，溶剂用量对反应体系的黏度和传质有着重要的影响。对于 HEC 与 BGE 或 IPGE 的醚化反应，均以分子量为 250000 的羟乙基纤维素为原料，固定醚化剂用量 n(BGE)∶n(AGU) 和 n(IPGE)∶n(AGU) 均为 3.5∶1，碱用量 n(NaOH)∶n(AGU) 为 1.8∶1 和 1.3∶1，反应时间分别为 9h 和 7h，反应温度分别为 90℃和 80℃。图 2-3 是溶剂用量对取代度和反应效率的影响。由图 2-3 可以看出，对于 HEC 与 BGE 的醚化反应，当反应溶剂用量从 $m(H_2O)$∶m(AGU)=4∶1 增加到 $m(H_2O)$∶m(AGU)=6∶1；对于 HEC 与 IPGE 反应，$m(H_2O)$∶m(AGU)=3∶1 增加到 $m(H_2O)$∶m(AGU)=5∶1，醚化反应的取代度和反应效率呈上升趋势。当

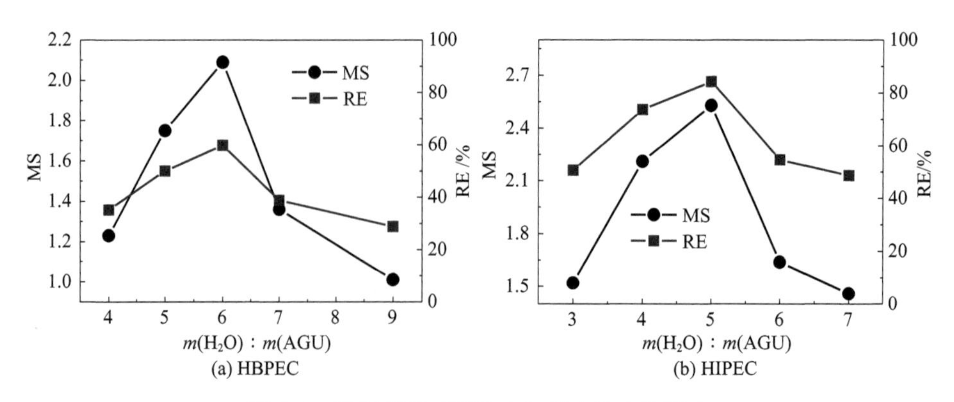

图 2-3 溶剂用量对取代度和反应效率的影响

MS—取代度；RE—反应效率

溶剂用量过少时，羟乙基纤维素不能充分溶胀，并且反应体系黏度过大，传质困难，反应效率降低；随着溶剂量的增加，体系黏度降低，传质的速率加快，从而增加羟乙基纤维素和醚化剂分子间的碰撞概率，所以取代度和反应效率增加。当溶剂用量分别高于 $m(H_2O)$ ∶ m(AGU)=6 ∶ 1 和 $m(H_2O)$ ∶ m(AGU)=5 ∶ 1 以后，取代度和反应效率均下降，主要是因为随着水用量增加，BGE 和 IPGE 的水解反应速率大大加快。总之，对于 HEC 与 BGE 或 IPGE 的醚化反应，在上述反应条件下，溶剂用量分别为 $m(H_2O)$ ∶ m(AGU)=6 ∶ 1 和 $m(H_2O)$ ∶ m(AGU)=5 ∶ 1 时，最有利于醚化反应的发生，此反应条件下的取代度分别为 2.11 和 2.58，反应效率分别为 58.0% 和 80.3%。

（2）碱用量对取代度和反应效率的影响　在反应中加入 NaOH，既可以破坏羟乙基纤维素的结晶区，促进羟乙基纤维素充分溶胀，使更多的活性羟基裸露出来，NaOH 又可以与羟乙基纤维素脱水葡萄糖单元环上的羟基反应形成氧负离子活性中心，使羟乙基纤维素分子活化，促进醚化反应的发生。对于 HEC 与 BGE 或 IPGE 的醚化反应，均以分子量为 250000 的羟乙基纤维素为原料，固定醚化剂用量 n(BGE) ∶ n(AGU) 和 n(IPGE) ∶ n(AGU) 均为 3.5 ∶ 1，溶剂用量分别为 $m(H_2O)$ ∶ m(AGU)=6 ∶ 1 和 $m(H_2O)$ ∶ m(AGU)=5 ∶ 1，反应时间分别为 9h 和 7h，反应温度分别为 90℃和 80℃。从图 2-4 可以看出，随着 NaOH 浓度的增加，反应效率和取代度逐渐增加。NaOH 浓度的增加，使羟乙基纤维素骨架上的活性氧负离子增多，进而使 HEC 表面上的活性位点增加，有利于醚化剂与 HEC 的反应，从而显著提高了取代度和反应效率。然而，当 NaOH 浓度过大时，羟乙基纤维素水溶液的黏度增大，影响反应物的传质过程，反应难于进行。另外，NaOH 浓度过大时，烷基缩水甘油醚容易发生水解反应，进而引起产物的取代度和反应效率下降。总之，对于 HEC 与 BGE 或 IPGE 的醚化反应，在上述反应条件下，碱用量分别为 n(NaOH) ∶ n(AGU)=1.8 ∶ 1 和

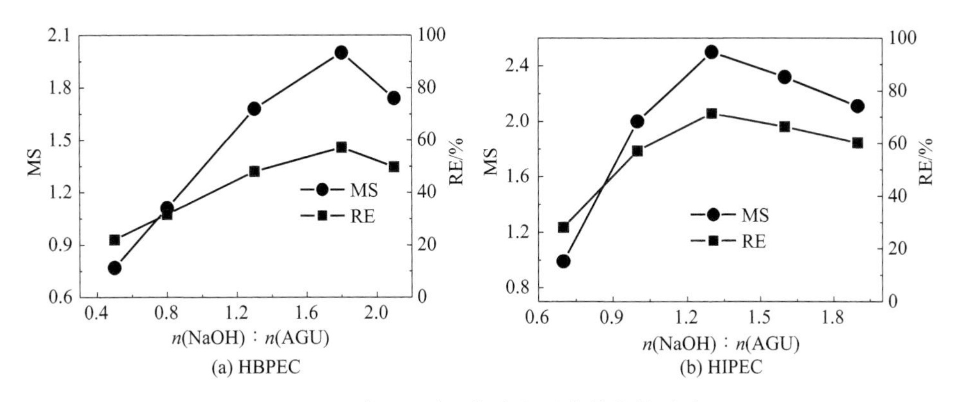

图 2-4　碱用量对取代度和反应效率的影响

MS—取代度；RE—反应效率

n(NaOH)∶n(AGU)=1.3∶1 时，最有利于醚化反应的发生，此反应条件下的取代度分别为 2.00 和 2.52，反应效率分别为 57.1% 和 72.0%。

（3）反应时间对取代度和反应效率的影响　反应时间对羟乙基纤维素和烷基缩水甘油的醚化反应具有重要的影响。对于 HEC 与 BGE 或 IPGE 的醚化反应，均以分子量为 250000 的羟乙基纤维素为原料，固定醚化剂用量 n(BGE)∶n(AGU) 和 n(IPGE)∶n(AGU) 均为 3.5∶1，溶剂用量分别为 $m(H_2O)$∶m(AGU)=6∶1 和 $m(H_2O)$∶m(AGU)=5∶1，碱用量分别为 n(NaOH)∶n(AGU)=1.8∶1 和 n(NaOH)∶n(AGU)=1.3∶1，反应温度分别为 90℃和 80℃。图 2-5 是醚化反应时间对产物取代度和反应效率的影响。由图 2-5 可出，随着反应时间的增加，产物取代度和反应效率逐渐提高，这是因为随着反应时间的延长，纤维素颗粒的溶胀更加充分，反应试剂充分渗透到纤维素颗粒内部，进而提高反应效率。但是随着反应时间进一步延长，产物取代度和反应效率提高不明显。总之，对于 HEC 与 BGE 或 IPGE 的醚化反应，在上述反应条件下，反应时间分别为 9h 和 7h 时，

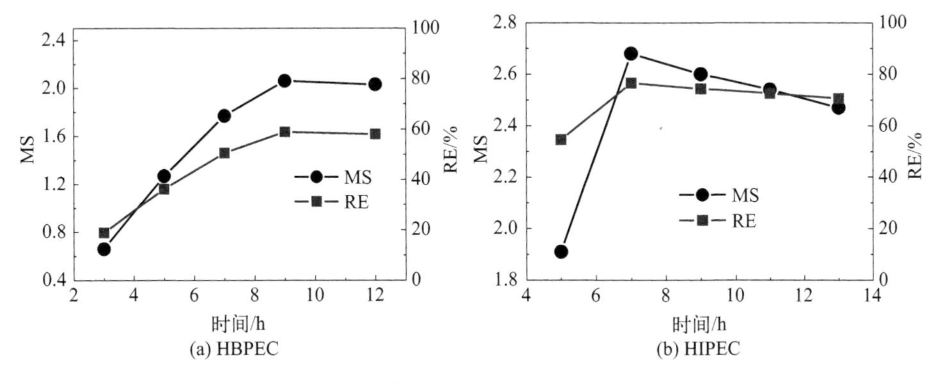

图 2-5　反应时间对取代度和反应效率的影响

MS—取代度；RE—反应效率

最有利于醚化反应的发生，此反应条件下的取代度分别为 2.18 和 2.71，反应效率分别为 62.3% 和 77.4%。

（4）反应温度对取代度和反应效率的影响　升高反应体系的温度，一方面有利于促进反应物分子之间的热运动，使分子间的碰撞概率增加，进而有利于醚化反应的进行；另一方面，温度的升高有利于破坏羟乙基纤维素分子链之间的氢键，使更多的活性位置裸露出来，有利于醚化反应的发生。对于 HEC 与 BGE 或 IPGE 的醚化反应，均以分子量为 250000 的羟乙基纤维素为原料，固定醚化剂用量 n(BGE)∶n(AGU) 和 n(IPGE)∶n(AGU) 均为 3.5∶1，溶剂用量分别为 $m(H_2O)$∶m(AGU)=6∶1 和 $m(H_2O)$∶m(AGU)=5∶1，碱用量分别为 n(NaOH)∶n(AGU)=1.8∶1 和 n(NaOH)∶n(AGU)=1.3∶1，反应时间分别为 9h 和 7h。由图 2-6 可以看出，当反应温度从 50℃升高到 80℃时，产物的取代度和反应效率不断增加，但是随着反应温度的进一步提高，产物的取代度和反应效率均有所下降。这可能是因为反应体系温度过高时，有利于活化能更大的副反应发生，即醚化剂在碱性环境中发生开环副反应，导致取代度和反应效率的下降。总之，对于 HEC 与 BGE 或 IPGE 的醚化反应，在上述反应条件下，反应温度分别为 90℃和 80℃时，最有利于醚化反应的发生，此反应条件下的取代度分别为 1.99 和 2.68，反应效率分别为 56.9% 和 76.6%。

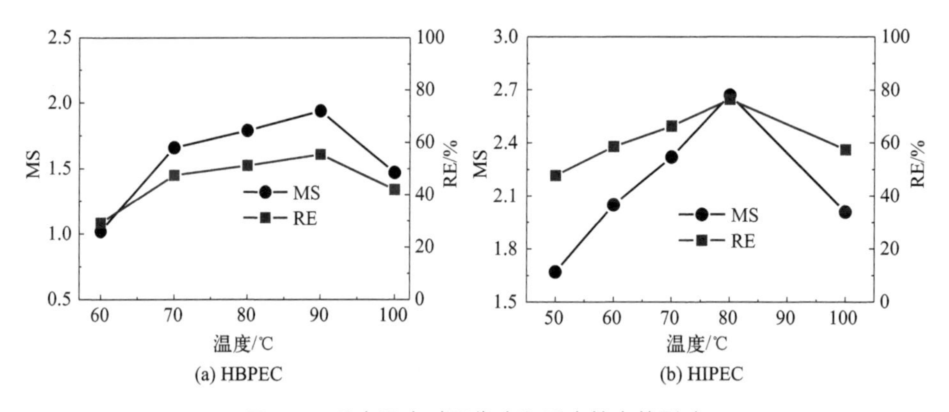

图 2-6　反应温度对取代度和反应效率的影响

MS—取代度；RE—反应效率

综上所述，制备 2-羟基-3-烷氧基丙基羟乙基纤维素的较佳反应条件如下：① HBPEC 较佳反应条件为：$m(H_2O)$∶m(AGU)=6∶1，n(NaOH)∶n(AGU)=1.8∶1，反应时间为 9h，反应温度为 90℃。在此条件下，n(BGE)∶n(AGU) 为 3.5∶1 时，取代度为 1.98，反应效率为 56.6%。② HIPEC 较佳反应条件为：$m(H_2O)$∶m(AGU)=5∶1，n(NaOH)∶n(AGU)=1.3∶1，反应时间为 7h，反应温度为 80℃。在此条件下，n(IPGE)∶n(AGU) 为 3.5∶1 时，取代度为 2.66，反

应效率为 76.0%。

2.1.1.3　不同取代度的 HBPEC 和 HIPEC 的制备

为了研究取代度对 2-羟基-3-烷氧基丙基羟乙基纤维素温度敏感性能的影响，在上述确定的较佳反应条件下，通过改变 n(AGE)∶n(AGU) 制备了一系列不同取代度的 HBPEC 和 HIPEC，其制备条件及特性参数如表 2-1 所示。由图 2-7 可以看出，随着醚化剂用量的增加，取代度逐渐增加。这说明随着醚化剂浓度的增加，醚化剂分子和羟乙基纤维素主链的碰撞概率提高，进而提高了

表 2-1　HBPEC 和 HIPEC 的取代度、反应效率及分子量

	n(BGE)∶n(AGU) n(IPGE)∶n(AGU)	MS①	RE②/%	GPC	
				M_W/×10^5g/mol	D③
HEC	—	—	—	3.64	2.15
HBPEC-1	2.0	0.98	49.0	2.99	6.51
HBPEC-2	2.5	1.32	52.8	2.56	7.70
HBPEC-3	3.0	1.57	52.3	2.45	3.18
HBPEC-4	3.5	1.98	56.5	2.36	6.93
HBPEC-5	4.0	2.32	58.0	2.26	7.72
HIPEC-1	2.0	1.21	60.5	3.09	6.51
HIPEC-2	2.5	1.51	60.4	2.99	7.70
HIPEC-3	3.0	2.01	67.0	2.86	3.18
HIPEC-4	3.5	2.66	76.0	2.80	6.93
HIPEC-5	4.0	2.88	72.0	2.71	7.71

① 取代度通过 ^{1}H NMR 和式（2.1）、式（2.2）计算。

② 反应效率通过式（2.3）计算。

③ 分子量分布系数。

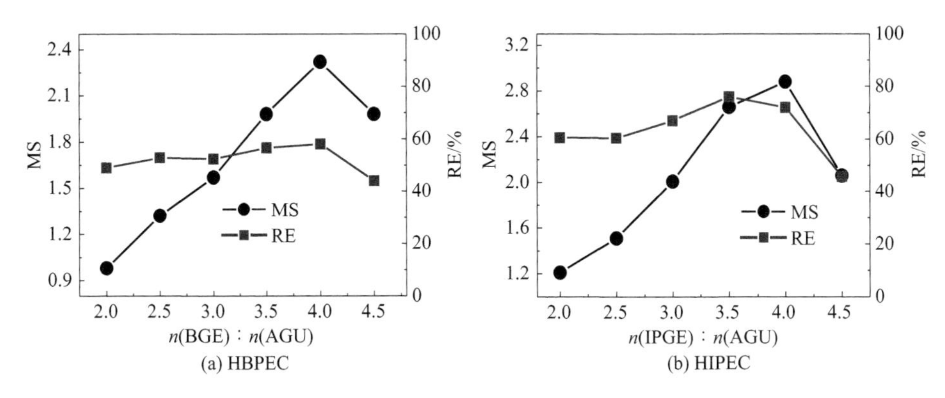

图 2-7　BGE 和 IPGE 用量对取代度和反应效率的影响

MS—取代度；RE—反应效率

产物的取代度。当醚化剂用量过多时，会导致反应效率的降低，究其原因是随着醚化剂用量的增加，反应体系中的极性相对减小，致使羟乙基纤维素的溶解性下降，不利于醚化反应的进行，进而引起取代度和反应效率的下降。总之，在实验条件范围内，可制备 HBPEC 产品的最高取代度为 2.32，反应效率为 58.0%；可制备 HIPEC 产品的最高取代度为 2.88，反应效率为 72.0%。

2.1.1.4 不同分子量的 HBPEC 和 HIPEC 的制备

分子量的大小对聚合物温度敏感性能具有较大影响。为了研究分子量对 HBPEC 和 HIPEC 的影响，使用三个不同分子量的羟乙基纤维素为原料，制备了不同分子量的 HBPEC 和 HIPEC 产品。图 2-8 是不同分子量 HEC 对取代度和反应效率的影响。由图 2-8 可以看出，对于 HEC 与 BGE 的醚化反应，当使用 90000 分子量和 720000 分子量的 HEC 为原料时，反应效率分别在 60% 以上和 58% 以下。这主要是因为选择较低分子量的 HEC 为原料时，一方面可以使 HEC 的分子链充分舒展，使更多羟基暴露并参与到醚化反应中来，反应

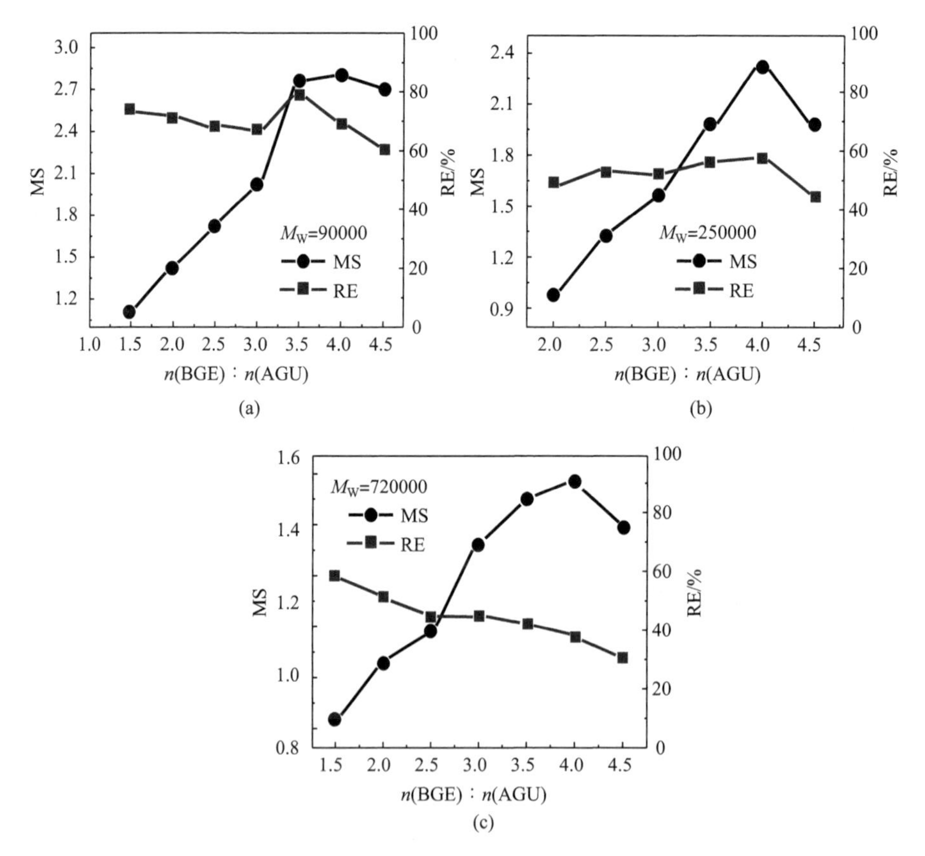

图 2-8 以不同分子量的 HEC 为原料，BGE 的用量对取代度和反应效率的影响

效率相对较高；另一方面可以使反应体系黏度较低，有利于反应的传质过程，从而提高烷基缩水甘油醚与 HEC 的反应概率，增加反应效率。当使用 720000 分子量的 HEC 为原料时，由于 HEC 分子链长度的增加，HEC 分子内氢键加强，导致 HEC 分子链发生自卷曲的现象，使羟乙基纤维素上的羟基被包埋。此外，HEC 的分子量过高引起反应体系的黏度增加，物料间的传质过程受到阻碍。同样，如图 2-9 所示，对于 HEC 与 IPGE 的醚化反应，当分别使用 90000 分子量和 720000 分子量的 HEC 为原料时，反应效率分别在 70% 以上和 55% 以下。总之，采用分子量分别为 90000、250000、720000 的 HEC 为原料时，均可以制备出不同取代度的羟乙基纤维素醚，并且反应效率随着原料分子量的增加有所下降。

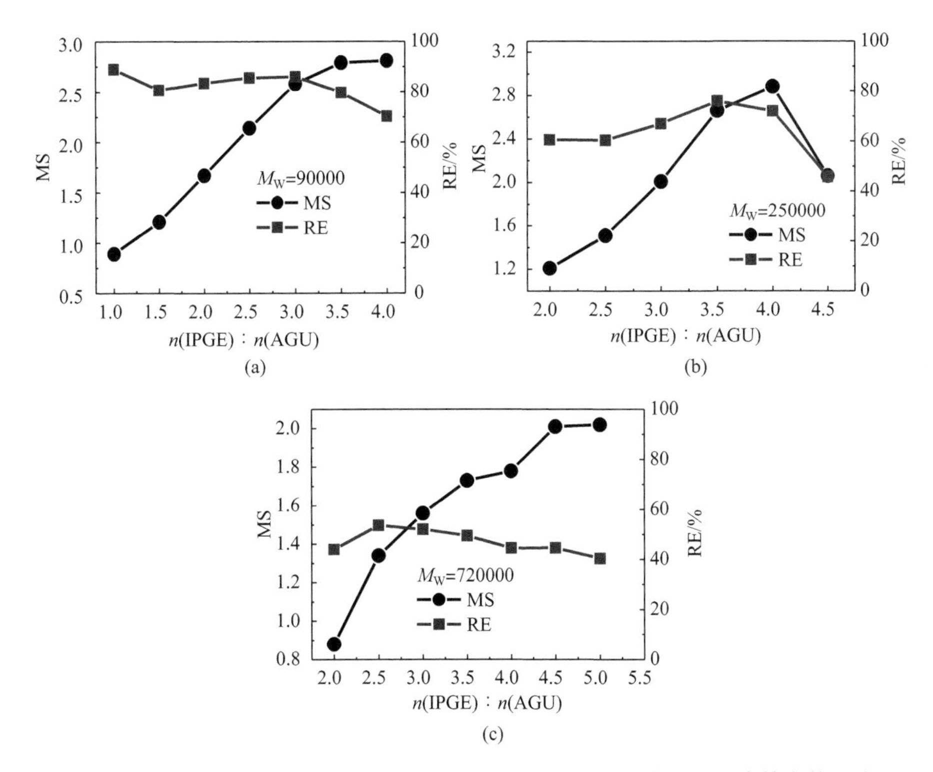

图 2-9　以不同分子量的 HEC 为原料，IPGE 的用量对取代度和反应效率的影响

2.1.1.5　HBPEC 和 HIPEC 的结构表征及取代度的计算

将上述制备的不同取代度的 2-羟基-3-烷氧基丙基羟乙基纤维素用 ^{1}H-NMR 进行结构表征。以 HBPEC-2 为例，HBPEC-2 的 ^{1}H-NMR 和 ^{13}C-NMR 分别如图 2-10 和图 2-11 所示，在图 2-10 中，化学位移（δ）0.86、1.30、1.46 处是丁氧基末端

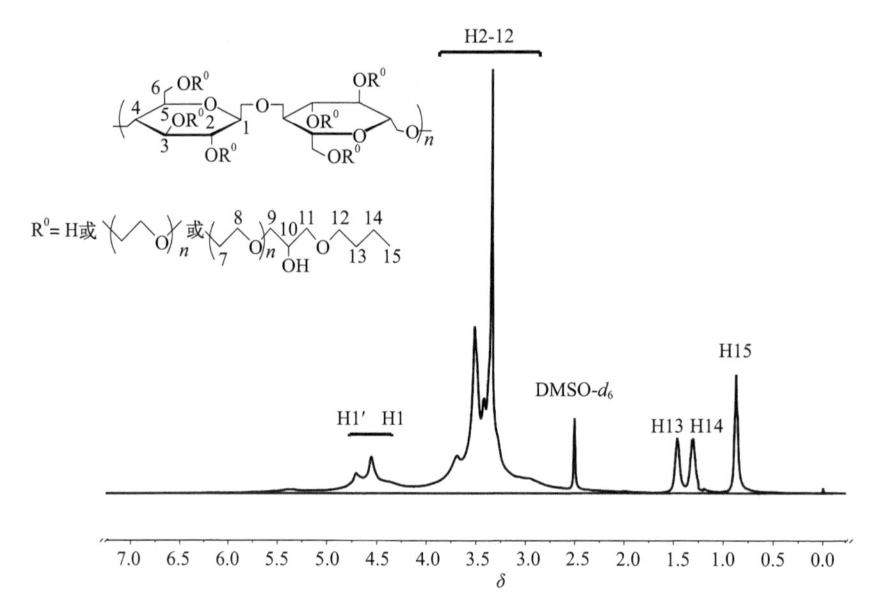

图 2-10 HBPEC-2 的氢核磁谱图（以 DMSO-d_6 为氘代试剂）

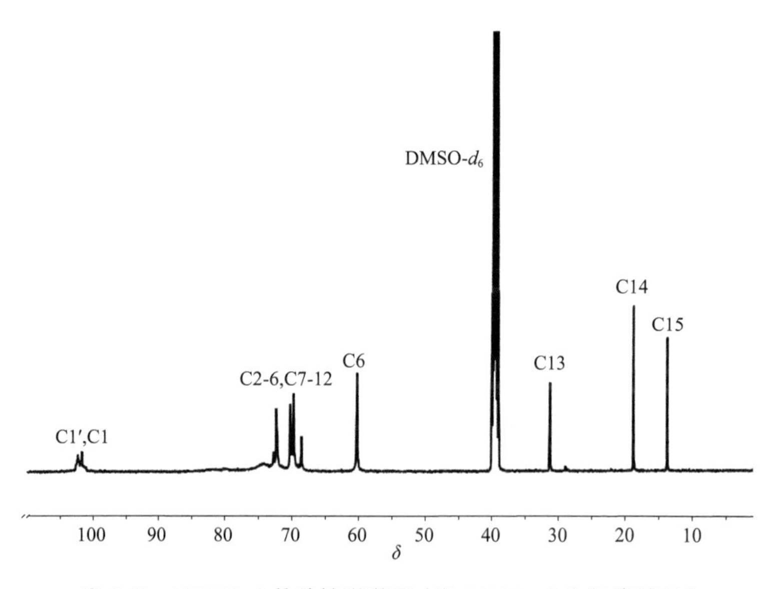

图 2-11 HBPEC-2 的碳核磁谱图（以 DMSO-d_6 为氘代试剂）

甲基（H15）和亚甲基（H14 和 H13）的质子峰，由于在 2-O 位置的羟基上发生取代反应，所以在 δ 4.55 ～ 4.70 处 AGU 的 H1 吸收峰出现双重峰（H1 和 H1′），在 δ 2.70 ～ 4.00 之间的较宽的信号峰是 AGU 和 $O(CH_2CH_2O)_n$—CH_2—CHOH—CH_2—O—CH_2 基团的质子峰。HBPEC 的取代度使用 ^{1}H-NMR 来测定，通过式（2.1）计算。

图 2-11 中，δ 13.64、18.81、31.06 处分别是丁基的末端甲基（C15）和亚甲基（C14 和 C13）的峰。δ 102 附近是 C1 的双重峰，之所以发生裂分是因为 2-O 位置的羟基发生取代反应。通过对 HBPEC-2 的 2D HSQC NMR 谱图（图 2-12）的分析进一步证明了质子和碳的相关性，这也证明了反应物 HEC 与 BGE 之间醚化反应的发生。

同样，以 HIPEC-3 为例，HIPEC-3 的 ^{1}H-NMR 和 ^{13}C-NMR 分别如图 2-13 和图 2-14 所示。由图 2-13 可知，δ 1.0 处是烷基端位甲基（H13, H13′）的质子峰，在 δ 2.70 ～ 4.00 之间的较宽的信号峰是 AGU 和 $O(CH_2CH_2O)_n—CH_2—CHOH—CH_2—O—CH_2$ 基团的质子峰，δ 4.55 ～ 4.70 之间的双重峰归属为 AGU 的 H1 的吸收峰（H1 和 H1′）。HIPEC 的取代度使用 ^{1}H-NMR 来测定，通过式（2.2）计算。

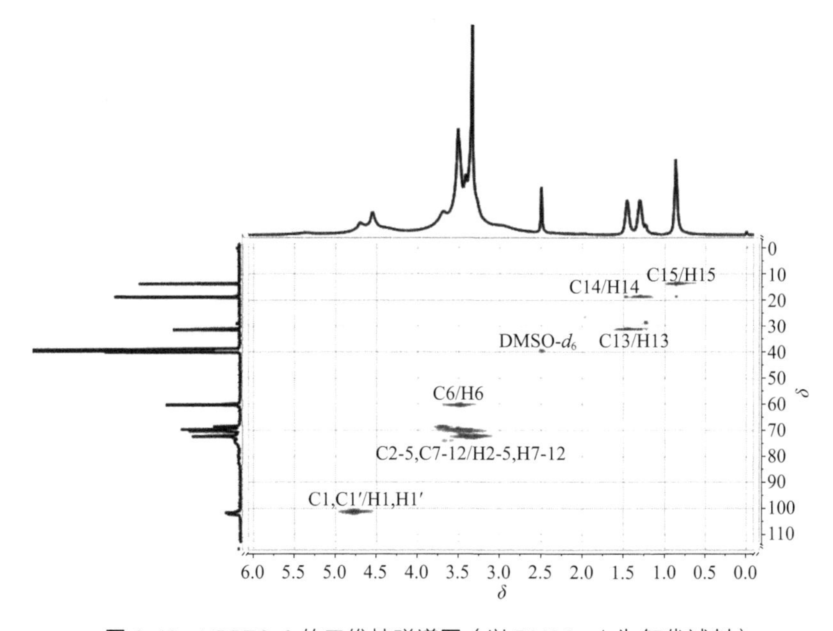

图 2-12 HBPEC-2 的二维核磁谱图（以 DMSO-d_6 为氘代试剂）

图 2-14 中，δ 22.1 是烷基端位甲基（C13，C13′）峰，δ 102 附近是 C1 的双重峰。通过 ^{1}H-NMR 和 ^{13}C-NMR 谱图，证实反应物 HEC 与 IPGE 之间醚化反应的发生。通过对 HIPEC-3 的 2D HSQC NMR 谱图（图 2-15）的分析进一步证明了质子和碳的相关性，同时也证明了醚化反应的发生。

通过凝胶渗透色谱（GPC），测定所合成的不同取代度的 HBPEC 和 HIPEC 产品的分子量，结果见表 2-1。从表 2-1 中的 GPC 分子量测试数据可见，所制备的 HBPEC 和 HIPEC 系列产品的分子量略低于所用原料羟乙基纤维素的分子量（M_W=3.64×10^{5}g/mol），也就是说醚化反应后产品的分子量略有减小。

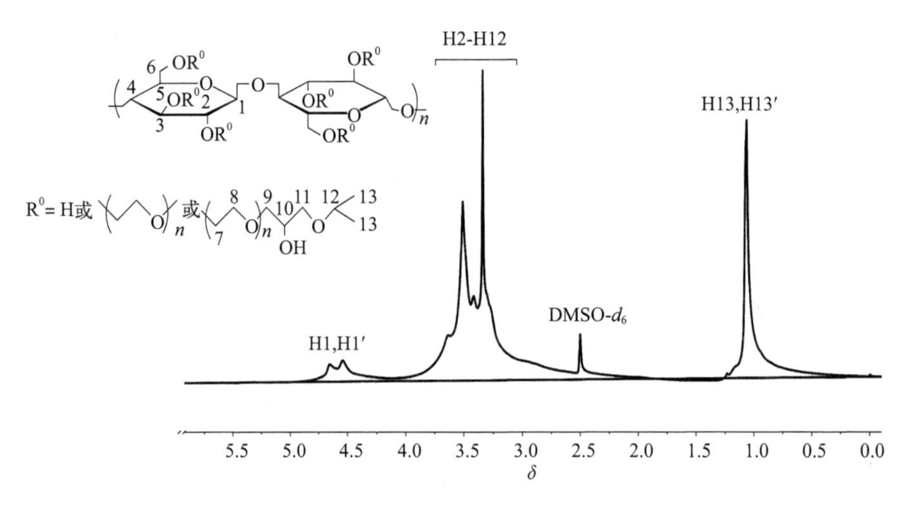

图 2-13 HIPEC-3 的氢核磁谱图（以 DMSO-d_6 为氘代试剂）

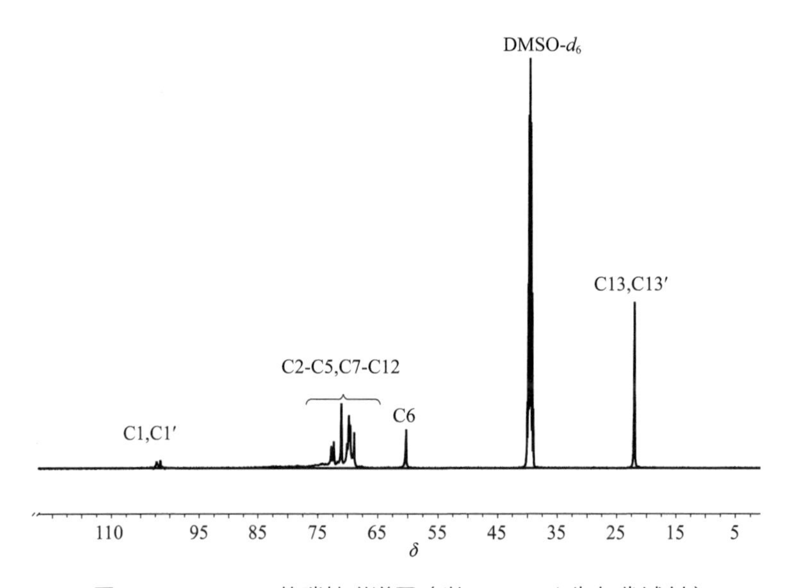

图 2-14 HIPEC-3 的碳核磁谱图（以 DMSO-d_6 为氘代试剂）

这主要是因为反应过程中，羟乙基纤维素在碱性条件下发生降解。值得一提的是，虽然产物的分子量有所降低，但是不同取代度的 HBPEC 和 HIPEC 产品的分子量与原料羟乙基纤维素的分子量处在同一数量级（均在 10^5 以上），这说明产品降解并不严重，HBPEC 和 HIPEC 产品保持了其本身的纤维素结构。

由表 2-1 还可以看出，在醚化剂用量相同的情况下，所制备的 HBPEC 的取代度小于 HIPEC 的取代度。例如，对于 HBPEC 产品，当醚化剂用量 n(BGE)∶n(AGU)=3.0∶1 时，产物的取代度为 1.57；对于 HIPEC 产品，当醚

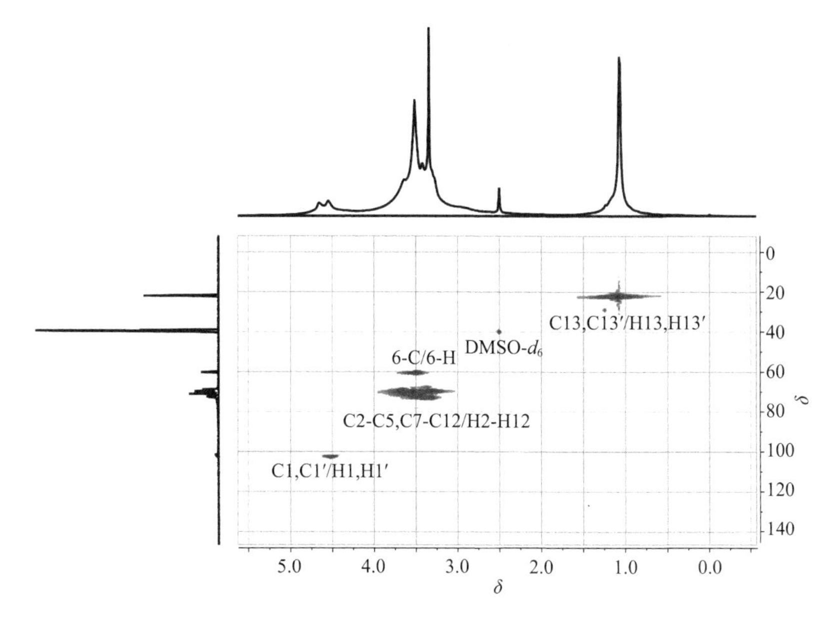

图 2-15　HIPEC-3 的二维核磁谱图（以 DMSO-d_6 为氘代试剂）

化剂用量 n(BGE)∶n(AGU)=3.0∶1 时，产物的取代度为 2.01。这可能是由于异丙基缩水甘油醚的碳原子数相比于丁基缩水甘油醚少，所以疏水性相对较弱，有利于与亲水性的羟乙基纤维素发生有效碰撞。因此，在醚化剂用量相同的情况下 HIPEC 产品的取代度较高。

2.1.2　HBPEC 和 HIPEC 的温度响应性能研究

影响聚合物温度响应性能的关键因素之一是亲水链段和疏水链段之间的平衡，可通过调控亲水链段和疏水链段的比例来调节温度响应型聚合物的 LCST。2.1.1 中合成的 HBPEC 和 HIPEC 结构中既有亲水性的羟乙基纤维素骨架，又有疏水性的烷基，通过改变羟乙基纤维素主链上的烷基种类及取代度，可使材料具有合适的亲水亲油平衡，进而具有温敏性。

温度响应材料在不同的应用领域中需要不同的相分离温度，因此方便、快速地调节温度响应型聚合物的 LCST 以满足不同应用领域的需要是非常重要的研究方向。聚合物与水分子的氢键作用和疏水缔合作用的竞争使温度响应材料具有相分离行为，所以可以通过调节分子间氢键作用力来改变温度响应材料的相分离行为，即改变 LCST。在温度响应型聚合物水溶液中加入盐、有机溶剂均可以破坏分子间和分子内的氢键，影响水溶液的相分离行为，进而调节 LCST。通过无机盐和小分子溶剂的种类及浓度来调节 LCST，相比于通过改变聚合物的疏水链和亲水链的比例来调节 LCST 相对容易。因此，期望利用无机盐和小分子溶剂来方便、快捷地调节 HBPEC 和 HIPEC 水溶液的 LCST，以满足不同应用领域的需求。

本节详细研究了烷基种类及烷基取代度对 HBPEC 和 HIPEC 温度敏感性能的影响，同时也详细研究了无机盐以及小分子溶剂的种类及浓度对 HBPEC 和 HIPEC 水溶液相分离行为的影响。

2.1.2.1 取代度对 HBPEC 和 HIPEC 温度响应性能的影响

以羟乙基纤维素为亲水主链，利用醚化反应将不同碳原子数的烷基链接枝到其骨架上，使此类羟乙基纤维素醚具有一定的疏水性，通过调节聚合物的亲水-疏水平衡使其具有温度敏感性。不同碳原子数的醚化剂对纤维素醚的亲水亲油平衡有着重要的影响。图 2-16 是 HalPEC 结构及其温度响应关系图。由图 2-16 可以看出，HBPEC 和 HIPEC 产品在一定的取代度范围内展现了较好的温敏行为。当使用烷基碳链较短的乙基缩水甘油醚为疏水化试剂时，在任何取代度下，HEPEC 具有良好的水溶性，但是在 0 ～ 100℃不具有温度敏感性。当使用烷基碳链较长的戊基缩水甘油醚为疏水化试剂时，戊基的取代度大于 0.2（包含 0.2）时，HPPEC 在水中不溶解；烷基取代度小于 0.2 时，产品溶于水，但是在 0 ～ 100℃也不具有温度敏感行为。由此可知，亲水亲油平衡对 HalPEC 的温敏性能起着至关重要的作用。因此，以下选择在较宽取代度范围内具有温度敏感特性的 HBPEC 和 HIPEC 为研究对象，对它们的温度敏感性能及其相关性质进行详细的研究。

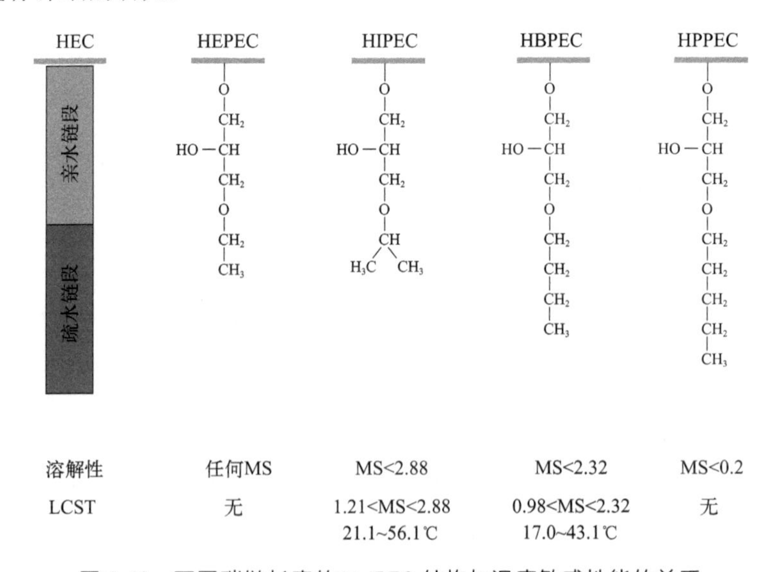

图 2-16 不同碳链长度的 HalPEC 结构与温度敏感性能的关系

图 2-17（a）和图 2-18（a）是不同取代度的 HBPEC 和 HIPEC 水溶液（10g/L）的透光率随温度的变化曲线图。如图 2-17（a）、图 2-18（a）所示，当温度升高至 LCST 附近时，两种产品水溶液的透光率急剧下降。这是因为 HBPEC 和 HIPEC 水溶液的亲水性骨架羟乙基纤维素在较低温度下与水分子形成氢键，使其溶解于水中，水溶液呈无色透明状。当升高到一定温度时，HBPEC 和 HIPEC 分子链段与水分子之间的氢键被破坏，而疏水性烷基链间的相互作用成为主导，进而引起 HBPEC 和 HIPEC 分子间的聚集，水溶液透光率下降。由图 2-17（b）和图 2-18（b）可知，HBPEC 和 HIPEC 的 LCST 随着取代度的增加呈线性关系下降，当 HBPEC 的取代度从 0.98 增加到 2.32，LCST 从 43.1℃下降到 16.1℃；当 HIPEC 的取代度从 1.21 增加到 2.88，LCST 从 56.1℃下降到 21.1℃。由表 2-2 可知，对于摩尔取代度相近、烷基取代基不同

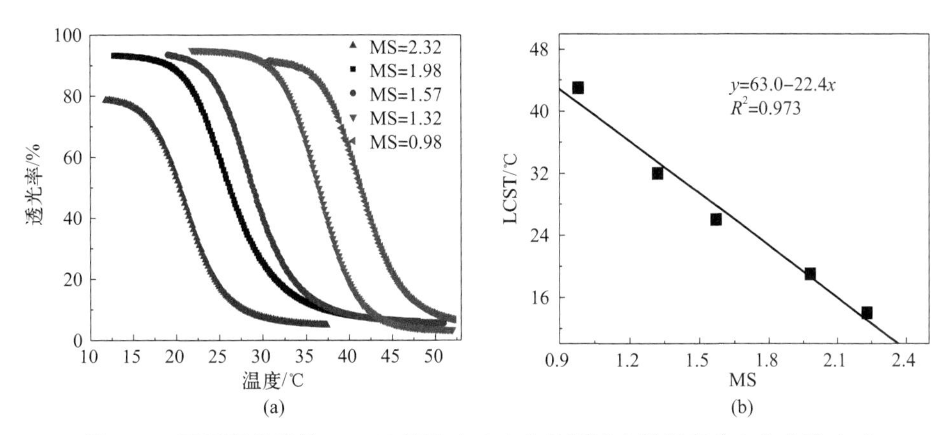

图 2-17　不同取代度的 HBPEC 溶液（10g/L）的透光率随温度的变化曲线（a）及 HBPEC 的取代度对 LCST 的影响（b）

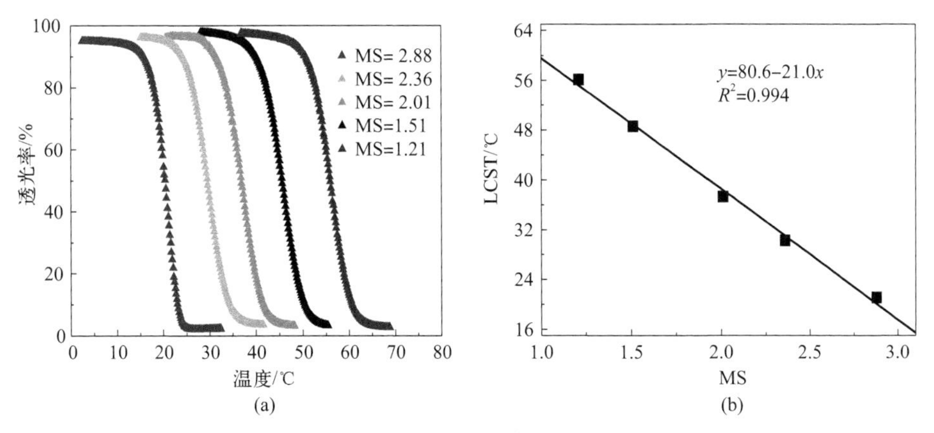

图 2-18　不同取代度的 HIPEC 溶液（10g/L）的透光率随温度的变化曲线（a）及 HIPEC 的取代度对 LCST 的影响（b）

的产品［例如 HBPEC-3（MS=1.57）与 HIPEC-2（MS=1.51）、HBPEC-4（MS=1.98）与 HIPEC-3（MS=2.01）以及 HBPEC-5（MS=2.32）与 HIPEC-4（MS=2.36）］，烷基链较长的 HBPEC 产品的 LCST 相对较小。这同样也是由于 HBPEC 的烷基取代基疏水性较强，导致在相近的摩尔取代度下 HBPEC 分子之间疏水链的缔合作用更为明显。

如图 2-19（a）和图 2-20（a）所示，10g/L 的 HBPEC-2 和 HIPEC-3 水溶液经过几次升温-降温循环实验后，溶液的最大和最小透光率值基本保持不变，说明 HBPEC 和 HIPEC 水溶液温度敏感相分离行为具有良好的可逆性。值得一提的是，在升温-降温循环过程中，无论是 HBPEC-2 还是 HIPEC-3 水溶液，升温过程测得的 LCST 低于冷却过程测得的 LCST，即冷却过程相对于升温过程有一定的温度滞后现象［图 2-19（b）和图 2-20（b）］。聚合物水溶液在升温过程中，分子链的水合作用下降，水化层减薄，分子间易发生相互聚集，导致溶

表 2-2 不同取代度的 HBPEC 和 HIPEC 溶液（10g/L）的 LCST

样品	MS	LCST/℃
HBPEC-1	0.98	43.1
HBPEC-2	1.32	33.2
HBPEC-3	1.57	26.4
HBPEC-4	1.98	21.2
HBPEC-5	2.32	16.1
HIPEC-1	1.21	56.1
HIPEC-2	1.51	48.6
HIPEC-3	2.01	37.3
HIPEC-4	2.36	30.2
HIPEC-5	2.88	21.1

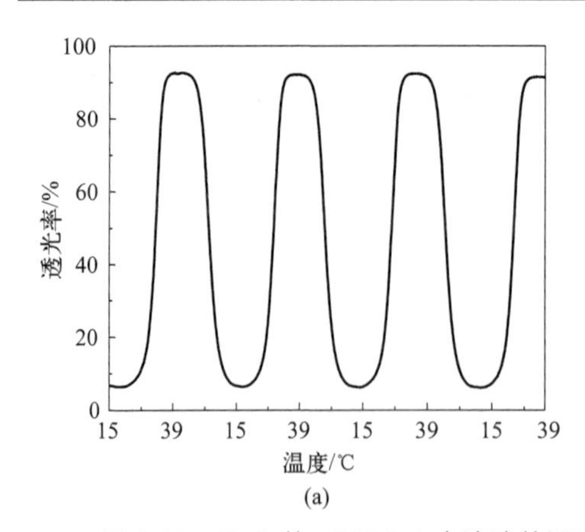

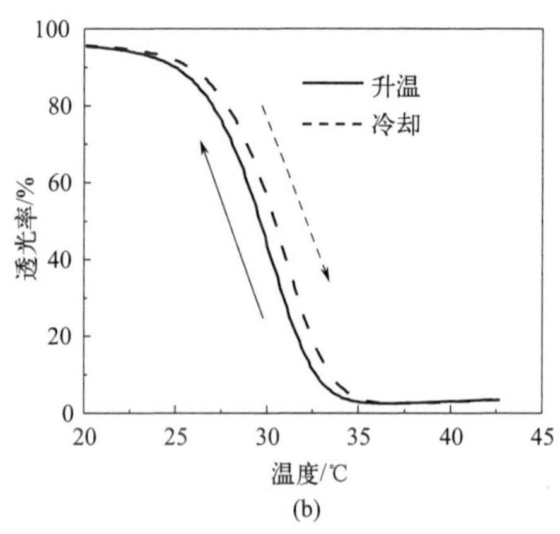

图 2-19 10g/L 的 HBPEC-2 水溶液的透光率随温度升高和降低的循环曲线（a）及 HBPEC-2 水溶液的透光率随温度的升高和降低的变化曲线（b）

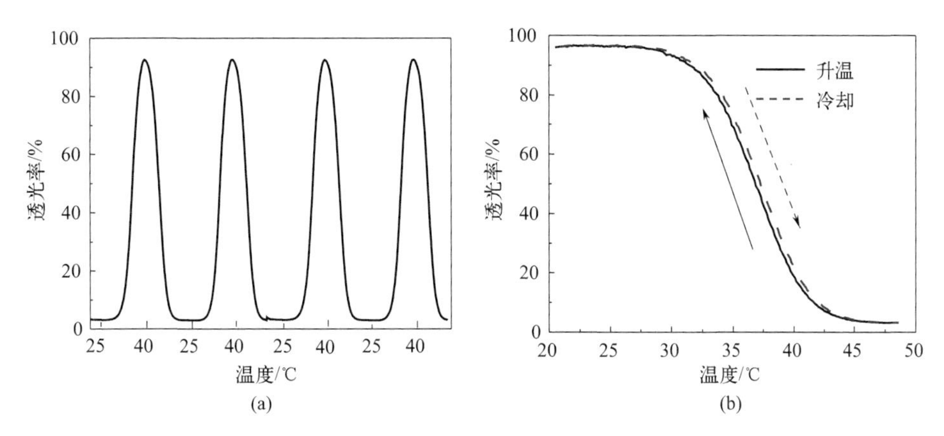

图 2-20　10g/L 的 HIPEC-3 水溶液的透光率随温度升高和降低的循环曲线（a）及 HIPEC-3 水溶液的透光率随温度升高和降低的变化曲线（b）

液由均一透明转变成为固液两相；在冷却过程中，相互聚集的分子链又逐渐解体、分散，浑浊溶液转变为均一的透明溶液。由于聚合物相互聚集后，分子之间同时也存在氢键的相互作用力，为了使聚合物再次溶解于水中，需要额外的热量来破坏聚合物链段之间的氢键，所以冷却过程测定的 $LCST_{冷却}$ 相比于升温过程的 $LCST_{升温}$ 略有升高。另外，对取代度相近的 HBPEC-4 与 HIPEC-3 所产生的温度滞后现象进行比较。如图 2-21 所示，在相近取代度下，相比于 HIPEC，HBPEC 水溶液的 $LCST_{冷却}$ 具有明显温度滞后性，这是因为疏水性较强的 HBPEC 系列产品在加热后，分子链之间的疏水缔合作用较强，并且 HBPEC 分子链本身也会发生自卷曲现象。相比而言，烷基碳链较短的 HIPEC 系列产品在加热后分子链之间的疏水作用较弱，分子链呈相对较为舒展的状态，导致 HBPEC 系列产品呈现出较为明显的温度滞后现象。

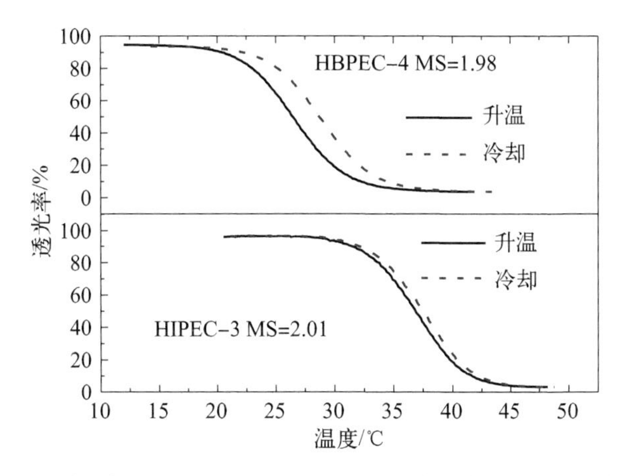

图 2-21　取代度相近的 HBPEC-4 和 HIPEC-3 产品水溶液升温-降温曲线

2.1.2.2 样品浓度对 HBPEC 和 HIPEC 温度响应性能的影响

浓度对 LCST 的影响是温度响应型聚合物在应用时所需考虑的一个非常重要的因素。主要是因为温度响应型聚合物溶液在应用时，特别是在生物医药领域中，聚合物溶液经过不断的稀释会引起 LCST 的升高，这可能会导致聚合物在应用时达不到预期的效果，甚至失效。浓度不同，温度响应型聚合物水溶液所表现出的性质有所差异。以 HBPEC-2（MS=1.32）和 HIPEC-3（MS=2.01）产品为代表，研究样品浓度对 HBPEC 和 HIPEC 温度敏感性能的影响，结果见图 2-22 和图 2-23。由图 2-22 和图 2-23 可知，样品 HBPEC-2 和 HIPEC-3 在不同浓度下，都具有温度敏感性，两种产品的 LCST 均随着样品溶液浓度的降低而升高，并且随着样品浓度的降低，透光率随温度变化的曲线逐渐变得平

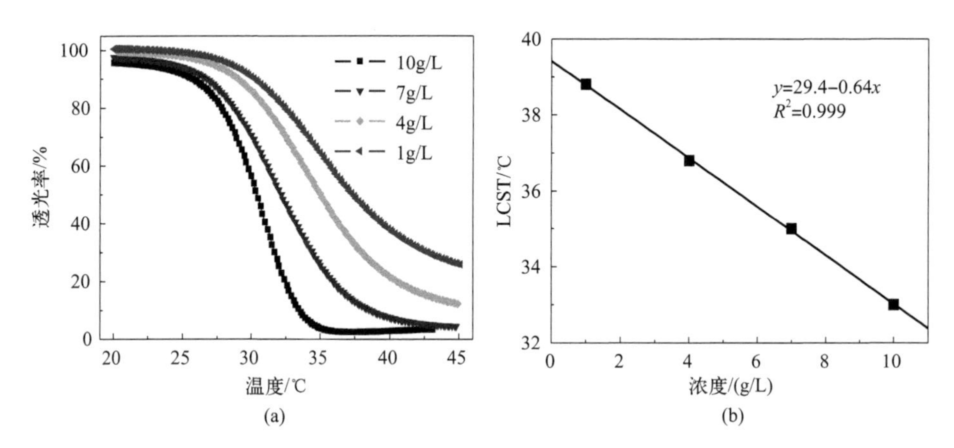

图 2-22 不同浓度的 HBPEC-2 溶液的透光率随温度的变化曲线（a）及 HBPEC-2 的浓度对 LCST 的影响（b）

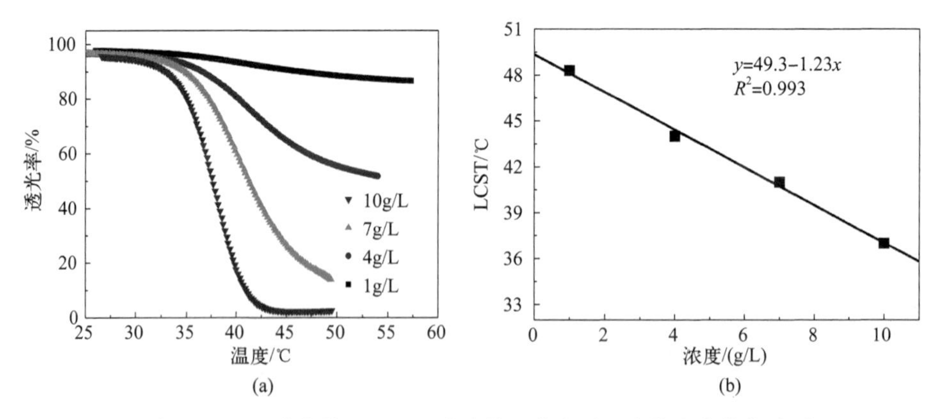

图 2-23 不同浓度的 HIPEC-3 溶液的透光率随温度的变化曲线（a）及 HIPEC-3 的浓度对 LCST 的影响（b）

缓［图 2-22（a）和图 2-23（a）］。样品浓度对 HBPEC-2 和 HIPEC-3 LCST 的影响程度却有一定的差别：当样品浓度从 10g/L 降低到 1g/L，HBPEC 的 LCST 从 33.2℃上升到 38.8℃；HIPEC 的 LCST 从 37.0℃上升到 48.3℃［图 2-22（b）和图 2-23（b）］，这说明疏水碳链较短的 HIPEC 产品的 LCST 受水溶液浓度影响较大。随着聚合物水溶液的浓度降低，单位体积内脱水的聚合物链的数量减少，分子链之间的碰撞的概率降低，所以需要更多的热量才能促使聚合物链之间发生碰撞、聚集并发生相分离行为。HIPEC 分子上烷基链长度短于 HBPEC，所以 HIPEC 产品疏水缔合作用相对较弱。当浓度下降时，体系发生相分离需要更多的热量，导致 HIPEC 产品的 LCST 随水溶液浓度的变化更为明显。

以 HBPEC 产品为例，详细研究了温度敏感相分离行为的动力学。图 2-24（a）是 HBPEC-2 水溶液在不同浓度时透光率随时间的变化曲线，由图 2-24（a）可以看出，随着 HBPEC-2 浓度从 1g/L 增加到 10g/L，HBPEC 水溶液的相分离速度明显加快。为了更直观观察相分离速度随浓度的变化情况，求得不同浓度下 HBPEC-2 产品透光率随时间变化曲线的斜率［图 2-24（b）］，曲线斜率的大小直接反映 HBPEC 水溶液相分离速度的大小。由图 2-24（b）可以看出随着 HBPEC-2 水溶液浓度的增加，斜率的绝对值也逐渐增大，这说明 HBPEC 产品的相分离速度随浓度的增加而逐渐加快。

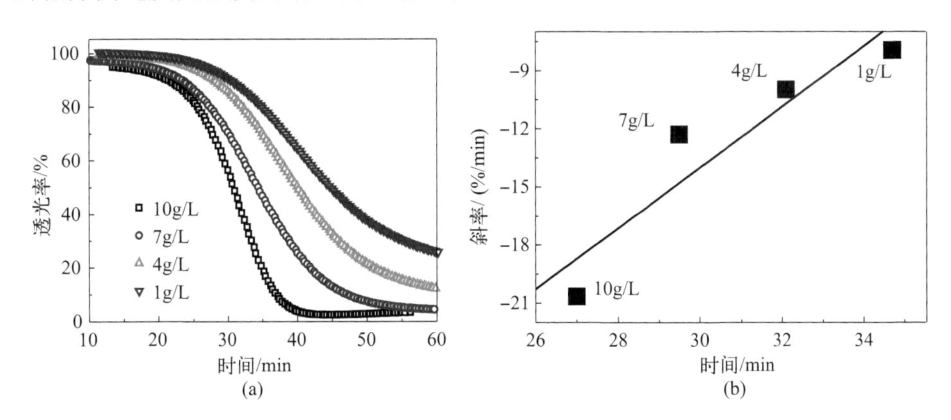

图 2-24　不同样品浓度下，10g/L HBPEC-2 水溶液的透光率随时间的变化曲线（升温速度为 1℃/min）（a）及不同样品浓度下，透光率随时间的变化曲线的斜率（b）

HalPEC 水溶液相分离行为的速度也与升温速率有关，其水溶液的 LCST 也随升温速率的改变相应地发生变化。图 2-25（a）是在不同的升温速率下，10g/L 的 HBPEC-2 水溶液的透光率随温度变化的曲线。由图 2-25（a）可以看出随着升温速率的加快，透光率随温度变化的曲线逐渐向高温方向移动，即随着升温速率的加快，HBPEC-2 水溶液的 LCST 呈升高趋势。当升温速率从 0.1℃/min 提高到 5℃/min 时，样品的 LCST 从 30.8℃升高到 36.7℃［图 2-25（b）］。

HalPEC 溶液的相分离过程可分为以下三个阶段：首先聚合物链段表面由于温度的升高导致分子链的脱水；随后分子链之间由于溶剂层减薄而相互靠近；最后产品分子链中疏水侧链相互作用引起相分离行为的发生。上述过程需要外界提供一定的热量和分子链段之间平移、相互作用所需的时间，所以当水溶液升温速率加快时，产品溶液相分离过程相对滞后于温度的改变，进而导致 LCST 的升高。

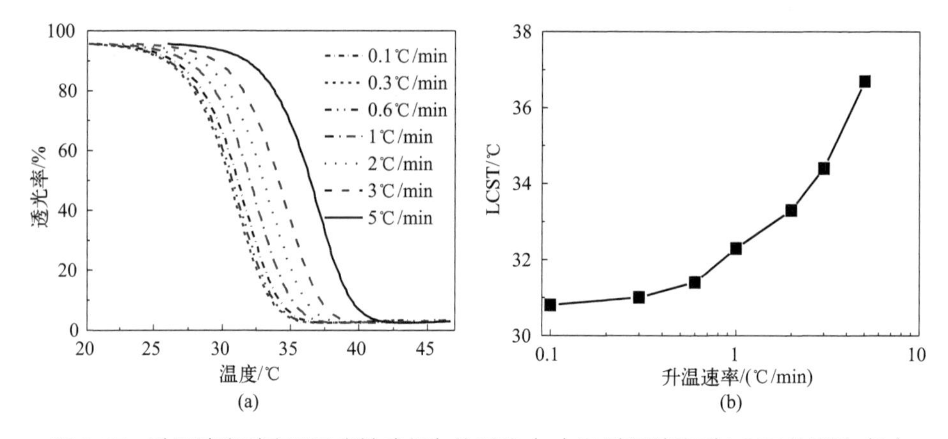

图 2-25　升温速率对产品温度敏感行为的影响（a）及升温速率对 LCST 的影响（b）
（以 10g/L HBPEC-2 水溶液为例）

2.1.2.3　原料分子量对 HBPEC 和 HIPEC 温度响应性能的影响

表 2-3 是分别以分子量 90000、250000、720000 的羟乙基纤维素原料所制备的 HBPEC 系列产品。由表 2-3 可知，具有相似的摩尔取代度的 HBPEC 产品，以分子量较大的羟乙基纤维素为原料所制备的产品的 LCST 相对较低，即产品溶液的 LCST 随着原料 HEC 分子量的增加而降低（M_w=90000g/mol，MS=1.11，LCST=68.2℃；M_w=250000g/mol，MS=0.98，LCST=43.1℃；M_w=720000g/mol，MS=1.05，LCST=34.2℃）。原料分子量的大小决定产物分子链的长度，原料分子量越大，产物的分子链越长，分子链间更易发生相互缠绕、缔合，进而使 LCST 降低。同样，原料羟乙基纤维素的分子量对 HIPEC 产品温度敏感性能的影响与此相似，即 HIPEC 产品溶液的 LCST 随着原料分子量的增加而减小（表 2-4）。由表 2-4 可以看出，分子量为 90000 的羟乙基纤维素为原料所制备的 HIPEC 系列产品的取代度小于 1.71 时，产品无温度敏感性。这是因为取代度较小的 HIPEC 产品的分子链在溶液中呈现相对较为舒展的状态，产品亲水性过强，而疏水性不足，使 HIPEC 完全溶解于水中，在 0 ～ 100℃范围内并没有展现出温度响应性能。

表 2-3　原料分子量对 HBPEC 温度敏感性的影响

M_w/(g/mol)	BGE：AGU	MS	水	LCST/℃
90000	2.0	1.11	溶解	68.2
	2.5	1.89	溶解	51.1
	3.0	2.58	溶解	48.2
	3.5	2.79	溶解	39.4
	4.0	2.81	溶解	38.2
250000	2.0	0.98	溶解	43.1
	2.5	1.32	溶解	32.6
	3.0	1.57	溶解	26.3
	3.5	1.98	溶解	19.8
	4.0	2.32	溶解	14.7
720000	2.0	0.97	溶解	31.1
	2.5	1.05	溶解	34.2
	3.0	1.36	不溶	—
	3.5	1.48	不溶	—
	4.0	1.53	不溶	—

表 2-4　原料分子量对 HIPEC 温度敏感性的影响

M_w/(g/mol)	IPGE：AGU	MS	水	LCST/℃
90000	2.0	1.48	溶解	无温敏性
	2.5	1.71	溶解	无温敏性
	3.0	2.01	溶解	65.9
	3.5	2.76	溶解	50.7
	4.0	2.79	溶解	48.2
250000	2.0	1.21	溶解	56.1
	2.5	1.51	溶解	48.1
	3.0	2.01	溶解	37.3
	3.5	2.36	溶解	30.2
	4.0	2.88	溶解	21.1
720000	2.0	0.88	溶解	53.1
	2.5	1.34	溶解	49.1
	3.0	1.56	溶解	43.1
	3.5	1.73	不溶	—
	4.0	1.78	不溶	—

2.1.2.4 阴离子对 HBPEC 和 HIPEC 温度响应性能的影响

当聚合物水溶液中加入少量的无机盐时，能改变聚合物之间以及聚合物与水分子之间的相互作用，进而改变聚合物溶液的相分离温度。在生物医药的应用体系内通常需要一定的电解质，如人体的血液及其他生物体的体液，所以通过无机盐来调节 LCST 更具有实际意义。

在生物和化学领域中，普遍被认同的阴离子对蛋白质稳定性及对溶液相关性质的影响程度大小的排列顺序为 Hofmeister 离子序列。对于具有相同阳离子的无机盐，阴离子对聚合物水溶液去稳定性作用的能力大小为 $CO_3^{2-} > SO_4^{2-} > S_2O_3^{2-} > H_2PO_4^- > F^- > Cl^- > Br^- > NO_3^- > I^- > ClO_4^- > SCN^-$，$Cl^-$ 的左侧是水合能力较强的阴离子（kosmotropic 阴离子），Cl^- 的右侧为水合能力较差的阴离子（chaotropic 阴离子）。

选择 11 种不同阴离子的钠盐来研究阴离子种类对 10g/L HBPEC 产品和 HIPEC 产品水溶液 LCST 的影响。这 11 种离子为 SCN^-、I^-、NO_3^-、Br^-、Cl^-、ClO_4^-、F^-、$H_2PO_4^-$、$S_2O_3^{2-}$、SO_4^{2-}、CO_3^{2-}，上述几种阴离子基本囊括了所有常见无机阴离子。以 HBPEC-2 水溶液为例，当 HBPEC-2 水溶液中加入 kosmotropic 阴离子时，如图 2-26（a）所示，HBPEC-2 溶液的 LCST 随着阴离子浓度的升高呈线性关系下降。例如，10g/L 的纯 HBPEC 水溶液的 LCST 为 33.2 ℃，当 0.3mol/L 的 Na_2CO_3、Na_2SO_4、$Na_2S_2O_3$、NaH_2PO_4、NaF、NaCl 和 NaBr 的盐溶液加入到 HBPEC-2 水溶液中时，HBPEC-2 水溶液的 LCST 从 33.2℃分别下降到 10.3℃、14.9℃、18.3℃、20.5℃、22.3℃、25.3℃和 28.6℃。引起 LCST 下降的原因有两方面：一方面是 kosmotropic 阴离子、HBPEC 分子、水分子三者之间的氢键作用力的强弱变化，即 kosmotropic 阴离子与水分子之间的水合作用力强于 HBPEC 分子链与水分子的氢键作用力，导致 HBPEC 分子链与水分子之间的氢键相互作用力的减弱，使 HBPEC 分子链周围的水化层减薄，甚至发生分子链的部分脱水；另一方面，由于 kosmotropic 阴离子的加入，导致聚合物分子链和水之间表面张力的增加，即随着 kosmotropic 阴离子浓度的增加，聚合物分子链和水之间的表面自由能增加，体系变得不稳定，导致聚合物更易发生聚集以此来缩小比表面积，降低表面自由能，进而使 HBPEC 水溶液的 LCST 降低。基于上述两种原因，促使盐析效应的发生。kosmotropic 阴离子浓度对 HBPEC 产品水溶液 LCST 影响的大小规律为 $CO_3^{2-} > SO_4^{2-} > S_2O_3^{2-} > H_2PO_4^- > F^- > Cl^-$，这种规律与 Hofmeister 离子序列相同。

与 HBPEC 水溶液中加入 kosmotropic 阴离子相比，加入 chaotropic 阴离子后，LCST 的变化规律却大不相同。随着 chaotropic 阴离子浓度的增加 LCST 呈非线性关系变化，即随着 chaotropic 阴离子浓度的增加，LCST 呈现上升的趋势并达到最大值，而后随着盐浓度的进一步增大，LCST 又逐渐下降。在 chaotropic 型阴离子中，对于上述的这种趋势表现最为明显的阴离子基团为 SCN^-和ClO_4^-，如图 2-26（b）所示，随着 NaSCN 和 $NaClO_4$ 浓度从 0mol/L 增加到 0.2mol/L 时，LCST 从最初的 33.2℃分别升高到 37.2℃和 35.3℃。当盐浓度进一步升高到 0.5mol/L 时，产品水溶液的 LCST 分别下降到 36.1℃和 33.8℃。其他的 chaotropic 阴离子（I^-、NO_3^-）对 HBPEC-2 水溶液 LCST 的影响也呈现相同的趋势。chaotropic 阴离子影响温度响应型聚合物水溶液 LCST 的原因可由离子束缚机理来解释，chaotropic 阴离子与 HBPEC 分子链上的羟基形成氢键或产生络合作用，相当于 HBPEC 表面的离子化程度增加，使 HBPEC 分子更易溶解于水中，进而引起产品水溶液 LCST 的上升。然而，随着 chaotropic 阴离子浓度的继续增加，chaotropic 阴离子的盐析作用成为主导，破坏了 HBPEC 骨架与水分子之间的氢键，进而使 HBPEC 水溶液的 LCST 下降。chaotropic 阴离子浓度对 HBPEC 产品水溶液 LCST 影响大小为 $NO_3^- < I^- < ClO_4^- < SCN^-$，这种规律与 Hofmeister 离子序列相同。

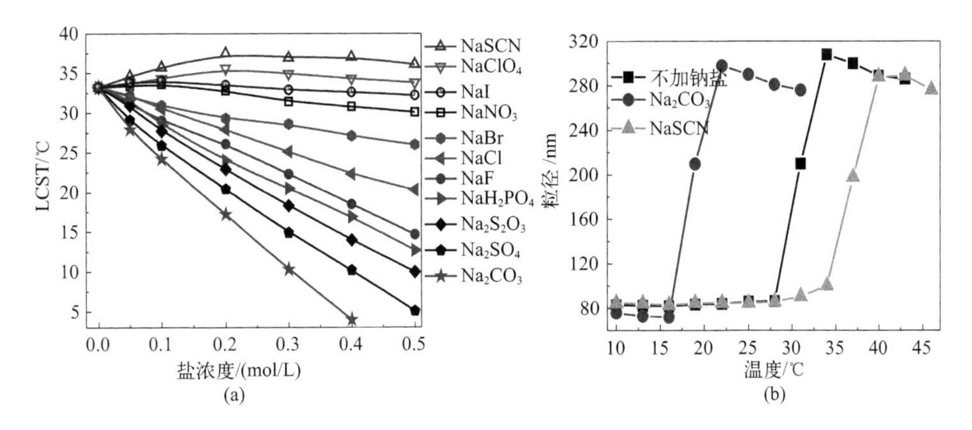

图 2-26　不同阴离子钠盐的种类及浓度对 HBPEC-2 水溶液 LCST 的影响（实心点是 kosmotropic 阴离子，空心点是 chaotropic 阴离子）(a) 及 HBPEC-2 的动力学粒径随温度的变化 (b)

kosmotropic 型和 chaotropic 型阴离子对 HIPEC 产品影响的规律与 HBPEC 产品相似，均符合 Hofmeister 离子序列［如图 2-27（a）］，即 $CO_3^{2-} > SO_4^{2-} > S_2O_3^{2-} > H_2PO_4^- > F^- > Cl^- > Br^- > NO_3^- > I^- > ClO_4^- > SCN^-$，但是相比于 HBPEC 产品受 kosmotropic 型阴离子种类及其浓度影响的程度，HIPEC 产品水溶液相分离行为受其影响相对较弱。以 10g/L 的 HIPEC-1 产品水溶液为例，当 CO_3^{2-} 和 SO_4^{2-} 的浓度从 0mol/L 增加到 0.3mol/L，HIPEC 水溶液的 LCST 分别从 56.1℃下降到 33.1℃和 40.9℃，而相近取代度的 HBPEC-2 水溶液的 LCST 则

从 33.2℃分别下降到 10.3℃和 14.9℃。有趣的是，与 kosmotropic 阴离子不同，chaotropic 阴离子对 HIPEC 产品水溶液相分离的影响略强于 HBPEC 产品，例如当 SCN^- 和 ClO_4^-的浓度从 0mol/L 增加到 0.3mol/L 时，HIPEC-1 水溶液的 LCST 达到最大值，分别为 61.3℃和 60.5℃，而对于 HBPEC-2 水溶液，当两种盐浓度达到 0.2mol/L 时，其 LCST 达到最大值，分别为 37.2℃和 35.3℃。取代度相似的 HBPEC-2 和 HIPEC-1，烷基碳链较长的 HBPEC-2 产品具有较强疏水性，在其水溶液中加入 kosmotropic 盐后，由于较强的盐析作用，HBPEC-2 分子间更易发生疏水缔合，所以相比于疏水性较弱的 HIPEC-1 产品，LCST 下降明显。同样，疏水性较弱的 HIPEC-1 产品的亲水性较好，所以在其水溶液加入 chaotropic 盐后，由于 chaotropic 阴离子的络合作用，使 HIPEC-1 分子的亲水性加强，HIPEC-1 水溶液的 LCST 升高较为明显。

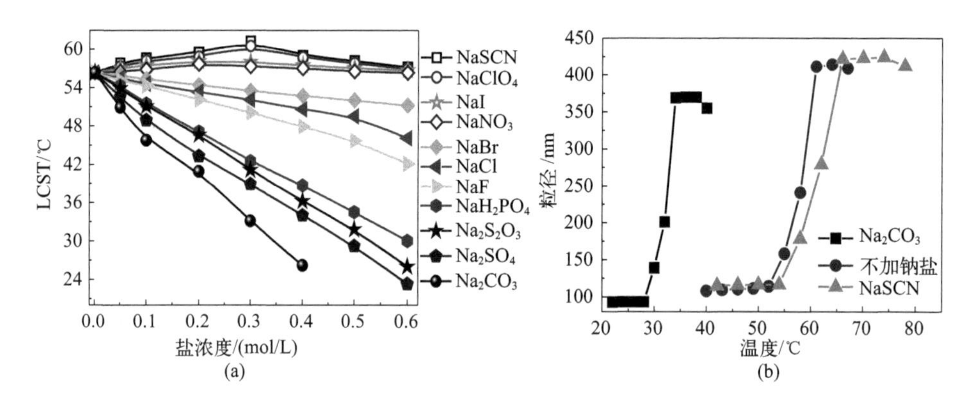

图 2-27　不同阴离子钠盐的种类及浓度对 HIPEC-1 水溶液 LCST 的影响（实心点是 kosmotropic 阴离子，空心点是 chaotropic 阴离子）（a）及 HIPEC-1 的动力学粒径随温度的变化（b）

两亲性的 HBPEC 和 HIPEC 系列产品与传统的表面活性剂相似，在一定浓度下可以自组装形成胶束，具体研究在 2.1.3 详细介绍。利用动态光散射研究了不同类型的阴离子对 HBPEC 和 HIPEC 胶束粒径随温度变化的影响规律。由图 2-27（b）可以看出，对于盐浓度为 0mol/L 的 HBPEC-2（10g/L）水溶液，随着温度的增加，胶束粒径在 LCST 附近时陡然增大，从 83nm 增大到 300nm。随着温度的升高，胶束脱水收缩，导致胶束结构的变形，进而发生胶束间的相互聚集，形成粒径较大的胶束聚集体。当 HBPEC 水溶液中加入最具代表性的 kosmotropic 阴离子 CO_3^{2-}（0.2mol/L）时，胶束粒径在 31.9℃左右时达到最大值，而该温度即为 HBPEC 水溶液在此 Na_2CO_3 浓度下的 LCST；HBPEC 水溶液中加入最具代表性的 chaotropic 阴离子 SCN^-（0.2mol/L）时，胶束粒径在 63.5℃左右时达到最大值，而该温度同时也恰为 HBPEC 水溶液在此 NaSCN 浓度下的 LCST。kosmotropic 阴离子和 chaotropic 阴离子对 HIPEC 胶束粒径随温度变化的影响也具有相似的研究结果。如图 2-27（b）所示，HIPEC-1 产品水溶液体系中加入两种不同类型的阴离子后，随着温度的升高，胶束粒径在产品溶液所对应的 LCST 附近迅速增大。

2.1.2.5　阳离子对 HBPEC 和 HIPEC 温度响应性能的影响

阴离子种类及浓度对温度响应型聚合物的相分离行为具有较为明显的影响，所以相关研究主要集中在阴离子的影响。近年来，研究者发现阳离子对蛋白质的稳定性以及温度响应型聚合物的相分离温度也具有非常重要的影响。选择 9 种不同阳离子的硫酸盐（NH_4^+、Li^+、K^+、Na^+、Cu^{2+}、Mg^{2+}、Zn^{2+}、Ni^{2+}、Al^{3+}），并以 10g/L 的 HBPEC-2 和 HIPEC-1 水溶液为例，研究阳离子种类和浓度对样品水溶液 LCST 的影响。这 9 种阳离子的价态是逐渐升高的，依次为：一价态阳离子（NH_4^+、Li^+、K^+、Na^+）；二价态阳离子（Cu^{2+}、Mg^{2+}、Zn^{2+}、Ni^{2+}）；三价态阳离子（Al^{3+}）。从图 2-28 可以看出，无论是一价、二价、三价阳离子都能显著降低 HBPEC 和 HIPEC 产品水溶液的 LCST，但是一价和二价阳离子对 HBPEC 和 HIPEC 样品水溶液 LCST 的影响不能明显区分。例如 HBPEC-2 和 HIPEC-1 水溶液的 LCST 随 $MgSO_4$ 和 $(NH_4)_2SO_4$ 浓度变化的曲线非常相似。对于 HBPEC-2 水溶液，当 $MgSO_4$ 和 $(NH_4)_2SO_4$ 浓度从 0mol/L 升高到 0.3mol/L，LCST 从 33.2℃分别下降到 13.9℃和 14.2℃；HIPEC-1 水溶液的 LCST 则从 56.1℃分别下降到 40.3℃和 39.9℃。三价的 Al^{3+} 对 HBPEC-2 和 HIPEC-1 的 LCST 的影响较为明显。当 $Al_2(SO_4)_3$ 浓度从 0mol/L 上升到 0.3mol/L 时，HBPEC-2 水溶液的 LCST 从 33.2℃下降到 0.7℃，HIPEC-1 水溶液的 LCST 从 56.1℃下降到 30.7℃。

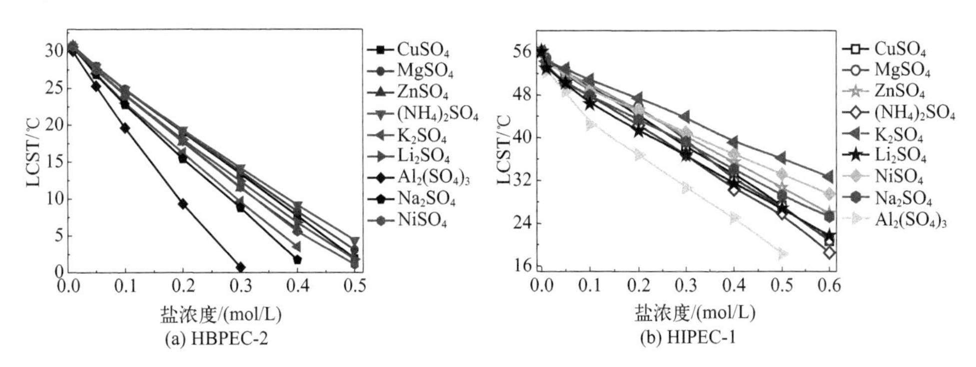

图 2-28　不同阳离子硫酸盐的种类及浓度对 HalPEC 水溶液 LCST 的影响

为了更加深入地分析不同价态的阳离子对 HalPEC 水溶液 LCST 的影响，以 HBPEC-2 产品为代表，对浓度进行简单换算，通过式（2.4）和式（2.5）将摩尔浓度换算为活度。

$$b_{\pm}=(b_{+}^{\nu_{+}}b_{-}^{\nu_{-}})^{\frac{1}{\nu}}\xrightarrow{b_{+}=\nu_{+}b,\ b_{-}=\nu_{-}b}(\nu_{+}^{\nu_{+}}\nu_{+}^{\nu_{+}})^{\frac{1}{\nu}}b \tag{2.4}$$

$$a_{\pm}=\gamma_{\pm}(b_{\pm}/b^{\ominus}) \tag{2.5}$$

式中，$b_{\pm}$ 为平均质量摩尔浓度 ,mol/kg；b_{+}，b_{-}分别为阳离子和阴离子的质量摩尔浓度，mol/kg；b 为电解质的质量摩尔浓度，mol/kg；ν_{+}，ν_{-}分别为电解分子中的阳离子和阴离子的个数；ν 为电解分子中阳离子和阴离子个数的总和；$\alpha_{\pm}$ 为平均离子活度；$\gamma_{\pm}$ 为平均离子活度因子。

使用活度来分析不同价态的阳离子对温度响应型聚合物 LCST 的影响，主要是因为活度因子综合考虑了离子间的静电斥力和电解质的解离，特别是研究复杂电解质对溶液性能的影响时，使用活度来分析更具有研究意义。图 2-29 是在不同种类的阳离子溶液中，HBPEC-2 水溶液的 LCST 随活度的变化曲线。经过计算后，由于一价阳离子的活度系数远小于二价和三价阳离子的活度系数，所以不同价态的阳离子对 HBPEC 水溶液 LCST 的影响可以明显区分。不同价态的阳离子对 HBPEC 的盐析作用的强弱具有明显的差别，价态越高，盐析效应越明显，即盐析作用能力大小为：三价阳离子＞二价阳离子＞一价阳离子。科学家 Friedman 通过对钆（Gd^{3+}）进行电子振动光谱分析研究了 Hofmeister 序列，其研究结果表明阳离子的电荷密度，即价态对聚合物分子链脱水的程度和快慢具有明显的影响。高价态的金属离子具有很强的水合作用，减弱了聚合物与水之间的氢键作用，所以在高价态的阳离子水溶液中，聚合物更易发生脱水析出。Al^{3+} 是这 9 种阳离子中电荷密度最高的离子，更易于与周围水分子相互作用，导致 HBPEC 与水分子间氢键的破坏，同理 Mg^{2+} 对 HBPEC 的 LCST 的影响程度高于 Na^{+}。

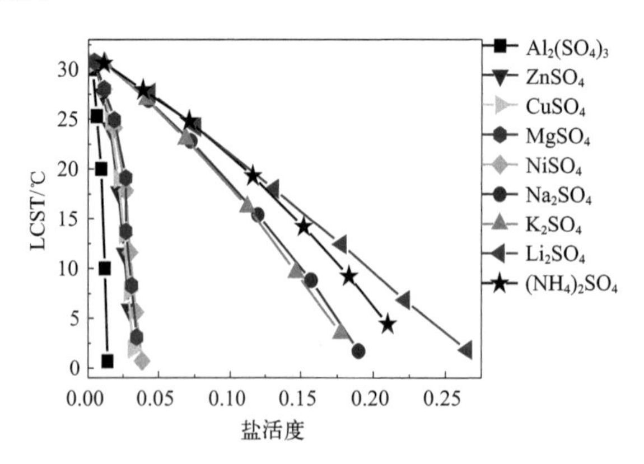

图 2-29 不同阳离子硫酸盐的活度对 HBPEC-2 水溶液 LCST 的影响

2.1.2.6　小分子溶剂对 HBPEC 和 HIPEC 温度响应性能的影响

温度响应型聚合物水溶液中添加有机小分子溶剂可以改变聚合物水溶液的相分离行为，通过有机小分子溶剂来调节温度响应型聚合物的 LCST 相对比较容易。以取代度相近的 HBPEC-2 和 HIPEC-1 为代表，研究了丙酮、甲醇、乙醇、异丙醇、丁醇对 HBPEC 和 HIPEC 产品水溶液温度敏感性能的影响。由图 2-30 可以看出，乙醇、异丙醇、丁醇这三种有机溶剂对 HBPEC-2 和 HIPEC-1 水溶液（10g/L）相分离行为的影响规律相似，随着三种有机溶剂浓度的增加，LCST 逐渐下降，并且醇溶剂的碳原子数越多，产品水溶液的 LCST 下降越明显。以 HBPEC-2 水溶液为例，当乙醇和异丙醇浓度从 0%（体积分数，下同）上升到 30%，产品水溶液的 LCST 从 33.2℃分别下降到 18.8℃和 1.5℃；当丁醇浓度从 0% 上升到 20%，产品水溶液的 LCST 从 33.2℃降低到 0.7℃。醇溶剂影响 HalPEC 水溶液相分离能力大小为：正丁醇＞异丙醇＞乙醇。这种影响规律遵循醇类的黏度系数 *B* 值（viscosity *B* coefficient，VCB）的大小顺序。VCB 值是衡量水结构改变的一个重要参数，在溶液中添加的有机小分子的 VCB 值越大，聚合物表面的水分子层结构变化越大，进而使聚合物中疏水链周围的水分子减少，疏水链间的疏水缔合作用增强，聚合物的 LCST 降低。另外，在聚合物水溶液中添加不同结构的醇溶剂后，由于存在醇-聚合物-水三者之间氢键的相互竞争作用，导致 LCST 的变化。醇的加入使聚合物与水分子之间氢键作用发生变化，醇分子取代原来的水分子，从而使聚合物链上羟基通过氢键所结合的水分子数目减少，相当于聚合物上亲水区域减少而疏水区域增加，所以聚合物的疏水性随着醇浓度的升高而增强。当聚合物水溶液温度升高时，聚合物疏水链之间更易发生相互作用，进而引起聚合物之间的相互聚集，LCST 的下降。

与上述醇类对产品水溶液相分离的影响有所不同，对于 HBPEC-丙酮和 HBPEC-甲醇水溶液体系，其 LCST 分别随着丙酮和甲醇浓度的增加呈现先下降而后上升的变化规律。随着丙酮和甲醇的浓度从 0% 上升到 30%，HBPEC-丙酮和 HBPEC-甲醇水溶液体系的 LCST 从 33.2℃分别下降到最小值 25.3℃和 21.2℃，而后随着丙酮和甲醇的浓度继续升高至 60%，混合水溶液体系的 LCST 分别升高到 43.1℃和 37.3℃。当 HBPEC 水溶液中丙酮或甲醇的浓度高于 60% 时，无论体系温度如何变化，HBPEC-丙酮和 HBPEC-甲醇水溶液均不发生相分离行为。上述实验结果的产生原因可解释为水分子与丙酮和甲醇的相互作用要大于与 HBPEC 分子链的相互作用。水分子与丙酮或甲醇形成缔合物，导致 HBPEC 分子链周围的水分子减少，引起 LCST 的降低。丙酮分子和甲醇分子对水分子的缔合能力有所差别，一般来讲，一个丙酮分子可以络合四个水分子，而一个甲醇分子可以络合五个水分子，这也说明在添加相同体积甲醇或丙酮时，甲醇对 HBPEC 和 HIPEC 产品水溶液 LCST 的影响程度强于丙酮。随着丙酮或甲醇浓度的继续增加，HBPEC 的 LCST 又呈上升趋势，这是因为丙酮或甲醇的浓度足够大时，几乎所有的水分子都与甲醇和丙酮分子形成缔合物，使 HBPEC 分子链周围不存在水分子。值得一提的是，虽然丙酮或甲醇对产品的溶解性不及水对产品的溶解性好，但是丙酮或甲醇均可以溶解 HBPEC-2，所以当丙酮和乙醇的浓度大于 30% 时，过量的丙酮或甲醇溶剂分子缔合在产品的分子上并使 HBPEC 产品溶解，进而引起 LCST 的升高。有所不同的是，HIPEC-丙酮水溶液体系的 LCST 随着丙酮浓度增加一直呈现上升的趋势，当丙酮浓度大于 40% 时，混合水溶液体系不发生相分离现象，即 LCST 消失。在实验中发现，HIPEC 产品的取代度小于 1.32 时，产品在丙酮中是易溶解的，所以当丙酮浓度大于 40% 时，无论温度升高到多少，HIPEC-丙酮水溶液不再发生相分离行为。

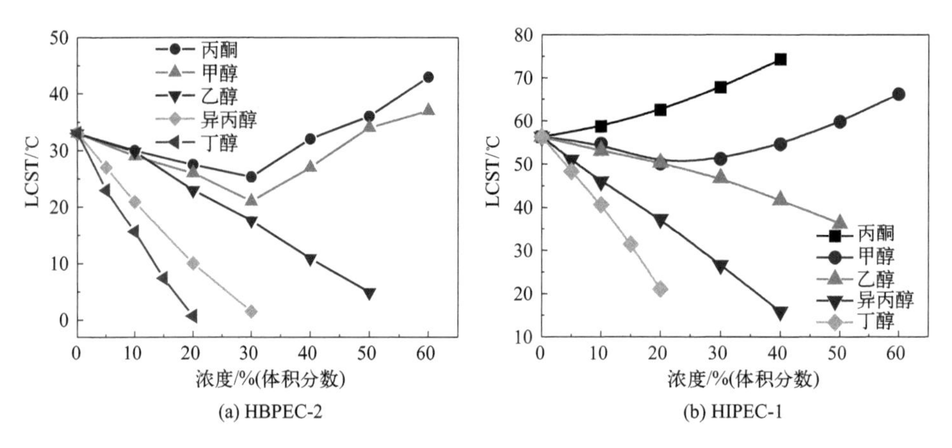

图 2-30 小分子溶剂对 HalPEC 水溶液 LCST 的影响

2.1.2.7 HBPEC 的温度敏感絮凝行为

当温度高于 LCST，温度响应型聚合物水溶液的透光率急剧下降，由最初的透明均一相溶液变为不透明的多相水溶液。值得一提的是，存在这样一类温度响应材料：在足够高的离子强度下，聚合物水溶液的温度升高至 LCST 附近时，透光率迅速下降，水溶液体系呈白色乳液状，而后继续升温至某一温度时，聚合物溶液突然发生絮凝行为，并彻底分为固液两相，其中包括聚合物絮体和水相。这类温度敏感相分离过程存在两个温度节点，即最低临界溶解温度和临界絮凝温度。上述合成的一系列不同取代度的 HBPEC 产品水溶液在较低离子强度下同样具有上述的相分离行为，同时存在 LCST 和 CFT，而 HIPEC 系列产品由于疏水碳链较短，即使在较高的取代度下也不存在临界絮凝温度，所以本节以不同取代度的 HBPEC 产品水溶液为研究对象，对其絮凝行为进行研究，并测定了不同取代度 HBPEC 产品的 CFT。

配制 10g/L 不同取代度 HBPEC 产品水溶液，利用控温紫外光谱仪来测定溶液吸光度随温度的变化。由图 2-31（a）可知，不同取代度的 HBPEC 产品水溶液的吸光度值随着温度的升高而迅速增大，这也是因为 HBPEC 与水分子之间的氢键被破坏，引起 HBPEC 分子链段间的相互聚集，使澄清的溶液变为不透明的白色乳状液，进而引起吸光度值的上升。当水溶液温度继续升高，除了取代度较大的 HBPEC-5 产品溶液的吸光度直接下降以外，其他产品溶液的吸光度均呈现缓慢增加的趋势。产品水溶液温度在达到 CFT 后，由于水溶液体系发生絮凝现象，絮体由于重力作用沉降到容器底部，导致吸光度快速下降。由图 2-31（b）可以看出，CFT 与 LCST 的变化规律一致，均随着 HBPEC 产品取代度的增加呈下降的趋势，当取代度从 0.98 提高到 2.32，CFT 从 57.3℃下降到 21.0℃。

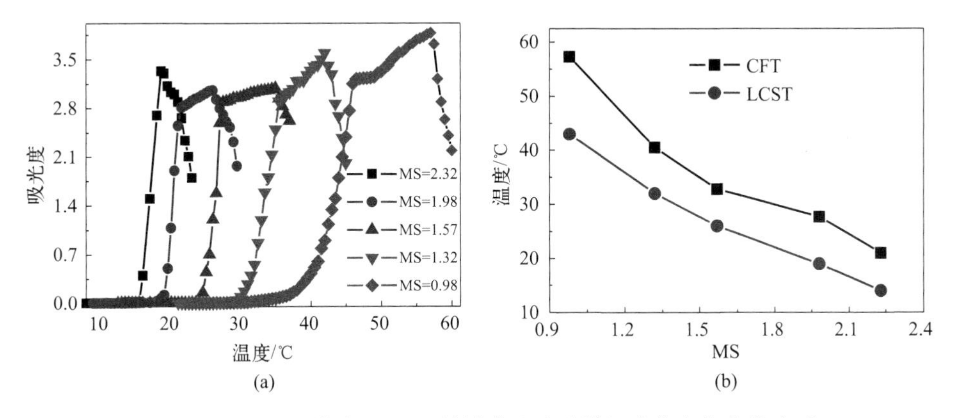

图 2-31　不同取代度 HBPEC 溶液的吸光度随温度的变化曲线（a）及 HBPEC 的取代度对 CFT 和 LCST 的影响（b）

有些合成型温度响应聚合物也呈现相似的相分离行为，例如 *N*-异丙基丙烯酰胺（INPAM）与 4-乙烯基苯硼酸（VPBA）的共聚物（NIPA-*co*-VPBA），2-甲基-2-丙烯酸-2-(2-甲氧基乙氧基) 乙酯（MEO_2MA）与寡聚乙二醇甲醚甲基丙烯酸酯（POEGMA）共聚物 P(MEO_2MA-*co*-OEGMA)，在氯化钠浓度分别为 50g/L 和 0.05mol/L 时，其水溶液随温度升高至 CFT 附近时均发生絮凝行为。有趣的是，以淀粉为原料合成的淀粉基温度响应材料却不具有温度敏感絮凝行为，而 HBPEC 系列产品水溶液在不加入任何无机盐的情况下就可以出现较好的絮凝行为。究其原因可能为：相比于化学结构为支链甚至网状形态的淀粉基温度响应材料，HBPEC 分子链呈线性结构。当温度高于 LCST 时，HBPEC 分子链之间进一步脱水收缩，由于 HBPEC 的线性结构使其分子链间相互作用更加紧密，聚集体的含水量相对较少，使聚集体不能稳定悬浮在溶液中，进而发生絮凝行为。这同样也解释了图 2-31（a）中 HBPEC 水溶液的吸光度随温度快速上升之后又出现了一个缓慢上升阶段的现象。

与影响 LCST 的因素相似，离子强度同样对 HBPEC 产品水溶液的絮凝行为有着重要的影响。以 HBPEC-2 水溶液为代表，图 2-32（a）是不同氯化钠浓度下，HBPEC-2 水溶液的吸光度随温度的变化曲线。从图 2-32（a）可以看出，随着氯化钠浓度的增加，CFT 逐渐下降，并且吸光度随温度快速上升之后出现的缓慢上升区域随着盐浓度的增加而逐渐减小，当氯化钠浓度大于 0.01mol/L 后该区域消失。这是因为氯化钠的加入引起盐析效应的发生，使 HBPEC 分子链更易发生脱水、聚集，进而导致 CFT 的降低。如图 2-32（b）所示，随着氯化钠浓度从 0mol/L 增加到 0.3mol/L，其 CFT 从 43.5℃下降到 23.5℃。在氯化钠浓度高于 0.3mol/L 后，CFT 与 LCST 趋于一致，即在温度达到 LCST 附近时，水溶液体系就发生絮凝行为。

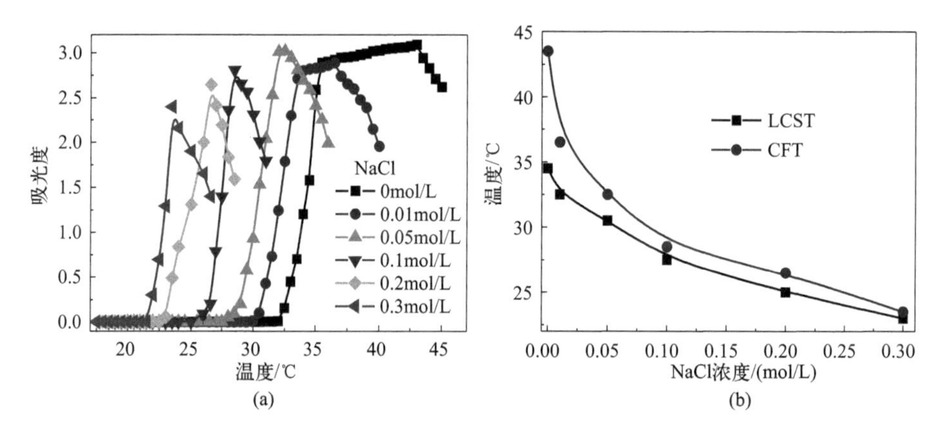

图 2-32　不同氯化钠浓度下，HBPEC-2 溶液的吸光度随温度的变化曲线（a）及氯化钠浓度对 CFT 和 LCST 的影响（b）

2.1.3 HBPEC 和 HIPEC 的自组装行为及其对尼罗红增溶行为研究

两亲性温度响应型聚合物在水溶液中可以自组装形成胶束，这些胶束不仅可以实现对疏水性物质的增溶，同时还可以通过外界环境温度刺激将增溶在胶束中的疏水客体可控地从溶液中分离或释放。

从 2.1.2.7 节的结果讨论可知，HBPEC 和 HIPEC 产品水溶液温度敏感相分离行为有所不同：对于碳链长度为 4 的 HBPEC 产品，当温度高于 CFT 时，HBPEC 水溶液彻底分为水相和聚合物絮体两相；对于碳链长度为 3 的 HIPEC 产品，与 PNIPAM 水溶液相分离行为相似，随着温度的升高或降低，其相分离行为表现为聚合物分子链的析出 / 溶解的可逆转变。因此，期望通过利用 HBPEC 和 HIPEC 的自组装行为和不同的温度敏感相分离行为，将这两种产品分别应用到疏水化合物分离和温度控制释放。

2.1.3.1　HBPEC 和 HIPEC 的自组装行为研究

由亲水性骨架羟乙基纤维素和疏水性基团烷基缩水甘油醚所合成的 2-羟基-3-烷氧基丙基羟乙基纤维素系列产品，与其他具有两亲性的聚合物相同，当溶液浓度高于临界胶束浓度（critical micelle concentrations，CMC）时，HBPEC 和 HIPEC 均会自组装形成胶束，并且临界胶束浓度随着产品烷基碳链长度和取代度的不同而有所变化。无论是 HBPEC 产品对水溶液中疏水物质的移除，还是 HIPEC 产品对疏水性物质的温度可控释放，都需要 HalPEC 自组装形成胶束后才能实现其应用价值，所以研究 HBPEC 和 HIPEC 系列产品的 CMC 十分重要。

以芘作为荧光探针，通过荧光光谱法研究了 HBPEC 和 HIPEC 产品的自组装行为。芘在水溶液中的溶解度很小，然而在非极性环境中，芘的荧光光谱发生明显变化，因此常用来测定两亲性聚合物的聚集状态，即临界胶束浓度。以 HBPEC-2（MS=1.32）和 HIPEC-3（MS=2.01）为例，测得了不同水溶液浓度下芘的激发光谱图。如图 2-33 所示，随着两种产品水溶液的浓度从 0.0001g/L 增加到 10g/L，芘的荧光激发光谱强度逐渐增强，在产品水溶液达到一定浓度

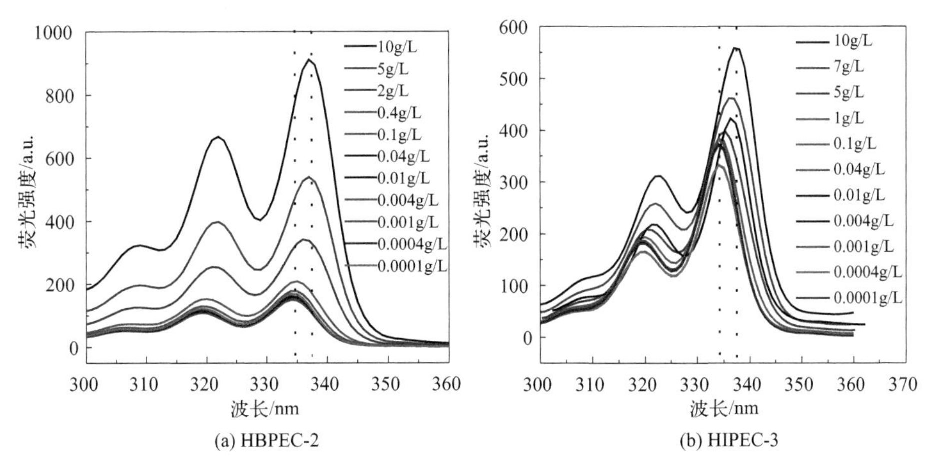

图 2-33　随着 HalPEC 浓度增加芘激发光谱的变化

（λ_{em}=490nm，芘的浓度为 6×10^{-7}mol/L，测试温度为 25℃）

时，最大峰强度从334nm红移至338nm处，这表明荧光探针芘所处环境的极性发生变化。荧光探针芘所处环境的极性发生变化会引起I_{338}/I_{334}值的明显突变，利用芘激发光谱此特点测定了产品的CMC。在不同浓度下，I_{338}/I_{334}的峰强度比值见图2-34。通过线性拟合的方法得到HBPEC-2和HIPEC-3的CMC，分别为0.157g/L和0.355g/L。同理，其他取代度的HBPEC和HIPEC产品的CMC也由此方法测得。由图2-35可以看出，HBPEC和HIPEC系列产品的CMC随着产品取代度的增加而下降，取代度的增加意味着HBPEC和HIPEC分子疏水性的增强，分子之间更易发生疏水链之间的相互缔合，引起CMC下降。另外，从图2-35也可以看出，取代度相近的两种HBPEC和HIPEC产品，HBPEC的CMC相对较小，例如HBPEC-5（MS=2.32）的CMC为0.079g/L，而HIPEC-4（MS=2.36）的CMC为0.234g/L。取代度相近时，碳链长度较长的HBPEC产品具有更好的疏水性，随着浓度的增加分子链更易发生相互聚集

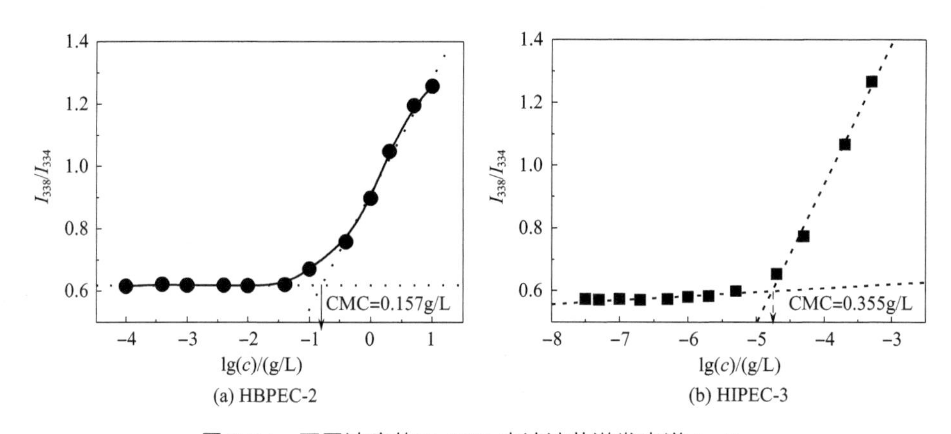

图2-34　不同浓度的HaIPEC水溶液芘激发光谱I_{338}/I_{334}

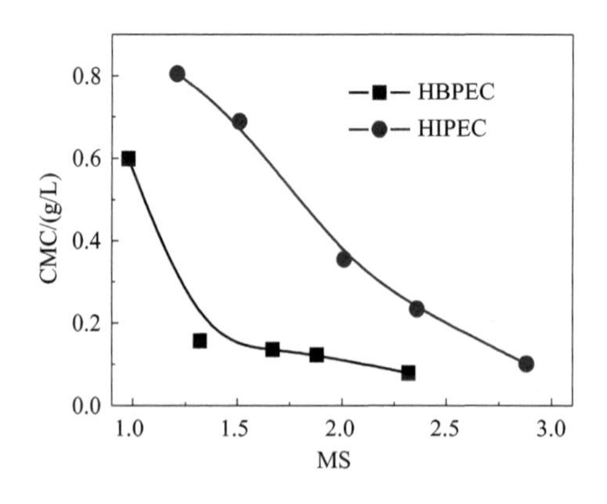

图2-35　取代度对HBPEC和HIPEC的CMC的影响

形成聚合物胶束，因此具有较小的 CMC。

DLS 是检测两亲性聚合物在水溶液中是否形成胶束或聚集体的一种有效手段。通过 DLS，测量了 10g/L 的不同取代度的 HBPEC 和 HIPEC 胶束水溶液在 LCST 以下时的胶束粒径。由图 2-36 可以看出，随着产品取代度的增加，胶束的粒径呈现减小趋势。以 HIPEC 产品为例，当产品取代度从 1.21 增加到 2.88，胶束粒径从 133nm 下降到 100nm。另外，相比于疏水链较短的 HIPEC 产品，疏水链长的 HBPEC 产品的胶束粒径较小。当浓度高于产品的 CMC，HBPEC 疏水链的相互缔合作用相对较强，胶束内核含水量较少，所以胶束粒径较小。

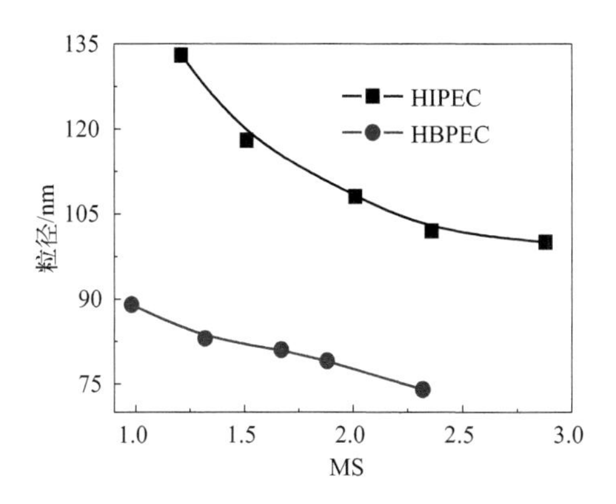

图 2-36　取代度对 HBPEC 和 HIPEC 水溶液胶束粒径的影响

温度响应材料在不同的应用领域，需要不同的 pH 值环境。在人体内药物输送、靶向释放的应用领域，人体的不同部位具有不同的 pH 值，例如小肠的 pH 值范围为 4.8 ～ 8.2，胃的 pH 值范围为 1.0 ～ 1.5，大肠的 pH 值范围为 8.3 ～ 8.4，所以温度响应型聚合物胶束必须保证在较宽的 pH 值范围内保持稳定性。为此以 HBPEC-2 和 HIPEC-3 为代表，利用 DLS 测定了不同 pH 值范围内的胶束粒径，由图 2-37（a）可以看出 HBPEC 和 HIPEC 产品胶束粒径基本上不受 pH 值的影响，均能以稳定的胶束形式存在。当产品溶液在强碱性条件下，产品的胶束粒径有所增加，这是因为在强碱性环境中（pH=12），产品羟基形成氧负离子，使产品溶解性增强并引起 HBPEC 和 HIPEC 胶束的溶胀，所以产品粒径有所增加。以酸性较强的环境（pH=2）、中性环境（pH=7）和碱性相对较强的环境（pH=10）为代表，测定了室温下、120h 内胶束粒径的变化。从图 2-37（b）可以看出，在不同 pH 值情况下，HBPEC-2 和 HIPEC-3 产品胶束的粒径在 120h 内均无明显的变化，这说明胶束在较宽的 pH 值范围内均可以稳定存在。

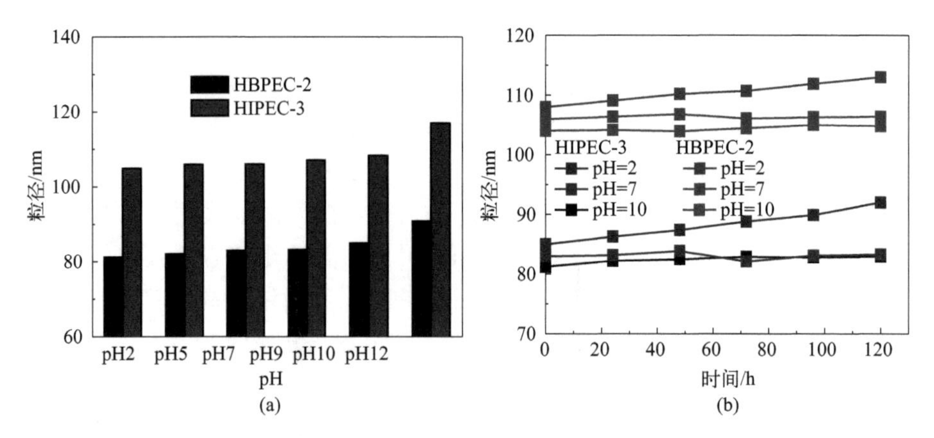

图 2-37　不同 pH 条件下，10g/L 的 HBPEC-2 和 HIPEC-3 水溶液胶束粒径（25℃）(a)
及不同 pH 条件下，HBPEC-2 和 HIPEC-3 水溶液胶束粒径随时间的变化曲线（b）

2.1.3.2　HBPEC 和 HIPEC 胶束的温度响应性能研究

为进一步研究 2-羟基-3-烷氧基丙基羟乙基纤维素胶束的温度响应性能，研究了 10g/L 的 HBPEC-1 ～ HBPEC-5 样品胶束粒径随温度的变化曲线。一般来说，温度响应型聚合物胶束在温度升高至 LCST 时，由于聚合物分子链的疏水部分发生脱水收缩，使胶束粒径变小，然而一些温度响应型聚合物在温度升高至 LCST 时，聚合物疏水链段脱水，使聚合物疏水链之间发生疏水缔合，聚合物胶束粒径迅速增大。

HBPEC 水溶液的相分离行为与 HIPEC 产品有所不同，相分离过程中存在两个特征温度点，即最低临界溶解温度和临界絮凝温度。由 DLS 测得的数据也能看出临界絮凝温度的存在。以 HBPEC-2 样品为例，如图 2-38 及图 2-39 所示，随着 HBPEC-2 水溶液温度的升高，胶束粒径在 LCST 附近急剧增大，并达到第一个最大值，而后随着温度进一步升高，粒径略有减小，在温度升高至 HBPEC-2 水溶液的 CFT 附近时，聚集体的粒径突然增大，吸光度也明显下降。导致这种现象产生的原因是 HBPEC 胶束聚集体进一步脱水，并由于重力原因聚集体颗粒不能稳定地悬浮在溶液中，进而引起絮凝行为的发生。其他取代度的 HBPEC 产品的胶束粒径随温度的变化也呈现相似趋势。

为了进一步证实 DLS 所测得的结果，通过透射电镜（TEM）观察 HBPEC 和 HIPEC 胶束形貌随温度的变化。以 10g/L 的 HBPEC-2 和 HIPEC-3 水溶液为例，图 2-40 和图 2-41 分别为 HBPEC-2 和 HIPEC-3 胶束水溶液在 25℃（LCST 以下）和 40℃（LCST 以上）的 TEM 图片。如图 2-40（a）和图 2-41（a）所示，在 25℃时，HBPEC-2 和 HIPEC-3 胶束的平均粒径分别为 83nm 和 115nm。随着温度的升高，胶束脱水收缩引起胶束结构的变形，随后胶束间相互聚集形成

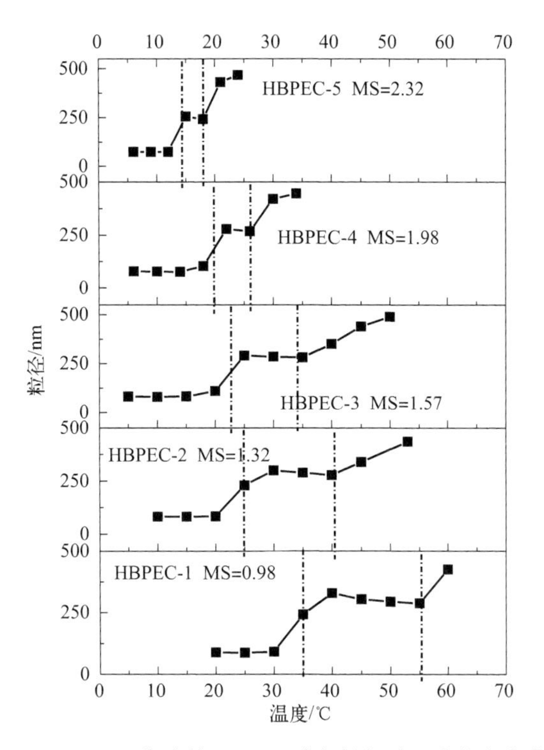

图 2-38　不同取代度的 HBPEC 胶束粒径随温度的变化曲线

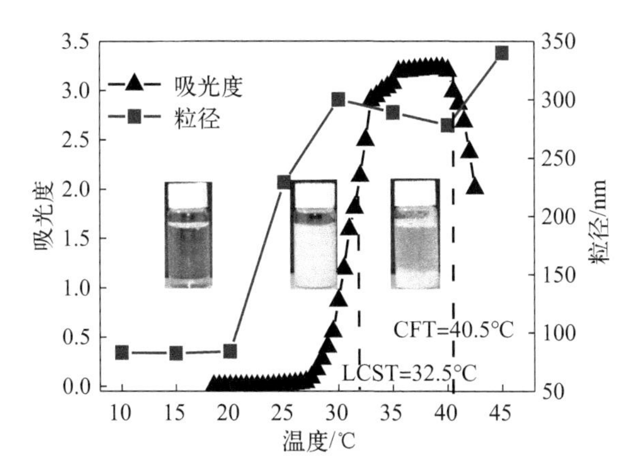

图 2-39　HBPEC-2 水溶液的吸光度和粒径随温度的变化曲线

插图为 HBPEC-2 水溶液温度敏感相分离行为示意图

粒径较大的胶束聚集体。如图 2-40（b）和图 2-41（b）所示，当温度为 40℃时，胶束聚集体的粒径分别为 248nm 和 289nm。值得一提的是，在 TEM 样品制备过程中，胶束周围的水分子被移除，进而导致 TEM 所测得的胶束粒径小于 DLS 测得的水合粒径。

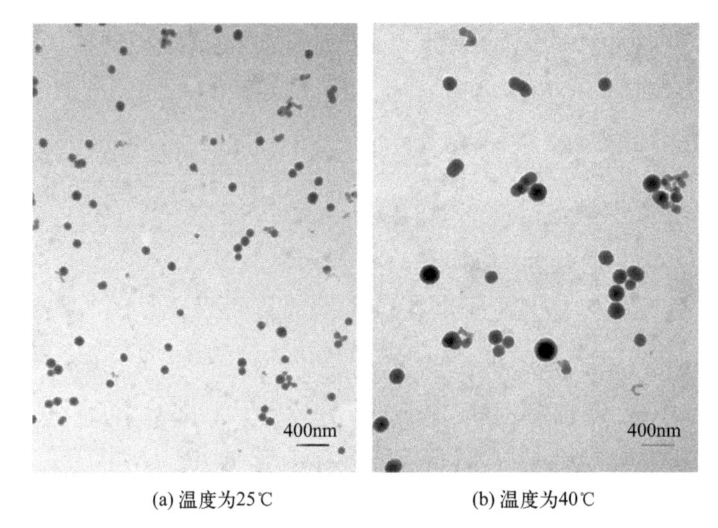

(a) 温度为25℃　　(b) 温度为40℃

图 2-40　HBPEC-2 胶束的 TEM 图片

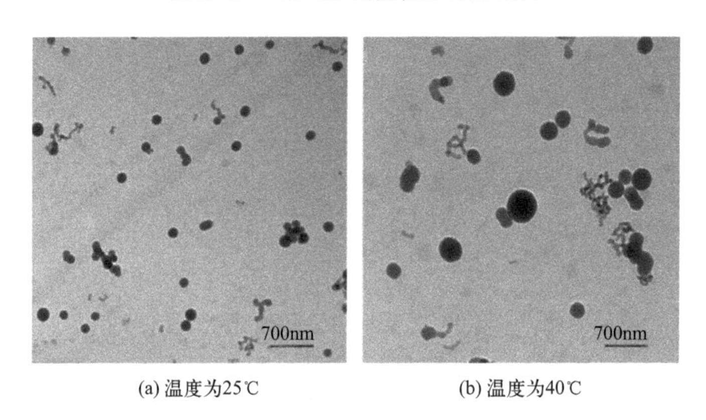

(a) 温度为25℃　　(b) 温度为40℃

图 2-41　HIPEC-3 胶束的 TEM 图片

2.1.3.3　Nile Red 在 HBPEC 和 HIPEC 胶束中增溶行为研究

Nile Red（尼罗红）是一种典型的分子内扭转电荷转移（TICT）探针，其结构如图 2-42 所示，其分子具有较大的芳香环，荧光发射强度高，其芳香环上的羰基氧作为吸电子基含有孤对电子，极易与水分子形成氢键，有利于分子内的电荷转移[32,33]。Nile Red 在水中荧光微弱，在非极性环境中能发出较强的荧光，因此经常作为高效的荧光探针广泛地应用在识别不同聚集体的形成或破坏和主客体包结过程等研究领域。以 HBPEC-2（CMC=0.157g/L）和 HIPEC-3（CMC=0.355g/L）为代表，以 Nile Red 为疏水性探针，研究了 Nile Red 在 HBPEC-2 和 HIPEC-3 胶束中的增溶行为。图 2-43 是在不同浓度的 HBPEC-2 和 HIPEC-3 产品水溶液中，Nile Red 的荧光强度的变化（激发波长为 490nm）。

由图 2-42 可以看出，随着 HBPEC 和 HIPEC 溶液浓度的增加，Nile Red 的荧光强度增强。当两种产品水溶液浓度低于 CMC 时，由于 HBPEC-2 和 HIPEC-3 分子尚未形成胶束，疏水区域较少，因此 Nile Red 的荧光强度相对较弱；当两种产品溶液浓度高于它们的 CMC 时，HBPEC-2 和 HIPEC-3 分子形成胶束，并提供大面积的疏水区域，Nile Red 增溶到胶束内核当中，引起荧光强度的突然增大。由图 2-44 可以看出对于其他取代度的 HBPEC 产品，荧光强度也随着产品浓度的增加而增强，这说明不同取代度的 HBPEC 产品胶束均可以增溶疏水性物质。

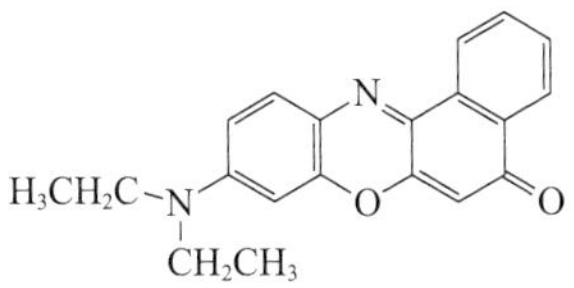

图 2-42　Nile Red 的结构

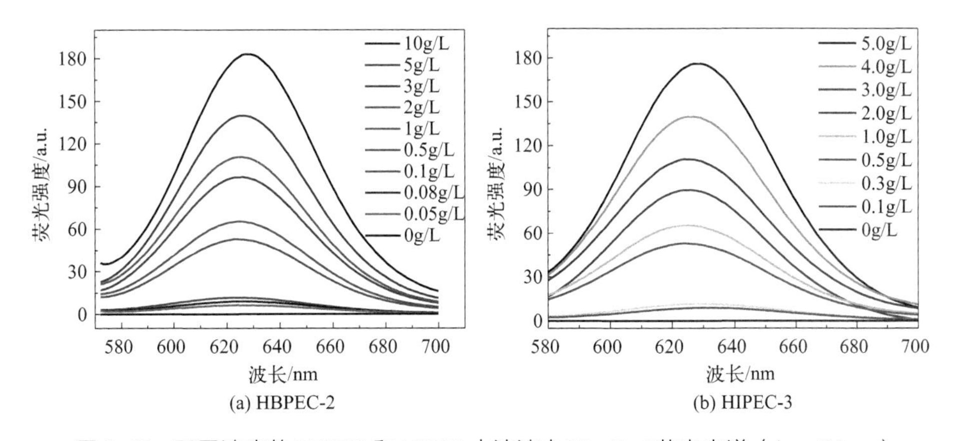

(a) HBPEC-2　(b) HIPEC-3

图 2-43　不同浓度的 HBPEC 和 HIPEC 水溶液中 Nile Red 荧光光谱（λ_{ex}=490nm）

为了进一步确定 Nile Red 在 HBPEC-2 和 HIPEC-3 胶束中的增溶量，利用紫外可见分光光度计测定了两种产品胶束的最大增溶量。通过紫外可见吸收光谱，在染料最大吸收波长下，以吸光度为纵坐标，Nile Red 浓度为横坐标绘制标准工作曲线（图 2-45）。

图 2-46 是在 10g/L 的 HBPEC-2 和 HIPEC-3 水溶液中，Nile Red 的紫外可见吸收光谱随其浓度的变化情况。由图 2-46 可以看出，随着 Nile Red 浓度的增加，吸收峰强度逐渐增强，当 Nile Red 的浓度增加到一定值时，无论 Nile Red 的浓度如何提高，Nile Red 在 560nm 处的最大吸收峰值均不再增强，这说明产品胶束的增溶量达到最大值。例如对于 Nile Red-HBPEC-2 增溶胶束水溶液体系，当 Nile Red 的浓度大于 2.0g/L 后，无论 Nile Red 的浓度如何增大，其

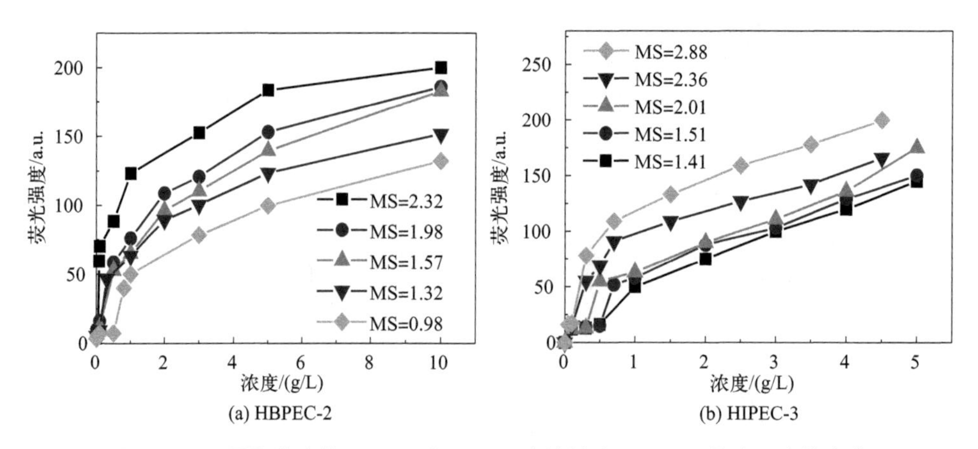

图 2-44　不同取代度的 HBPEC 和 HIPEC 水溶液中 Nile Red 荧光强度的变化

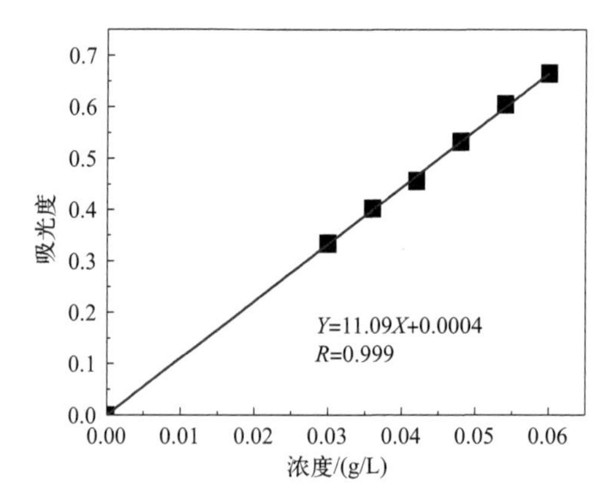

图 2-45　Nile Red 在乙酸乙酯溶液中的标准曲线

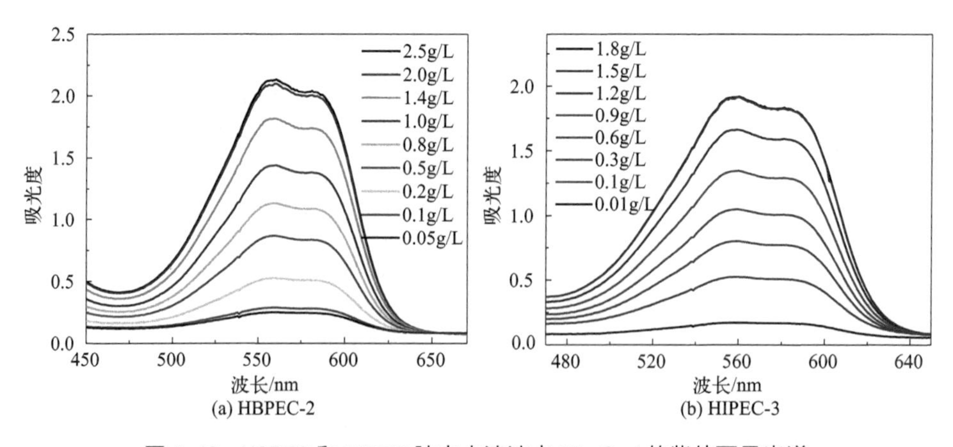

图 2-46　HBPEC 和 HIPEC 胶束水溶液中 Nile Red 的紫外可见光谱

紫外吸收峰均不增强。同样，对于 Nile Red-HIPEC-3 增溶胶束水溶液体系，当 Nile Red 的浓度大于 1.5g/L 时，最大吸收峰值不随着 Nile Red 浓度的增加而变化。图 2-47 是 HBPEC-2 和 HIPEC-3 增溶胶束水溶液中，不同浓度的 Nile Red 在 560nm 处吸收峰值的变化曲线。通过线性拟合得到 HBPEC-2 和 HIPEC-3 胶束的最大增溶量分别为 1.57g/L 和 1.24g/L。产品的取代度不同，其胶束的最大增溶量也有很大差别，如图 2-48 所示，随着 HBPEC 和 HIPEC 取代度的提高，Nile Red 在 560nm 处的最大吸光度值明显升高，这说明产品的最大增溶量也随着产品取代度的增大而提高。随着产品取代度增大，疏水侧链数量增加，所形成的胶束疏水性区域增加，进而可以增溶更多的疏水性物质，因此增溶量有所增加。对比图 2-48（a）和（b）可以看出，对于临界胶束浓度相近的 HBPEC-4

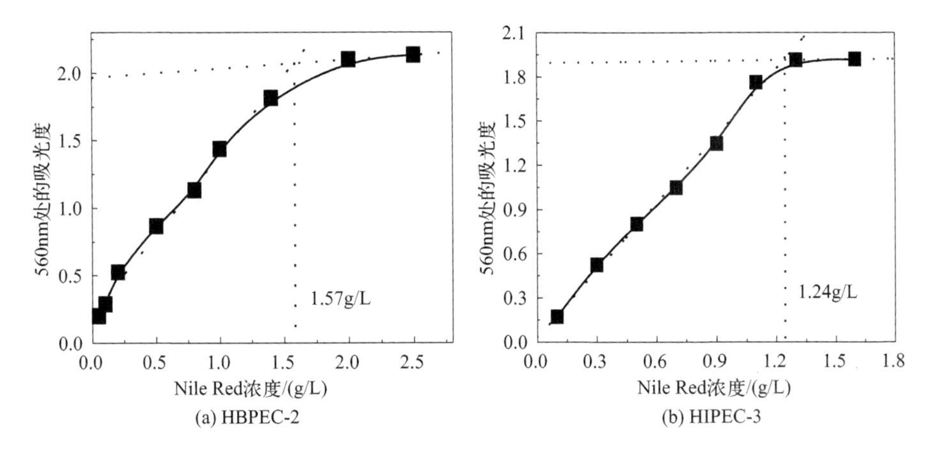

图 2-47　HBPEC 和 HIPEC 胶束水溶液中，Nile Red 在 560nm 处的最大吸收峰值随其浓度的变化曲线

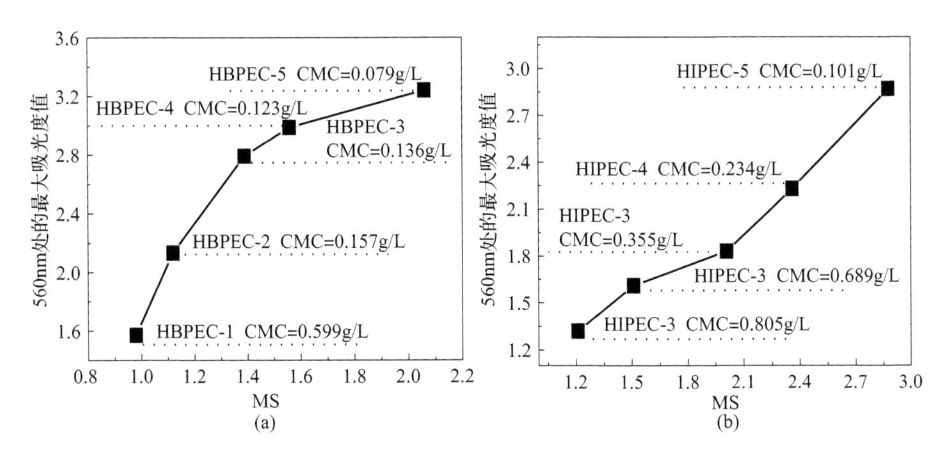

图 2-48　不同取代度的 HBPEC（a）及 HIPEC（b）水溶液中，Nile Red 在 560nm 处的最大吸收峰值

（CMC=0.123g/L）和 HIPEC-5（CMC=0.101g/L）产品，碳链较长的 HBPEC 增溶胶束水溶液在 560nm 处的最大吸光度值相对较高，即最大增溶量也相对较大。总之，HalPEC 产品的碳链长度越长，取代度越大，产品的最大增溶量也就越大。

2.1.4 HBPEC 对水溶液中疏水性染料的移除及其回收再利用

水体中的固体污染物和疏水化合物的分离方法一直受到研究者的关注，尤其是利用温度响应型聚合物来分离水体中的疏水化合物更是研究者的关注重点。在水溶液中，两亲性温度响应型聚合物可自组装形成胶束，并可将疏水性化合物增溶到胶束内核中，当聚合物胶束水溶液温度升高至 LCST 以上并且离子强度足够高时，增溶有疏水化合物的聚合物胶束聚集在一起并从水溶液中沉淀下来，达到分离的目的。

由前面的讨论可知，HBPEC 产品的温敏性能不同于 HIPEC 产品，当温度高于 HBPEC 水溶液的 CFT 时，HBPEC 水溶液发生絮凝现象，彻底地分为 HBPEC 絮体和水相。此外，在浓度高于 CMC 时 HBPEC 水溶液会自组装形成胶束，并且可将疏水性分子（如芘、Nile Red）增溶在胶束的内核中。本节利用 HBPEC 产品独特的温敏相分离行为及自组装行为移除水体中的疏水化合物，并且通过简单的方法将 HBPEC 产品回收再利用。

2.1.4.1 不同温度下 Nile Red-HBPEC 增溶胶束的聚集状态

利用荧光共聚焦显微镜（CLSM）可更加直观地观察疏水性荧光染料 Nile Red 在 HBPEC 胶束中的增溶行为及其增溶胶束的聚集状态随温度的变化情况。如图 2-49（a）所示，当水溶液体系中不加入 HBPEC-2 样品时，纯水溶液中检测不到 Nile Red 的荧光。相反，在 Nile Red-HBPEC-2 胶束水溶液体系中可以清晰地观察到 Nile Red 的荧光［图 2-49（b）］。从图 2-49（c）中可以看出，当水溶液温度升高到 33℃时，红色荧光亮点的粒径增大，这表明增溶了 Nile Red 的 HBPEC-2 胶束在温度高于 LCST 时发生聚集，形成粒径较大的胶束聚集体。随着温度继续升高至 41℃时，胶束聚集体进一步聚集，形成粒径约为 70μm 的聚集体颗粒，这说明体系温度在高于 CFT 后，Nile Red-HBPEC-2 水溶液发生絮凝行为［图 2-49（d）］。

2.1.4.2 疏水性染料的移除及 HBPEC 的回收再利用

从图 2-50（a）可以看出，在室温下可以明显观察到 Nile Red 的特征吸收峰［图 2-50（a）中实线］；当温度高于 CFT 时，增溶有染料的 HBPEC-2 胶束

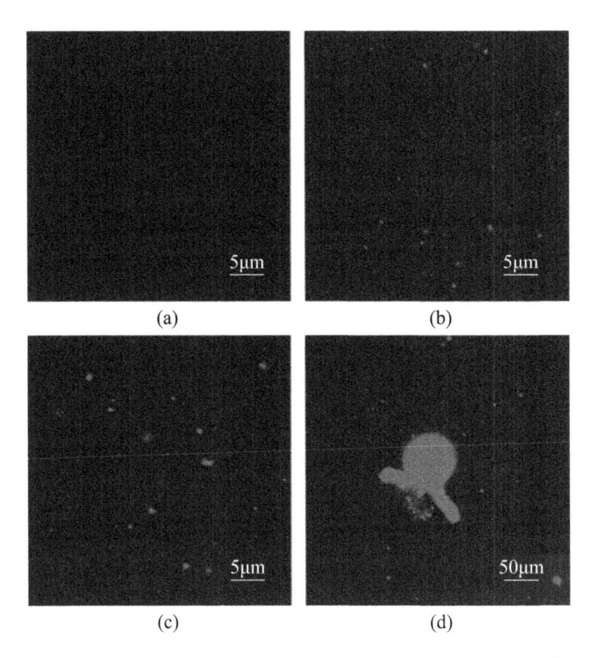

图 2-49　不同温度下，增溶了 Nile Red 的 HBPEC-2 胶束聚集体（LCST=32.5℃，CFT=40.5℃）的 CLSM 图片

（a）Nile Red 在纯水溶液中；（b）Nile Red 增溶在 HBPEC-2 水溶液中，25℃；（c）Nile Red 增溶在 HBPEC-2 水溶液中，33℃；（d）Nile Red 增溶在 HBPEC-2 水溶液中，41℃

相互聚集并发生絮凝行为，由于重力作用使絮体沉降到容器的底部，形成含水量极少的 HBPEC-Nile Red 絮体，随后将包覆有 Nile Red 的 HBPEC-2 絮体用过滤的方法从水体中分离，并再次通过紫外可见光度仪对残液进行测试，发现残液中 Nile Red 的吸收峰完全消失［图 2-50（a）中虚线］，这说明增溶在 HBPEC 胶束中的 Nile Red 全部从水溶液中移除。将包覆有 Nile Red 的 HBPEC-2 絮体放入一定量的乙酸乙酯溶液中，由于 Nile Red 极易溶于乙酸乙酯而 HBPEC 不能溶解，Nile Red 可以从 HBPEC 聚集体中分离出来并溶解到乙酸乙酯中。随后将 Nile Red 的乙酸乙酯溶液转移到另一容器中，并通过紫外可见光谱测定 Nile Red 的浓度为 1.56g/L，通过式（2.6）计算 Nile Red 的移除率为 99.4%。另外，将不含有染料的 HBPEC 产品放入真空干燥器中除去残留的乙酸乙酯，得到 HBPEC 产品的固体，通过式（2.7）计算 HBPEC 的回收效率为 98.5%。将回收得到的 HBPEC 产品再次应用到水体中疏水化合物移除实验中，并测其最大增溶量为 1.57g/L［图 2-50（b）］。这表明经过一次循环使用后，HBPEC-2 产品的最大增溶量无明显变化。

$$\mathrm{RE}_{\text{Dye Removal}}=\frac{c_{\text{Dye}}}{c_{\text{Dye}}^{0}}\times 100\% \tag{2.6}$$

式中，$RE_{Dye\ Removal}$ 为染料移除率，%；c_{Dye} 为乙酸乙酯中染料的浓度，g/L；c^0_{Dye} 为水溶液中染料的初始浓度，g/L。

$$RE_{HBPEC}=\frac{m_{HBPEC}}{m^0_{HBPEC}}\times 100\% \tag{2.7}$$

式中，RE_{HBPEC} 为 HBPEC 回收效率，%；m_{HBPEC} 为回收后 HBPEC 的质量，g；m^0_{HBPEC} 为最初增溶胶束水溶液中 HBPEC 的质量，g。

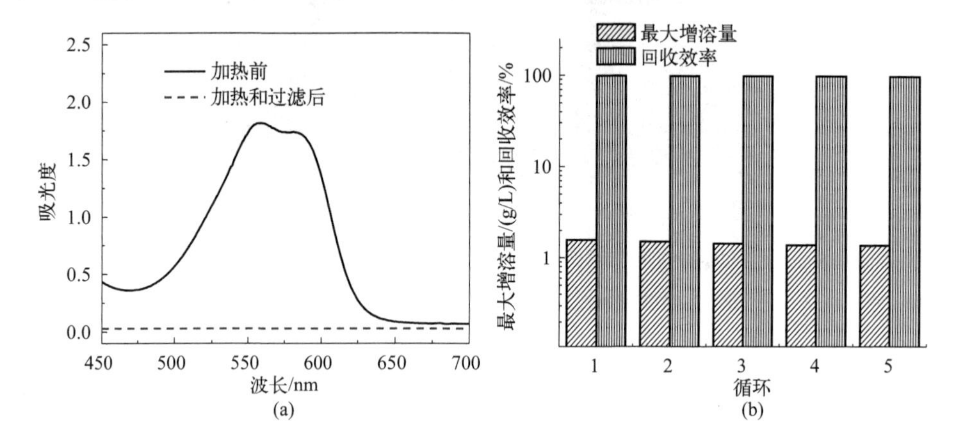

图 2-50　10g/L HBPEC-2 胶束水溶液中，温度在 LCST 以下（实线）以及 CFT 以上（虚线）时 Nile Red 的紫外可见吸收光谱（a）及 HBPEC-2 经过五次回收再利用后，最大增溶量和回收效率的变化（Nile Red 的初始浓度为 1.57g/L）（b）

图 2-51 是 Nile Red 的移除和 HBPEC 产品回收再利用的流程图，具体操作如下：①将增溶有染料的 HBPEC 胶束水溶液体系的温度升高到 CFT 以上，使 HBPEC 和染料一同从水体中絮凝，通过布氏漏斗过滤出絮体。②以乙酸乙酯为萃取溶剂，将含有染料和 HBPEC 产品的絮体放入乙酸乙酯溶液中（乙酸乙酯用量为 0.7g/mL），并放入超声波清洗器，使染料迅速从絮体中扩散、溶解到乙酸乙酯中。③将不含有染料的 HBPEC 产品从乙酸乙酯中过滤出来，并放入真空干燥箱中 40℃下干燥 1h 除去残留的乙酸乙酯，而后称量干燥后 HBPEC 的质量，通过式（2.7）计算 HBPEC 的回收效率。通过紫外可见吸收光谱测得残留乙酸乙酯-染料溶液中染料的浓度，并通过式（2.6）计算染料的移除率。④通过蒸馏的方法将乙酸乙酯-染料溶液彻底分离并得到乙酸乙酯溶液及固体染料。而后将回收得到的 HBPEC 产品再次应用于水体中染料的移除，并计算 HBPEC 回收效率。

对 HBPEC-2 产品进行五次的循环再利用实验。由图 2-50（b）可以看出，经过五次循环再利用实验后，HBPEC 产品的回收效率及最大增溶量均无明显下降，说明 HBPEC 具有良好的循环使用性。

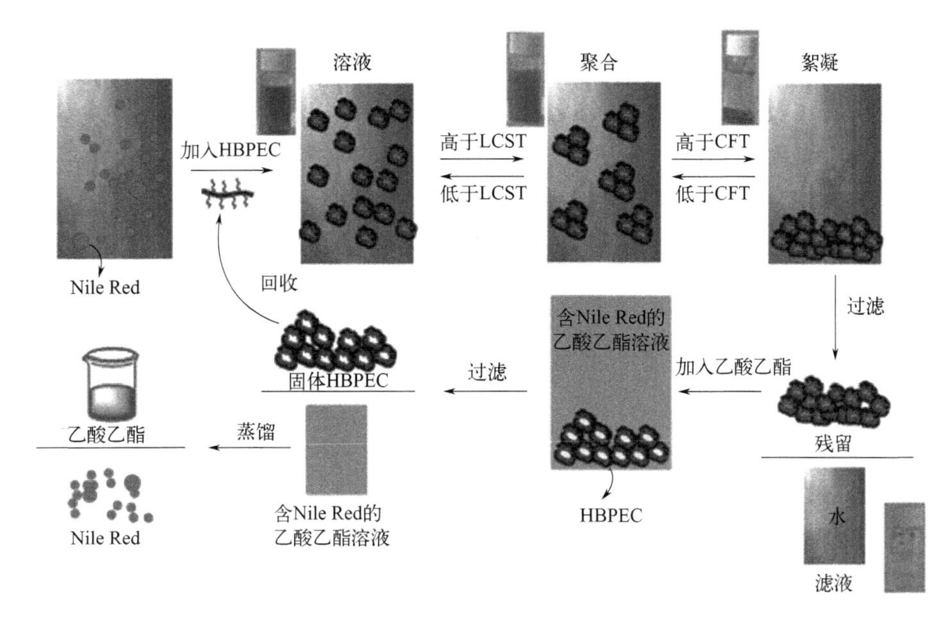

图 2-51　Nile Red 的移除和 HBPEC 的回收过程示意图

HBPEC 产品对水溶液中疏水化合物模型 Nile Red 的处理取得了良好的效果，但是这不足以说明 HBPEC 产品对其他的疏水性物质同样具有很好的分离效果。为了证明产品的普适性，使用 HBPEC-2 分别对水溶液中的分散红 167∶1、分散蓝 79 和分散黄 H3GL 三种分散染料进行分离，实验结果列于表 2-5。由表 2-5 可以看出，HBPEC 产品可有效地使分散染料从水溶液中移除，移除效率均在 98% 以上，这表明温度响应型 HBPEC 系列产品对于水体中的疏水性染料及其他的疏水性化合物具有良好的移除作用，是一类有效的水处理剂。

2.1.5　HIPEC 对 Nile Red 温度控制释放行为研究

两亲性温度响应型聚合物具有温度可控的自组装行为，可实现对疏水性药物及客体化合物的增溶和温度控制释放。温度响应型聚合物胶束的形貌随温度的变化主要呈现两种不同的形式，一种为“收缩式”，即随着温度的升高，聚合物胶束脱水收缩，粒径减小，使增溶在胶束中的化合物释放出来；另一种为“聚集式”，即随着温度的升高，胶束的结构发生形变甚至破坏，胶束之间发生聚集，导致对疏水化合物的增溶性能下降，使化合物释放到周围环境中。HIPEC 胶束的形貌随温度的变化规律以及对疏水客体分子释放的行为属于“聚集式”。HIPEC 产品可在水溶液中自组装成为纳米尺寸的胶束或聚集体，疏水性客体分子可增溶到胶束内核中，随着水溶液温度的升高，由于胶束结构被破

表 2-5　HBPEC-2 对分散染料的移除

No.	1	2	3
名称	分散红 167：1	分散黄 H3GL	分散蓝 79
结构			
最大增溶量 /（g/L）	1.72 ± 0.14(3)	1.71 ± 0.11(3)	1.78 ± 0.11(3)
染料移除率 /%	98.8 ± 1.1(3)	98.1 ± 1.5(3)	99.5 ± 0.4(3)
HBPEC 回收效率 /%（第一次循环）	98.7 ± 1.2(3)	98.8 ± 1.1(3)	97.3 ± 1.9(3)
示意图	NO.1 NO.2 NO.3 高于CFT → ← 低于LCST	NO.1 NO.2 NO.3 过滤 →	NO.1 NO.2 NO.3

坏，使增溶到胶束内部的疏水客体分子释放到周围的水溶液环境中，并可通过改变温度来控制疏水客体分子的释放过程。HIPEC-3 产品的 LCST 为 37.3℃，与人体的体温相似，因此选择 HIPEC-3 产品为代表，对其胶束的温度控制释放行为进行研究。

以 Nile Red 作为疏水性客体分子，研究了 HIPEC 胶束水溶液的温度控制释放行为。如图 2-52 所示，在 25℃、30℃、35℃下恒定 90h 后，Nile Red 的荧光强度没有变化。相反，当溶液体系在 40℃、45℃、50℃下恒定 90h 后，荧光强度明显下降。在 LCST 以下，Nile Red 稳定地存在于 HIPEC 胶束中；当温度高于 LCST 后，由于胶束的结构被破坏，Nile Red 释放到周围环境中，同时引起 Nile Red 的荧光淬灭，荧光强度下降。

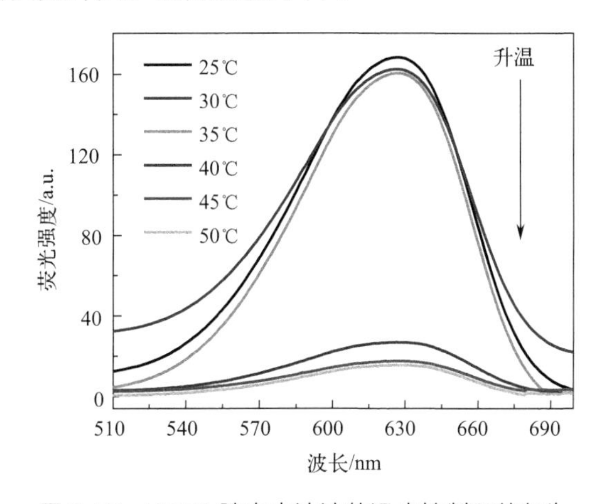

图 2-52　HIPEC 胶束水溶液的温度控制释放行为

通过荧光共聚焦显微镜研究了不同温度下增溶在 HIPEC 胶束中的 Nile Red 的释放情况，结果见图 2-52。在纯水溶液中检测不到 Nile Red 的荧光［图 2-53（a)］；相反，在 HIPEC-Nile Red 胶束水溶液中可以明显观察到 Nile Red 的红色荧光亮点［图 2-53（b)］，这说明 Nile Red 增溶到 HIPEC 的胶束中，其所处环境的极性降低，荧光强度增强。当温度升高到 38℃并恒温 120h 时，红色荧光亮点逐渐消失，这说明增溶于 HIPEC-3 胶束中的 Nile Red 释放到水环境中，Nile Red 所处环境的极性增强，发生荧光淬灭［图 2-53（c)］。

（1）Nile Red-HIPEC 增溶胶束的稳定性　为了使疏水性客体分子准确、高效、稳定地释放，增溶了客体分子的聚合物胶束必须在较长的时间范围内保持胶束的稳定性。通过 DLS 和荧光光谱仪测定了 HIPEC 增溶胶束的稳定性。由图 2-54 可以看出，在 30℃下、170h 内，增溶了 Nile Red 的 HIPEC 胶束的粒径无明显变化，这说明增溶胶束之间稳定存在，没有发生相互聚集的现象。此外，由图 2-54 也可以看出，Nile Red 的荧光强度基本无变化，这意味着 HIPEC

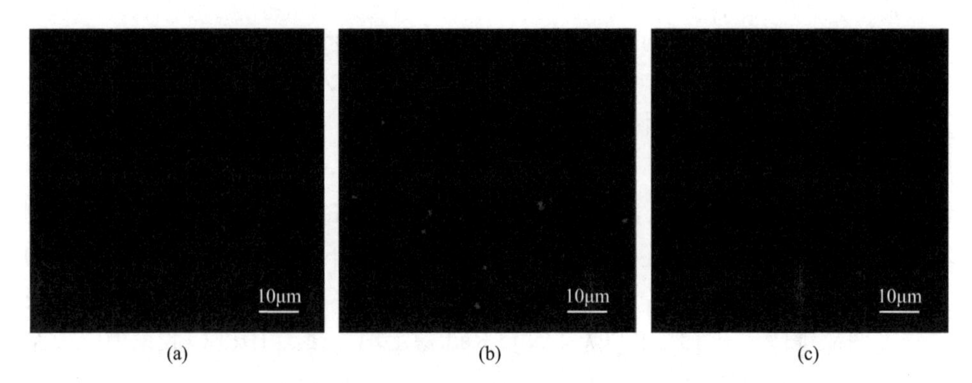

图 2-53　不同温度下，增溶了 Nile Red 的 HIPEC-3 胶束聚集体的 CLSM 图片

(a) Nile Red 在纯水溶液中；(b) Nile Red 增溶到 HIPEC-3 胶束中，20℃；
(c) Nile Red 增溶到 HIPEC-3 胶束中，38℃，恒温 120h 后

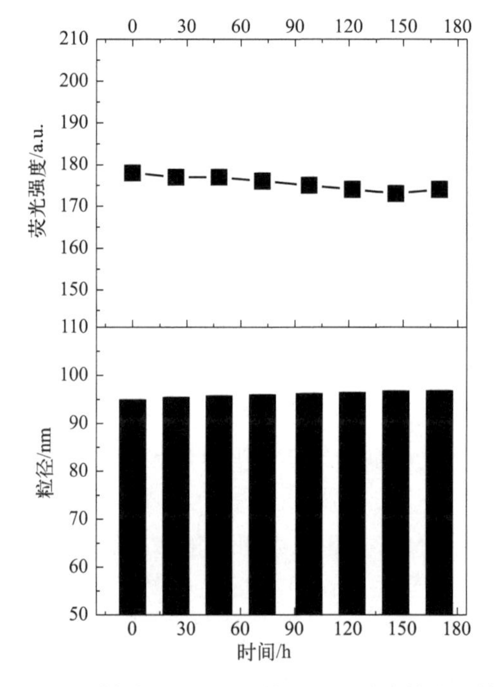

图 2-54　增溶了 Nile Red 的 HIPEC 胶束的稳定性

溶液中 Nile Red 所处环境的极性没有发生改变，这同样也说明 Nile Red-HIPEC 增溶胶束在较长的时间范围内具有良好的稳定性。

（2）Nile Red 的温度控制释放　HIPEC 胶束中的客体分子可以通过改变水溶液体系的温度实现可控释放。由图 2-55 可以看出，温度为 25℃时，HIPEC-3 胶束中 Nile Red 的荧光强度随着时间的增加无明显变化，说明在此温度下，增溶于 HIPEC-3 胶束中的 Nile Red 在 150h 内无明显的释放；当温度为 38℃时，

Nile Red 的荧光强度随着时间的增加逐渐下降，这表明当温度高于 LCST 时，由于胶束结构发生形变导致 Nile Red 从 HIPEC-3 胶束中释放到水溶液中，进而荧光强度下降。随着 Nile Red-HIPEC 胶束水溶液体系温度的升高，荧光强度下降的速度逐渐加快，说明 Nile Red 从 HIPEC 胶束中的释放速度可通过改变体系温度来调节。体系温度越高，HIPEC 胶束表面脱水速度越快，胶束结构更易发生形变，导致疏水性分子的释放过程加快。

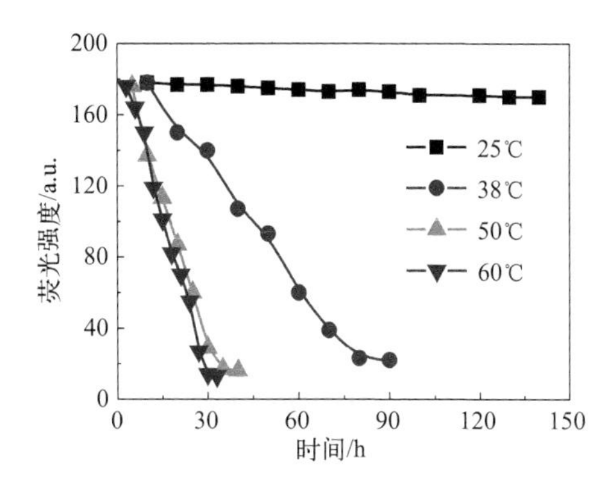

图 2-55 不同温度下，增溶在 HIPEC 胶束中的 Nile Red 荧光强度随时间的变化曲线

2.2
2-羟基-3-烯丙氧基丙基纤维素（HAPEC）的合成及性能研究

在亲水性纤维素骨架上接枝分子链较短的疏水基团可使纤维素衍生物具有温度敏感性。通过控制疏水基团的取代度，纤维素衍生物水溶液的 LCST 可在较宽的温度范围内进行调控。此类方法可使纤维素基温度响应材料在制备和后处理过程中有效地避免引入有毒的化学组分，例如大分子引发剂残留物、有毒的残留单体、链转移剂等，并且通过控制小分子疏水性基团的取代度来调节温度响应材料的相分离温度更加简单、精准。

本节以纤维素衍生物羟乙基纤维素作为亲水性主链，在其骨架上接枝疏水性侧链烯丙基基团，制备了一系列不同取代度的 2-羟基-3-烯丙氧基丙基羟乙基纤维素（HAPEC），并研究了 HAPEC 的取代度、产品水溶液浓度和溶液离子强度对 HAPEC 温度响应性能的影响，利用荧光光谱和动态光散射法研究了 HAPEC 的自组装行为并测定了产品的临界胶束浓度。以醋酸泼尼松为模拟药物，研究了 HAPEC 胶束中醋酸泼尼松的温度控制释放行为。最后，通过扫描电镜并参照 ASTMD 5988-03 标准，研究了 HAPEC 的生物降解性。

2.2.1 HAPEC 的合成与表征

2.2.1.1 HAPEC 的制备方法与参数测定

（1）HAPEC 的制备方法　称取 5.0g 羟乙基纤维素（HEC），再用量筒量取 25mL 的去离子水，依次缓慢加入到 100mL 三口瓶中，用差量法称取 0.52g 质量分数为 40% 的氢氧化钠溶液，边搅拌边加入三口瓶中。待温度稳定于 75℃，将三口瓶移入水浴锅中，并通入氮气，碱化反应 1h 后加入烯丙基缩水甘油醚（AGE），反应 5h。反应完毕，冷却至室温，滴加 1 ～ 2 滴酚酞，滴加冰乙酸，待溶液从红色变成无色，产物调至中和。将溶液移入透析袋中透析，当透析袋中水溶液的电导率与去离子水的电导率一致时（72h 左右），透析结束。使用旋转蒸发仪去除溶液中多余的水，茄形瓶放置冰箱冷冻，8h 后转至低温冷冻干燥机，最终得到干燥的 HAPEC 产品。

（2）HAPEC 的取代度计算　产品的取代度（MS）按式（2.8）计算，产品的反应效率（RE）按式（2.9）计算：

$$\mathrm{MS}=\frac{\frac{I_{\mathrm{a}}}{2}}{I_1} \tag{2.8}$$

式中，I_a 是末端亚甲基的积分面积；I_1 是葡萄糖单元环中 H1 的积分面积。

$$\mathrm{RE}(\%)=\frac{\mathrm{MS}}{n(\mathrm{AGE}):n(\mathrm{AGU})}\times 100\% \tag{2.9}$$

式中，MS 是 HAPEC 的取代度；$n(\mathrm{AGE}):n(\mathrm{AGU})$ 是烯丙基醚化剂与葡萄糖单元环的物质的量之比。

2.2.1.2 HAPEC 的合成工艺优化

以去离子水作为反应溶剂，通过醚化反应合成了具有温敏性能的羟乙基纤维素醚 HAPEC，主反应及醚化剂在碱性环境中发生开环的副反应如图 2-56。

根据主反应方程式可以看出，为了使亲水性纤维素和疏水性烯丙基缩水甘油醚顺利发生反应，此过程需要在碱性溶液的催化下进行，这主要是因为羟乙基纤维素上含有活性较高的羟基基团，NaOH 与其反应可促使氧负离子的形成，促进反应的发生。同时醚化剂环氧环打开，进攻氧负离子，最终生成纤维素基衍生物 HAPEC。

为了确定最佳反应条件，固定醚化剂用量［$n(\mathrm{AGE}):n(\mathrm{AGU})=3.4:1$］，通过改变单一因素，分别研究溶剂用量、氢氧化钠用量、反应时间、反应温度对 HAPEC 的取代度和反应效率的影响。

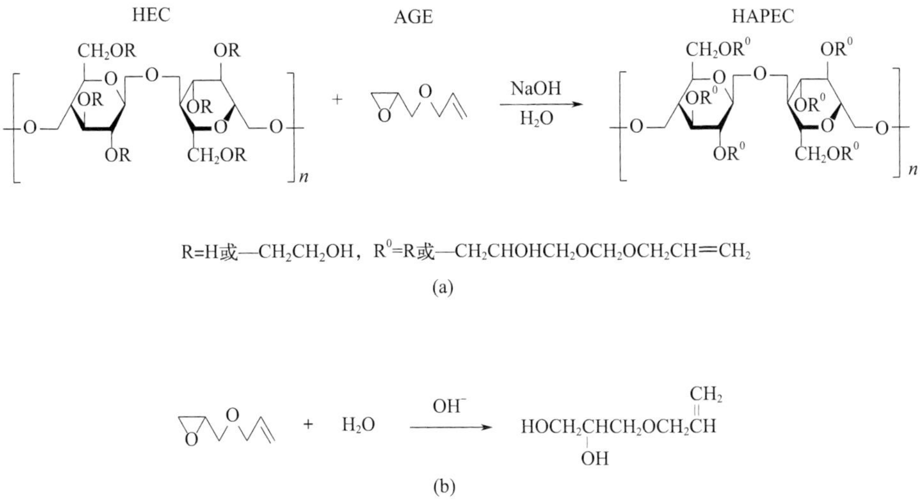

HEC + AGE $\xrightarrow[H_2O]{NaOH}$ HAPEC

R=H或—CH_2CH_2OH，R^0=R或—$CH_2CHOHCH_2OCH_2OCH_2CH{=}CH_2$

(a)

AGE + H_2O $\xrightarrow{OH^-}$ $HOCH_2CH(OH)CH_2OCH_2CH{=}CH_2$

(b)

图 2-56　HAPEC 合成的主反应（a）及副反应（b）

（1）溶剂用量对取代度和反应效率的影响　溶剂用量对体系的醚化反应起着重要作用，这是因为溶剂用量对反应体系的黏度有着重要影响。体系黏度低，传质能力强，羟乙基纤维素和醚化剂分子之间的碰撞率高，醚化反应的反应速率高；但溶剂用量过高时，醚化剂水解反应增强的同时还会使催化剂的浓度降低，导致反应速率下降。

改变溶剂用量，固定其他变量，研究 HAPEC 取代度和反应效率的变化情况。反应条件：醚化剂用量为 $n(AGE)：n(AGU)=3.4：1$，碱用量为 $n(NaOH)：n(AGU)=1.4：1$，反应时间为 6h，反应温度为 75℃，溶剂用量 $m(H_2O)：m(AGU)$ 为 4：1、5：1、6：1、7：1、8：1。

由图 2-57 可知，随溶剂浓度的增加，产品取代度和反应效率均先缓慢增

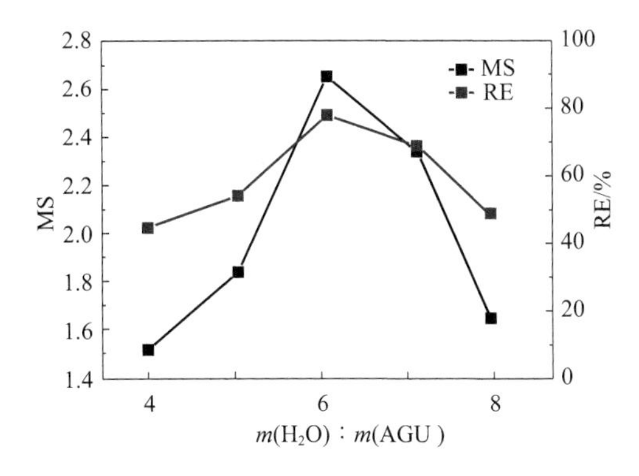

图 2-57　溶剂用量对取代度和反应效率的影响

MS—取代度；RE—反应效率

加后急速下降。当溶剂用量和葡萄糖单元环的质量比从4∶1增加到6∶1时，取代度和反应效率均呈上升趋势，并且达到最大值；当溶剂用量和葡萄糖单元环的质量比高于6∶1时，产品取代度和反应效率均呈下降趋势，取代度从2.65降低至1.64，反应效率从77.9%下降至48.2%。不同溶剂用量下取代度和反应效率如表2-6所示。

表2-6 不同溶剂量的取代度和反应效率

序号	$m(H_2O)$∶$m(AGU)$	MS	RE/%
HAPEC-1	4∶1	1.52	44.7
HAPEC-2	5∶1	1.84	54.1
HAPEC-3	6∶1	2.65	77.9
HAPEC-4	7∶1	2.34	68.8
HAPEC-5	8∶1	1.64	48.2

这主要是因为溶剂使用用量较少时，羟乙基纤维素无法完全溶胀，且反应体系黏度高，传质能力较差，导致反应速率慢。但随着溶剂用量的增加，一方面，HEC的溶胀能力增强，暴露出的羟基增多，增加了与AGE发生反应的活性位点，促进反应的进行；另一方面，反应体系黏度减低，传质能力增强，增加分子间的碰撞率，使HAPEC的取代度和反应效率增加。当溶剂用量过高时，AGE的水解反应速率加快，导致醚化反应速率下降。

在HEC与AGE的醚化反应中，当$m(H_2O)$∶$m(AGU)$=6∶1时，取代度达到最大值，为2.65，反应效率最大，为77.9%，此条件最利于醚化反应的发生。

（2）NaOH用量对取代度和反应效率的影响　碱用量对反应的影响也是至关重要的。羟乙基纤维素在酸碱溶液下均具有一定程度的稳定性，碱溶液能加快纤维素的溶解，且纤维素在不同碱浓度和处理条件下会形成不同的结晶变体。因此碱用量会破坏纤维素的结晶区，促进羟乙基纤维素的溶胀，有利于更多羟基参与反应。

改变碱用量，固定其他变量，研究HAPEC取代度和反应效率的变化情况。反应条件：醚化剂用量为$n(AGE)$∶$n(AGU)$=3.4∶1，溶剂用量为$m(H_2O)$∶$m(AGU)$=6∶1，反应时间为6h，反应温度为75℃，碱用量$n(NaOH)$∶$n(AGU)$分别为0.8∶1、1.0∶1、1.2∶1、1.4∶1、1.6∶1。

由图2-58可知，当NaOH用量$n(NaOH)$∶$n(AGU)$从0.8∶1增加到1.4∶1时，取代度和反应效率先迅速增加后缓慢增加，其中取代度从1.19升高到最大值2.48，反应效率从35.0%提高到72.9%；当$n(NaOH)$∶$n(AGU)$继续增加，产品取代度和反应效率开始下降。不同NaOH用量下取代度和反应效率如表2-7所示。

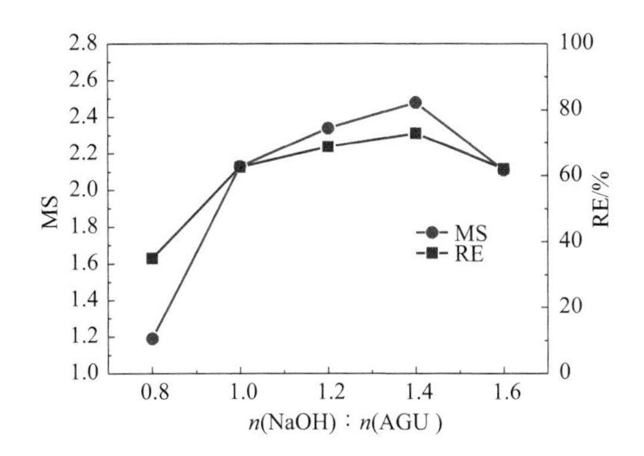

图 2-58　NaOH 用量对取代度和反应效率的影响

MS—取代度；RE—反应效率

表 2-7　不同 NaOH 用量的取代度和反应效率

序号	*n*(NaOH)∶*n*(AGU)	MS	RE/%
HAPEC-1	0.8∶1	1.19	35.0
HAPEC-2	1.0∶1	2.13	62.6
HAPEC-3	1.2∶1	2.34	68.8
HAPEC-4	1.4∶1	2.48	72.9
HAPEC-5	1.6∶1	2.11	62.1

造成上述现象的原因在于：NaOH 更易进攻环氧环，使羟乙基纤维素分子链上的活性氧负离子增多，进而使 HEC 的活性位点增多，促进醚化反应发生，从而提高了取代度和反应效率。NaOH 不仅加速羟乙基纤维素的溶解，也会提高羟乙基纤维素的浓度，使体系黏度增大。因此当碱用量过高时，会使反应体系的黏度大大增加，影响反应的传质和传热，进而反应速率大大降低。碱用量过高时，游离碱过多，副反应增加，降低醚化剂利用率，导致反应取代度和反应效率下降。

在 HEC 与 AGE 的醚化反应中，当 *n*(NaOH)∶*n*(AGU)=1.4∶1 时，取代度达到最大值，为 2.48，反应效率最大，为 72.9%，此条件最利于醚化反应的发生。

（3）反应时间对取代度和反应效率的影响　改反应时间，固定其他变量，研究 HAPEC 取代度和反应效率的变化情况。反应条件：醚化剂用量为 *n*(AGE)∶*n*(AGU)=3.4∶1，溶剂用量为 $m(H_2O)$∶*m*(AGU)=6∶1，碱用量为 *n*(NaOH)∶*n*(AGU)=1.4∶1，反应温度为 75℃，反应时间分别为 4h、5h、6h、7h、8h。

图 2-59 是随反应时间的增加，HAPEC 取代度和反应效率的变化曲线。不同反应时间下取代度和反应效率如表 2-8 所示。由图可知，当反应时间为 4h、

5h、6h 时，取代度分别为 1.97、2.62、2.79，反应效率分别为 57.9%、77.0%、82.0%，均呈现上升趋势。这是因为反应时间过短，会导致反应不彻底，反应效率低。随着反应时间的增加，纤维素在水中溶解得越来越充分，溶胀度越来越高，因此疏水试剂更易扩散进纤维素内部，进而提高反应效率。反应时间过长产品取代度和反应效率会出现下降趋势，取代度从 2.79 下降至 2.54，反应效率从 82.0% 下降至 74.7%。

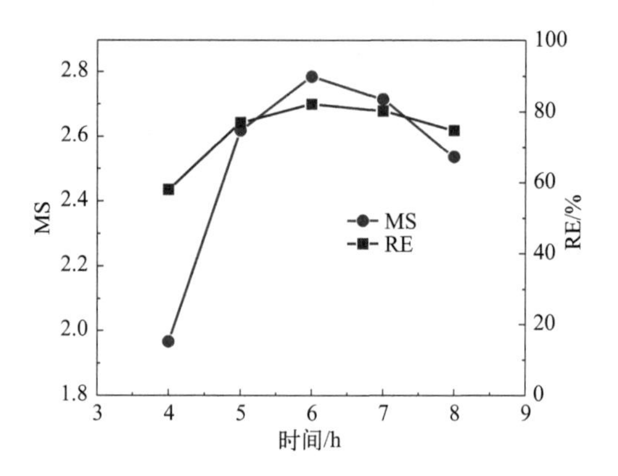

图 2-59　反应时间对取代度和反应效率的影响

MS—取代度；RE—反应效率

表 2-8　不同反应时间的取代度和反应效率

序号	时间 /h	MS	RE/%
HAPEC-1	4	1.97	57.9
HAPEC-2	5	2.62	77.0
HAPEC-3	6	2.79	82.0
HAPEC-4	7	2.72	80.0
HAPEC-5	8	2.54	74.7

在 HEC 与 AGE 的醚化反应中，当反应时间为 6h 时，取代度达到最大值，为 2.79，反应效率最大，为 82.0%，此条件最利于醚化反应的发生。

（4）反应温度对取代度和反应效率的影响　氧负离子进攻烯丙基的环氧环时需要吸收热量，因此温度是该反应中一个至关重要的影响因素，通过改变反应温度，固定其他变量，研究 HAPEC 取代度和反应效率的变化情况。反应条件：醚化剂用量为 n(AGE)∶n(AGU)=3.4∶1，溶剂用量为 $m(H_2O)$∶m(AGU)=6∶1，碱用量为 n(NaOH)∶n(AGU)=1.4∶1，反应时间为 6h，反应温度分别为 60℃、65℃、70℃、75℃、80℃。

图 2-60 是随反应温度的增加，HAPEC 取代度和反应效率的变化曲线。不

同温度下取代度和反应效率如表 2-9 所示。由图可知，随着温度的升高，取代度和反应效率均呈先上升后下降趋势。当反应温度从 60℃提高到 75℃时，取代度从 1.98 增加到 2.61，达到最大值；反应效率从 58.2% 提高到 76.7%，此时反应效率最大。

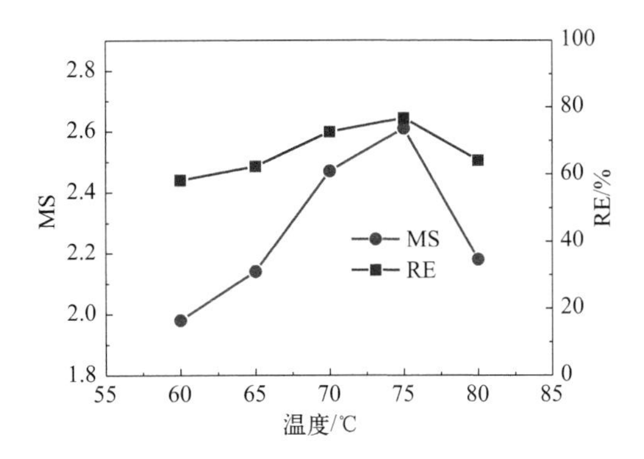

图 2-60　反应温度对 HAPEC 产品取代度和反应效率的影响

MS—取代度；RE—反应效率

表 2-9　不同反应温度的取代度和反应效率

序号	温度 /℃	MS	RE/%
HAPEC-1	60	1.98	58.2
HAPEC-2	65	2.14	62.3
HAPEC-3	70	2.47	72.6
HAPEC-4	75	2.61	76.7
HAPEC-5	80	2.18	64.1

导致此现象的原因是：一方面，由于反应体系温度的升高，醚化剂和 HEC 的分子热运动速率显著提升，这意味着醚化剂和 HEC 分子间的有效碰撞概率增加，促进反应的进行；升高温度增加了反应体系中的活化分子数，也有利于醚化反应的进行。当反应温度超过 75℃后，HAPEC 的取代度和反应效率均有所下降。这是因为温度的升高导致醚化剂在碱性环境下副反应的作用增强，阻碍主反应的进行，使得反应效率出现下降趋势。

在 HEC 与 AGE 的醚化反应中，当反应温度为 75℃时，取代度达到最大值，为 2.61，反应效率最大，为 76.7%，此条件最利于醚化反应的发生。

2.2.1.3　醚化剂用量对取代度和反应效率的影响

通过上述研究可知，固定醚化剂用量 n(AGE)∶n(AGU) 为 3.4∶1 的情况下，醚化反应的较佳反应条件为：溶剂用量为 $m(H_2O)$∶m(AGU)=6∶1，碱用

量为 n(NaOH)∶n(AGU)=1.4∶1，反应时间和反应温度分别为 6h 和 75℃。在此条件下，取代度为 2.19，反应效率为 64.4%。

通过改变醚化剂的用量，观察取代度和反应效率的变化情况。反应体系的各指标参考上述最佳条件。初始用量为 n（AGE）：n(AGU)=2.5∶1，设置梯度为 0.3，反应时醚化剂用量从 2.5∶1 依次增加到 4.0∶1。由图 2-61 可知，当 n(AGE)∶n(AGU) 从 2.5∶1 增加到 3.7∶1 时，取代度从 1.19 逐渐增加到最大值 2.79；反应效率从 47.6% 提高到 75.4%。当醚化剂用量过多时，羟乙基纤维素的溶解性下降，不利于醚化反应的发生，导致取代度和反应效率下降。不同醚化剂用量下取代度和反应效率如表 2-10 所示。

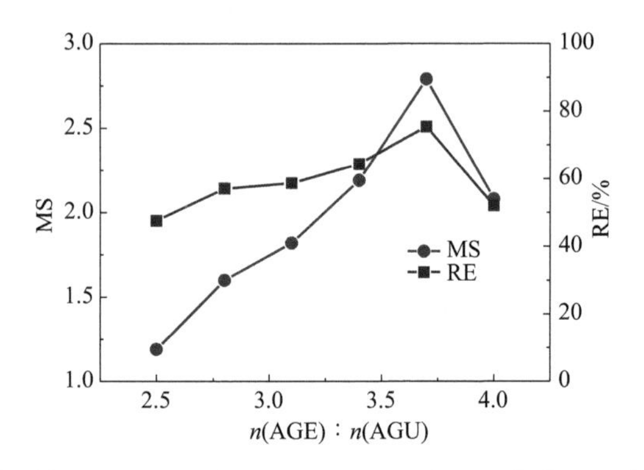

图 2-61 烯丙基缩水甘油醚的用量对 HAPEC 产品取代度和反应效率的影响

MS—取代度；RE—反应效率

表 2-10 不同醚化剂用量的取代度和反应效率

样品	n(AGE)∶n(AGU)	MS	RE/%
HAPEC-1	2.5	1.19	47.6
HAPEC-2	2.8	1.60	57.1
HAPEC-3	3.1	1.82	58.7
HAPEC-4	3.4	2.19	64.4
HAPEC-5	3.7	2.79	75.4
HAPEC-6	4.0	2.08	52.0

在 HEC 与 AGE 的醚化反应中，当 n(AGE)∶n(AGU)=3.7∶1 时，取代度达到最大值，为 2.79，反应效率最大，为 75.4%。

2.2.2 HAPEC 的温度响应性能研究

同时具有亲水和疏水基团并能达到水油平衡的聚合物具有温度响应性能。

研究发现，聚合物的温度响应性能与亲水及疏水间的平衡密切相关，因此，通过改变聚合物亲水链段（基团）和疏水链段（基团）的比例调控亲水-亲油平衡，是赋予聚合物温度响应性能的重要手段。HAPEC 同时含有亲水基团和疏水基团，因此可以通过改变接枝在羟乙基纤维素分子链上的疏水基团数量，使改性羟乙基纤维素具有合适的亲水疏水平衡，从而使其具有温度响应性能。

本节研究了烯丙基取代度对 HAPEC 温度响应性能的影响，同时也详细研究了样品浓度、NaCl 浓度及三种小分子有机溶剂（甲醇、乙醇、异丙醇）对样品温度响应性能的影响。

2.2.2.1 取代度对 HAPEC 温度响应性能的影响

配制 10g/L 的 HAPEC 水溶液，探究在不同取代度下 HAPEC 水溶液的透光率随温度的变化。如图 2-62（a）所示，5 种不同取代度的 HAPEC 水溶液存在同一特性，低温时水溶液的透光率最高，随温度上升到达某一特定值时透光率骤然下降。图 2-62（b）是不同取代度的 HAPEC 产品的 LCST。

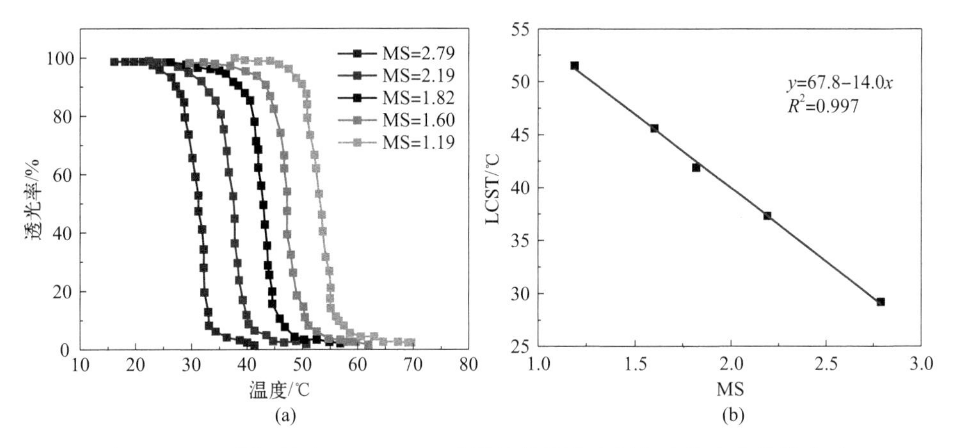

图 2-62　不同取代度下，HAPEC 水溶液的透光率随温度的变化曲线（a）及 HAPEC 的取代度对 LCST 的影响（b）

低温下，羟乙基纤维素在水中的溶解性较高，溶液无色透明，透光率较高；温度升高到一定值时，分子间的氢键被破坏，此时接枝的烯丙基分子链的疏水作用成为主导，HAPEC 分子间互相聚集，出现相分离行为，水溶液由透明变得浑浊，因此透光率降低。HAPEC 在取代度高于 1.19 且小于 2.79 时具有良好的温度敏感性能。HAPEC 的取代度小于 1.19 时，因为羟乙基纤维素的亲水性较强，烯丙基分子链数量少，聚合物疏水作用较弱，无法到达亲水亲油平衡，因此导致在高温下也无法发生相分离行为，即不具有温度敏感性能。当取代度高于 2.79 时，烯丙基的接枝数量过多，疏水性太强，导致 HAPEC 不能溶于水中，温度敏感性能消失。取代度为1.19、1.60、1.82、2.19、2.79时，LCST分别为51.5℃、45.6℃、41.9℃、37.3℃、29.2℃（表2-11）。随产品取代度的提高，HAPEC水溶液的LCST呈下降趋势。综上，可以通过控制烯丙基的取代度达到调节LCST的目的。

表2-11　不同取代度的HAPEC溶液的LCST

样品	MS	LCST/℃
HAPEC-1	1.19	51.5
HAPEC-2	1.60	45.6
HAPEC-3	1.82	41.9
HAPEC-4	2.19	37.3
HAPEC-5	2.79	29.2

2.2.2.2　样品浓度对HAPEC的LCST的影响

在对聚合物的温度响应性能的研究中，浓度对聚合物水溶液的相分离行为是一个重要的影响因素。相关文献表明，在医学、药物学领域的应用中，聚合物的水溶液被稀释后LCST会随之升高。由于HAPEC-4样品的LCST为37.3℃，与人体的体温相近，因此选择HAPEC-4样品为对象，研究温度响应性能及其他相关性质。配置2～10g/L的HAPEC-4样品水溶液，详细研究了HAPEC样品浓度对溶液相分离行为和LCST的影响。浓度不同，改性纤维素水溶液的温敏性质有所差异。

图2-63（a）是不同浓度的HAPEC-4（MS=2.19）水溶液的透光率随温度变化的曲线。样品在不同浓度下均具有温度敏感性，而且水溶液的透光率均会随温度的升高呈下降趋势。由图2-63（a）也可以看出，随着HAPEC样品浓度的降低，溶液的相分离速度逐渐变缓，LCST升高。随着HAPEC样品浓度降低，HAPEC分子链之间碰撞次数减少，这需要更多的热量促使分子运动发生碰撞，从而引起水溶液的相分离行为，因此随样品浓度的降低，LCST升高。图2-63（b）是不同样品浓度的HAPEC产品的LCST。HAPEC样品浓度从10g/L降低到2g/L时，LCST从37.3℃升高到43.5℃，具体数据如表2-12所示。综上，通过控制HAPEC的浓度也可以达到调节LCST的目的。

2.2.2.3　NaCl浓度对HAPEC的LCST的影响

无机盐在药物释放体系、组织工程等生物医学领域发挥着至关重要的作用。生物体的体液中有大量的无机盐，因此探究无机盐对聚合物温敏性能的影响规

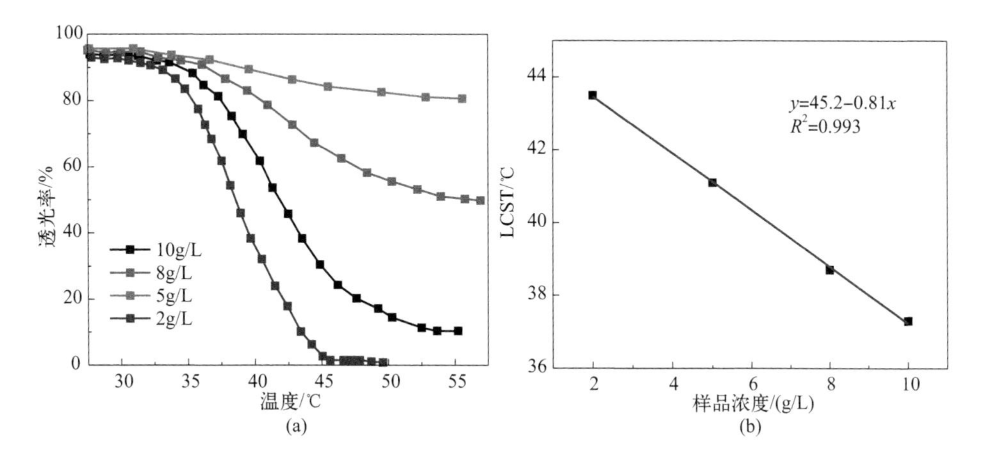

图 2-63　不同浓度下，HAPEC-4 水溶液的透光率随温度的变化曲线（a）及 HAPEC-4 的浓度对 LCST 的影响（b）

表 2-12　不同浓度的 HAPEC-4 溶液的 LCST

HAPEC-4	浓度 /（g/L）	LCST/℃
1	10	37.3
2	8	38.7
3	5	41.1
4	2	43.5

律并利用无机盐来调控 LCST 具有理论和实际的双重意义。选择 NaCl 为研究对象，研究了 NaCl 浓度对 HAPEC-4 样品溶液 LCST 的影响。

图 2-64（a）是不同盐浓度的 HAPEC-4 水溶液的透光率随温度变化的曲线。由图可以明显看出，随着 NaCl 浓度的增加，样品溶液透光率随温度的下降速率加快，LCST 也随之下降。NaCl 主要影响的是聚合物和水分子之间的相互作用，也就是所谓的“盐析效应”，当 NaCl 浓度升高后，由于 NaCl 的水合能力强于 HAPEC，因此 HAPEC 表面的水分子被夺取，HAPEC 分子间更易发生疏水链的相互作用，进而降低产品的相分离温度，即 LCST。图 2-64（b）是不同盐浓度的 HAPEC 产品的 LCST。由图 2-64（b）可以看出，NaCl 浓度与 HAPEC-4 的 LCST 呈线性负相关关系（实验数据如表 2-13 所示）。即随着 NaCl 浓度的增大，LCST 呈线性下降并且符合线性方程 y=37.3−25.2x。上述研究结果也同样表明，HAPEC 产品的 LCST 可通过改变 NaCl 浓度实现调控。

2.2.2.4　小分子溶剂对 HAPEC 的 LCST 的影响

温度响应型聚合物水溶液中加入有机溶剂可以影响聚合物与水分子的相互

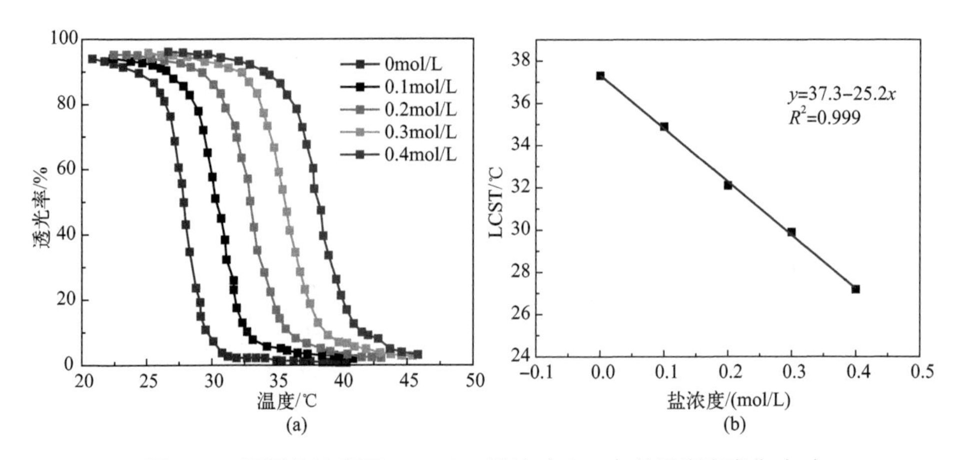

图 2-64　不同盐浓度下 HAPEC-4 溶液（10g/L）的透光率变化（a）及 NaCl 浓度对 HAPEC-4 的 LCST 影响（b）

表 2-13　不同盐浓度的 HAPEC 溶液（10g/L）的 LCST

HAPEC-4	NaCl/（mol/L）	LCST/℃
1	0.0	37.3
2	0.1	34.9
3	0.2	32.1
4	0.3	29.9
5	0.4	27.2

作用力，进而改变聚合物水溶液的相分离行为，由此可知，在聚合物体系中加入小分子溶剂也是调控 LCST 的重要且有效的手段。以下研究了甲醇、乙醇、异丙醇对 HAPEC-4 产品水溶液温度响应性能的影响。

图 2-65 为三种不同的有机溶剂甲醇、乙醇和异丙醇对 HAPEC-4 的 LCST 的影响。如图 2-65 所示，在 HAPEC 水溶液加入乙醇或异丙醇后，随着两种溶剂浓度的提高，LCST 均下降，并且这种下降趋势也呈现出线性关系。但是由于乙醇的水溶性比异丙醇强，也可溶解部分样品，所以两者的 LCST 有差异。当三种有机溶剂浓度均为 0 时，HAPEC 水溶液的 LCST 为 37.3℃，随着溶液浓度的升高，当乙醇浓度上升到 50%（体积分数，下同）时，HAPEC 水溶液的 LCST 下降到 15.5℃；当异丙醇的浓度上升到 30% 时，HAPEC 水溶液的 LCST 下降到 11.8℃。甲醇对 HAPEC 水溶液相分离行为的影响规律与上述两种有机溶剂不同，随着甲醇浓度的升高，LCST 呈先下降后上升的趋势，当甲醇的浓度上升到 20% 时，HAPEC-甲醇水溶液体系的 LCST 下降至 33.7℃，此时 LCST 最低，随着甲醇的浓度继续升高至 50% 时，混合水溶液体系的 LCST 升高到 43.3℃。

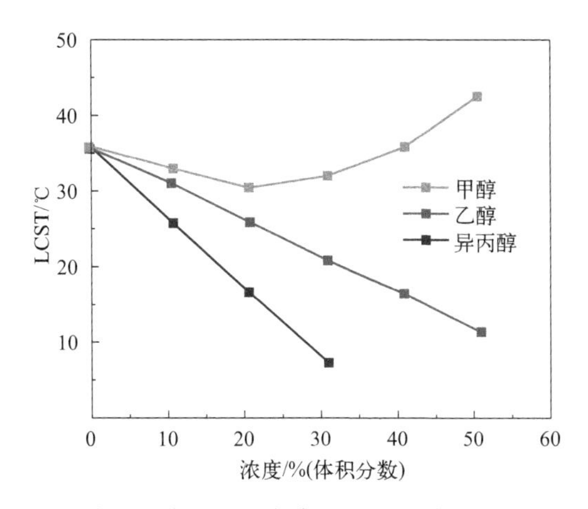

图 2-65　甲醇、乙醇和异丙醇对 HAPEC-4 水溶液 LCST 的影响

2.2.3 HAPEC 的自组装行为及其对尼罗蓝增溶行为研究

2.2.3.1 HAPEC 在水溶液中的自组装行为

两亲性的 HAPEC 与其他种类的温度响应型聚合物相同，当浓度高于临界胶束浓度时，可自组装形成胶束，聚合物结构中疏水端构成胶束内核，亲水端分散在胶束外部，胶束中疏水性区域为药物的装载提供了适宜的场所，可作为药物的智能载体。聚合物胶束的结构会受温度变化的影响而发生可逆的形成与破坏，实现被增溶物的温度控制释放。

芘常作为荧光探针来研究两亲性聚合物的聚集状态和测定临界胶束浓度，芘对环境的极性极其敏感，当环境的极性发生变化，芘的荧光谱图也发生明显变化。

图 2-66 是芘的荧光强度随不同浓度 HAPEC-4 水溶液的变化曲线。由图 2-66 可以看出，随着 HAPEC 水溶液的浓度从 0.001g/L 增加到 1g/L，芘的荧光光谱强度逐渐增强，HAPEC 浓度在 0.001 ～ 0.01g/L 范围内，荧光光谱的最大吸收峰在 334nm 附近，随着 HAPEC 浓度继续升高，最大峰值发生红移，特别是在 0.5 ～ 1g/L 范围内，荧光光谱的最大吸收峰红移至 338nm 附近。此研究结果表明，随着 HAPEC-4 浓度的增大，芘所处溶剂的极性发生改变，两亲性聚合物发生聚集。

不同浓度的 HAPEC 水溶液中峰强度 I_{338}/I_{334} 值见图 2-67，I_{338}/I_{334} 的峰强度比值在低浓度时（0.001 ～ 0.01g/L 范围内）无明显变化，当 HAPEC 水溶液浓度增大至 0.5 ～ 1g/L 范围内时，I_{338}/I_{334} 的峰强度比值急剧增大。利用 Origin 软件对曲线进行拟合，得到 HAPEC-4 样品的 CMC 为 0.326g/L。

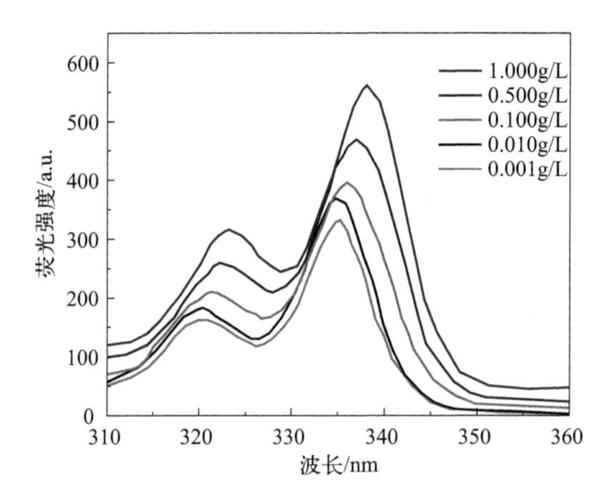

图 2-66　芘激发光谱随不同 HAPEC 浓度的变化曲线

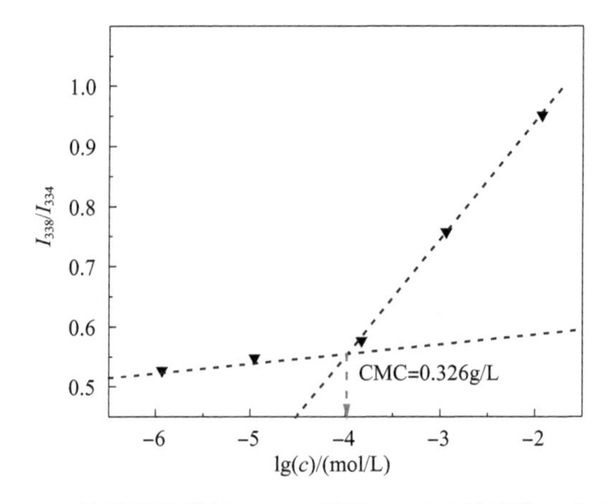

图 2-67　芘激发光谱的 I_{338}/I_{334} 值随 HAPEC 浓度的变化曲线

传统的表面活性剂的临界胶束浓度均与其自身结构的疏水性有关，一般来说，疏水基团越多，碳链越长，临界胶束浓度越小。HAPEC 的 CMC 变化也具有类似的趋势。图 2-68 是 HAPEC 系列产品的 CMC 随着产品取代度的变化曲线，由图 2-68 可知，HAPEC 系列产品的 CMC 随着取代度的增加而降低，即随着烯丙氧基的取代度从 1.19 增大到 2.79 时，临界胶束浓度从 0.847g/L 下降至 0.168g/L。显而易见，烯丙氧基取代度的增大意味着 HAPEC 疏水性的增强，进而临界胶束浓度下降。

动态光散射方法也是检测两亲聚合物是否形成胶束聚集体的重要手段之一，利用动态光散射测定了不同取代度的 HAPEC 胶束水溶液（10g/L）在体系温度低于 LCST 以下时的胶束粒径。图 2-69 是胶束粒径随取代度增加的变化曲线。由图 2-69 可知，随着 HAPEC 产品取代度的增加，胶束的粒径呈现减小趋势。当产品取代度从 1.19 增加至 2.79 时，胶束的粒径从 145nm 下降到 102nm。

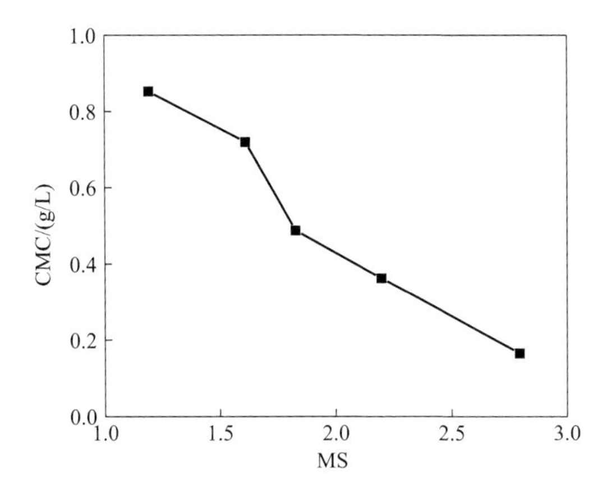

图 2-68　临界胶束浓度随取代度的变化

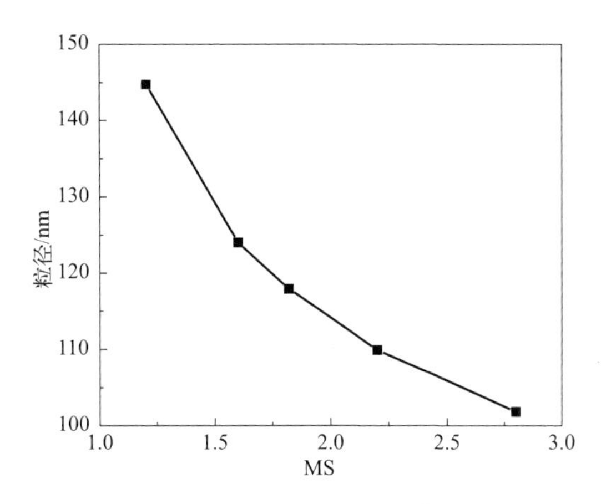

图 2-69　取代度对 HAPEC 胶束粒径的影响

2.2.3.2　HAPEC 胶束的温度响应性能研究

温度响应型聚合物所形成的胶束在水溶液中的形态也随着温度的变化而改变，一般来讲，温度响应型聚合物胶束在温度升高至 LCST 时，胶束粒径会出现减小或增大两种不同的变化状态。其中，粒径变小是因为聚合物分子链的疏水部分发生脱水收缩，导致胶束粒径变小；粒径变大是因为聚合物疏水链段脱水，疏水分子链之间发生疏水缔合，使聚合物胶束的粒径迅速增大。研究表明，HAPEC 产品的胶束粒径随温度变化的规律和后者相似。图 2-70 是 10g/L 的 HAPEC-4（LCST=37.3℃）胶束水溶液的粒径随温度的变化曲线。由图 2-70 可知，当温度低于 LCST 时（25℃～35℃），HAPEC-4 胶束粒径无明显变化；当温度升高至 LCST 附近（35℃～45℃）时，胶束粒径从 112nm 迅速增大到 389nm。HAPEC 胶束粒径在 LCST 附近迅速增大的原因是温度高于 LCST 后，胶束的水化层减薄，结构不稳定，原有的胶束结构被破坏，与其他不稳定胶束碰撞后形成较大的聚集体，因此胶束聚集体粒径增大。当温度过高时，胶束聚集体进一步脱水，因此所测得的水合粒径有所降低，由图 2-70 可知，当温度从 40℃升高至 48℃时，粒径从 395nm 下降至 383nm。

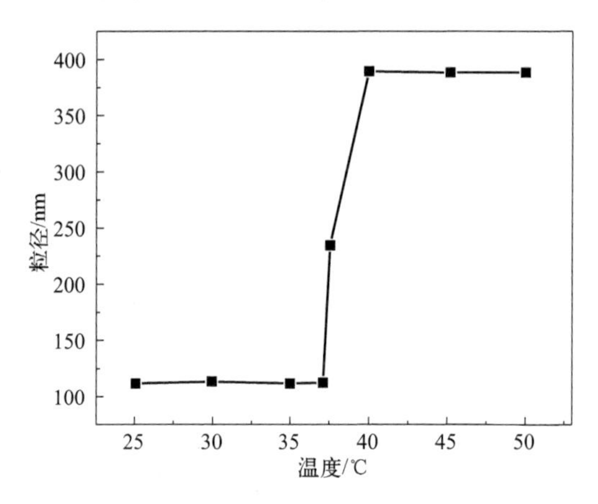

图 2-70　温度对 HAPEC 胶束粒径的影响

2.2.3.3　尼罗蓝在 HAPEC 中的增溶行为

分子内扭转电荷转移（TICT）探针具有自身的分子结构特点，尼罗蓝就是一种常见的 TICT 探针，其分子结构中含较多的芳香环，荧光发射强度高（结构式如图 2-71）。尼罗蓝是一种苯并吩噻嗪类荧光染料，在水和其他极性溶剂中几乎不发荧光，但在非极性环境中与脂类物质结合并发射荧光，在疏水环境中是最理想的脂质荧光染料。尼罗蓝经常作为一种高效的荧光探针，应用在识别主客体包结过程和不同种类的聚集体形成或破坏等研究领域。本节以尼罗蓝为疏水性探针，采用荧光光谱仪对不同浓度的 HAPEC-4 水溶液进行了测试，研究了尼罗蓝在 HAPEC-4（CMC=0.326g/L）胶束中的增溶行为。

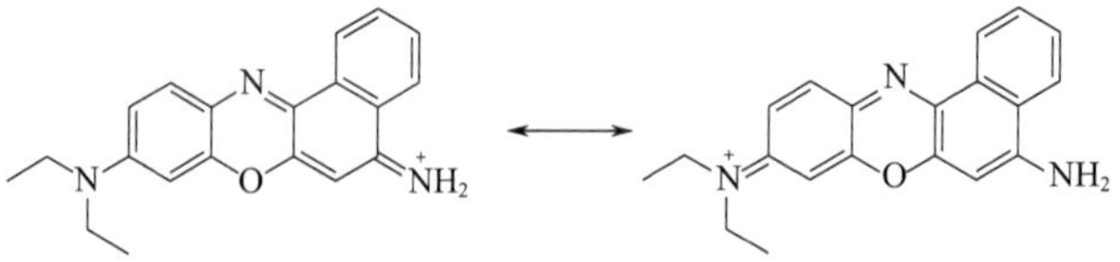

图 2-71　尼罗蓝的结构

如图 2-72 所示，随着 HAPEC 溶液浓度的增加，尼罗蓝的荧光强度逐渐增强。当 HAPEC 样品浓度未达到 CMC 时，尼罗蓝的荧光强度相对较弱，这是因为 HAPEC 分子未自组装形成胶束，疏水区域较少；然而，当产品溶液浓度达到并高于 CMC 时，尼罗蓝增溶到胶束内核当中，荧光强度突然增大，这是因为 HAPEC 分子通过自组装形成胶束，疏水区域增大。实验证明，HAPEC 产品胶束可以增溶疏水性物质。

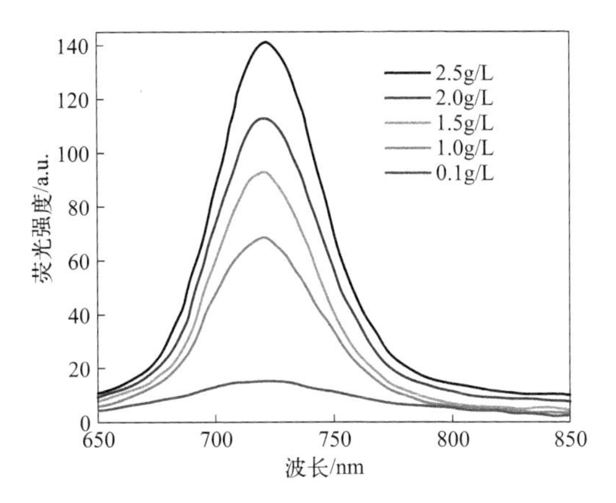

图 2-72　尼罗蓝荧光光谱随不同浓度的 HAPEC 水溶液的变化曲线

2.2.3.4　尼罗蓝在 HAPEC 胶束中的温度控制释放行为

以尼罗蓝作为疏水物质，研究了 HAPEC-4-尼罗蓝增溶胶束体系的温度控制释放行为。如图 2-73 所示，将尼罗蓝增溶胶束溶液放置到 30℃、35℃恒温水浴中 96h 后，尼罗蓝荧光强度无明显变化；而后将胶束溶液分别放置到 40℃、45℃恒温水浴中同样时间后，再通过荧光光谱仪测定荧光强度，发现荧光强度骤然降。低温度低于 HAPEC-4 的 LCST 时，尼罗蓝可稳定地增溶在极性较弱的胶束内核中，尼罗蓝荧光强度高；温度高于 LCST 后，胶束结构被破坏，尼罗蓝释放到水溶液中，所处环境由非极性转变为极性，引起荧光淬灭，荧光强度降低。

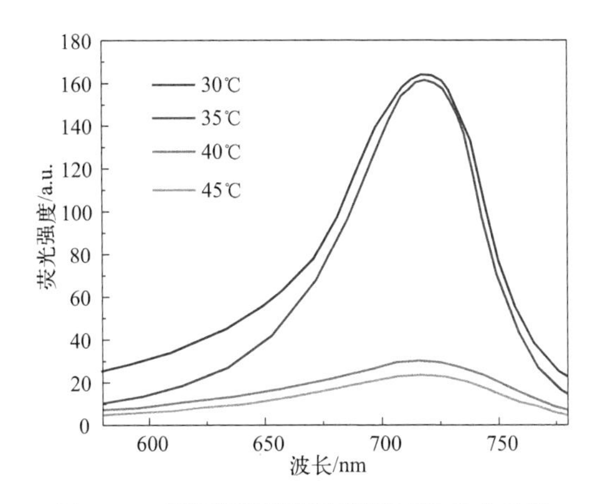

图 2-73　尼罗蓝荧光强度随温度的变化曲线

（1）尼罗蓝-HAPEC 增溶胶束的稳定性　为了准确、稳定地释放增溶在胶束中的疏水物质，必须保证聚合物胶束的长期稳定性。因此，通过 DLS 和荧光光谱仪测定了 HAPEC 胶束溶液的稳定性。如图 2-74（a）所示，在 30℃下、140h 内增溶了尼罗蓝的 HAPEC 胶束的粒径尺寸几乎没有变化，此现象表明胶束之间没有发生聚集现象，说明增溶胶束具有良好的稳定性。通过图 2-74（b）可以看出，荧光强度无明显变化，尼罗蓝所处环境的极性始终未发生改变，进一步表明尼罗蓝的 HAPEC 增溶胶束可在较长时间内稳定地分散在溶液体系中，胶束结构稳定。

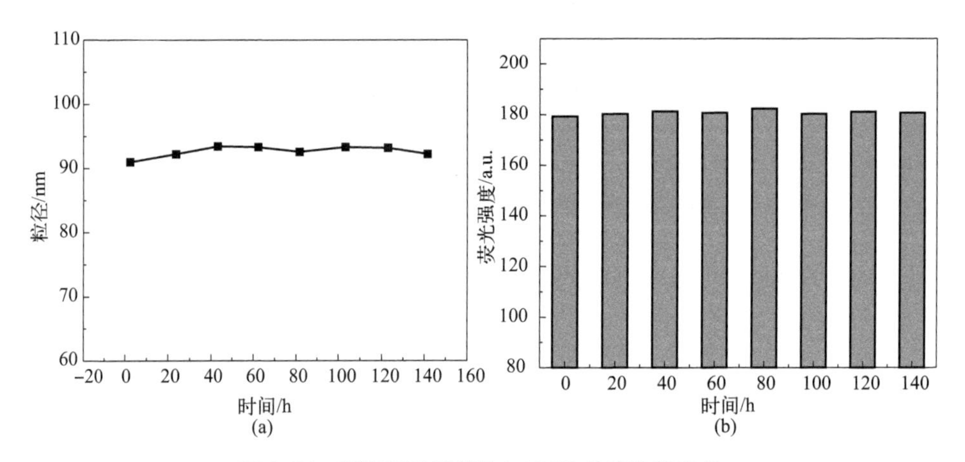

图 2-74　增溶了尼罗蓝的 HAPEC 胶束的稳定性

（a）胶束粒径随时间的变化；（b）尼罗蓝的荧光强度随时间的变化

（2）尼罗蓝受温度影响的释放行为　当温度高于 LCST 时，聚合物胶束发生形变，使增溶在胶束内核中的增溶物释放出来，通常温度越高聚合物胶束发生形变的速率就越快，增溶物释放的速率也加快。如图 2-75 所示，体系温度为

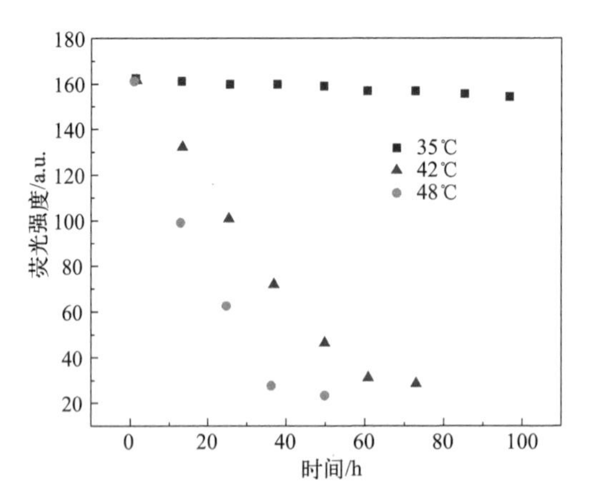

图 2-75　不同温度下，增溶在 HAPEC 胶束中的尼罗蓝荧光强度随时间的变化曲线

35℃时，尼罗蓝荧光强度在 90h 内无明显变化；当温度为 42℃时，在 72h 内荧光强度由 161 下降至 28；当温度为 48℃时，尼罗蓝的荧光强度在 36h 内，由 161 下降至 24。上述研究结果表明，通过控制温度可改变 HAPEC 胶束对增溶物的释放速率。

2.2.4 HAPEC 在药物控释方面的应用

本节以醋酸泼尼松为模拟药物，研究了 HAPEC 胶束中醋酸泼尼松的温度控制释放行为，查明了环境温度与 HAPEC 胶束中药物释放量之间的关系。

2.2.4.1 HAPEC-醋酸泼尼松胶束温度控制释放研究方法

（1）HAPEC-醋酸泼尼松胶束的粒径和形貌测定

① 粒径测定　称取增溶有醋酸泼尼松的 HAPEC-4 胶束溶液 6 份，每份 10mL，依次调节 6 个溶液的 pH 值分别为：pH=2，pH=5，pH=7，pH=9，pH=10，pH=12。利用 DLS 测定不同 pH 值溶液的胶束粒径。

② 形貌测定　利用透射电镜，研究增溶醋酸泼尼松的 HAPEC-4 胶束的形貌，加速电压为 100kV。将 HAPEC-醋酸泼尼松胶束样品溶液直接滴到铜网上，之后用液氮迅速冷冻，放入低温真空冷冻干燥器中干燥 24h，最终得到待测样品。

（2）醋酸泼尼松释放量的测定

① 醋酸泼尼松标准曲线　以醋酸泼尼松为模拟药物，研究了药物在 HAPEC 胶束中的增溶行为和温度控制释放行为。随后使用真实药物醋酸泼尼松，研究其在 HAPEC 胶束中的温度控制缓释行为。图 2-76 为醋酸泼尼松水溶液的标准曲线，检测波长为 240nm。利用 Origin 软件对标准曲线进行拟合，得到的线性方程为：$c(\mathrm{mg/L})=37.1271A-0.2777$。

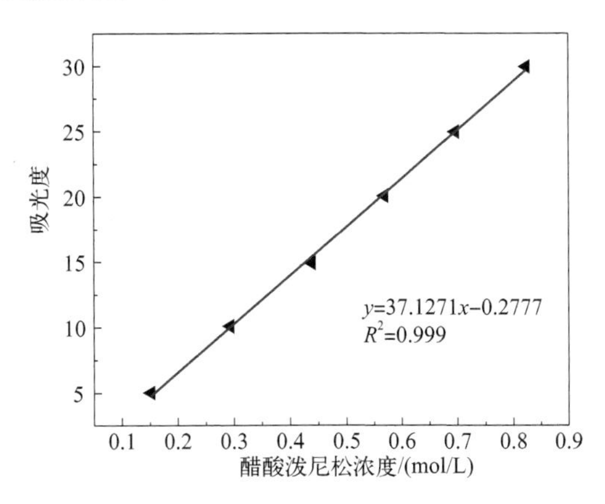

图 2-76　醋酸泼尼松紫外标准曲线

② 醋酸泼尼松释放的研究方法　将 10g/L 的 HAPEC-4，滴加到盛有 4mg 醋酸泼尼松的烧杯中，10℃搅拌 24h，使醋酸泼尼松充分增溶至 HAPEC-4 胶束中，将混合溶液转移至透析袋中（截留分子量为 8000 ～ 14000），去离子水透析 72h（每隔 8h 换一次水），随后 15000r/min 离心 5min，去除未增溶的醋酸泼尼松，得到 HAPEC-醋酸泼尼松混合溶液。取 10mL HAPEC-醋酸泼尼松混合溶液再次置于透析袋中，并放入盛有 200mL 去离子水的烧杯中透析。将烧杯先后放置于 35℃和 42℃的恒温水浴锅中，每次间隔相同时间从烧杯中取 2mL 的透析液测定醋酸泼尼松的量，并补充 2mL 去离子水。通过测试醋酸泼尼松在 240nm 的紫外吸收强度，计算在不同温度下释放到水体中的醋酸泼尼松的质量。

$$\text{醋酸泼尼松装载量}(\%)=\frac{\text{醋酸泼尼松负载质量}}{\text{醋酸泼尼松质量}+\text{HAPEC-4 质量}}\times 100\% \quad (2.10)$$

$$\text{醋酸泼尼松释放量}(\%)=\frac{\text{醋酸泼尼松释实时释放量}}{\text{醋酸泼尼松初始装载量}}\times 100\% \quad (2.11)$$

经计算，HAPEC-4 对醋酸泼尼松的载药量为 21.4%。

2.2.4.2　醋酸泼尼松-HAPEC 胶束的稳定性

由图 2-77（a）可知，在 20℃下（低于 HAPEC-4 的 LCST），装载醋酸泼尼松的 HAPEC 胶束在不同 pH 值的溶液中，增溶胶束粒径无明显变化，这说明在较宽的 pH 值范围内醋酸泼尼松-HAPEC-4 胶束均具有良好的稳定性。值得一提的是，当 pH 为 12 时，胶束粒径略有增大，这主要是因为在强碱性环境中，HAPEC 结构上未反应的羟基形成氧负离子，使 HAPEC 水溶性提高，进而胶束粒径增大。由图 2-77（b）可知，将醋酸泼尼松-HAPEC-4 胶束在 pH=2、

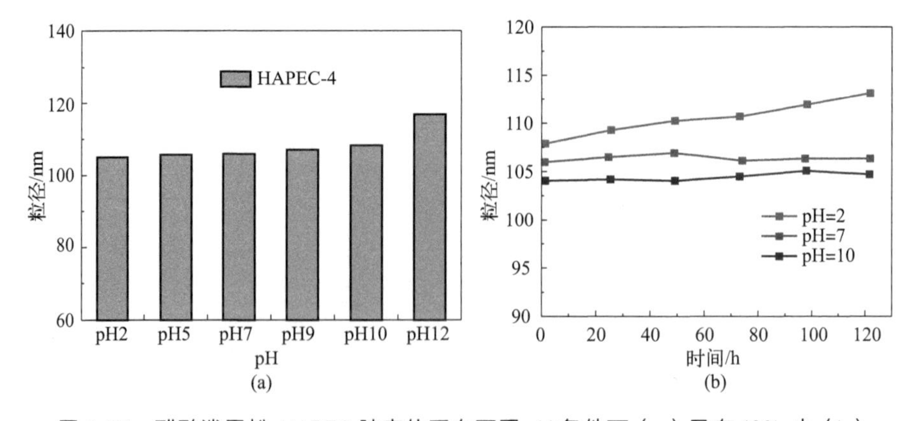

图 2-77　醋酸泼尼松-HAPEC 胶束体系在不同 pH 条件下（a）及在 120h 内（b）胶束粒径的变化

pH=7 和 pH=10 的溶液中放置 120h 后，胶束粒径无明显变化，说明胶束在 120h 内具有良好的稳定性。

图 2-78 是醋酸泼尼松-HAPEC-4 胶束透射电镜图，由图可以看出，所形成的胶束呈球形，平均粒径为 95nm，小于动态光散射测定的胶束的平均粒径（110nm）。这主要是因为动态光散射测定的胶束粒径为水合粒径，而透射电镜样品制备时需要冻干样品，胶束周围的水分子被移除，进而导致测定的胶束粒径较小，此研究结果与文献报道相似。

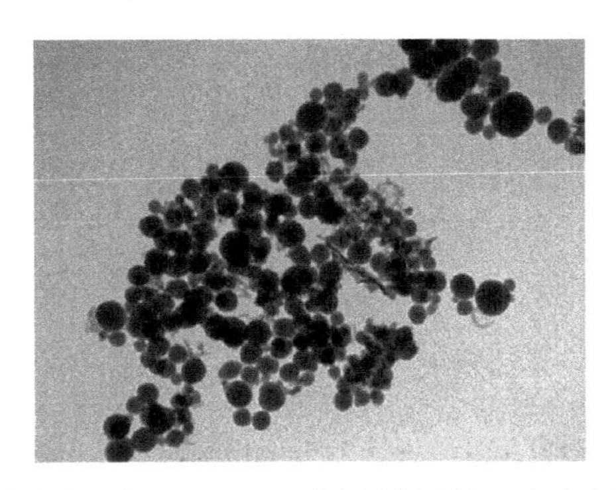

图 2-78　醋酸泼尼松-HAPEC-4 胶束透射电镜图（胶束溶液 pH=7）

2.2.4.3　醋酸泼尼松-HAPEC 胶束的体外温度控制释放

由图 2-79 可知，在温度低于 HAPEC-4 的 LCST 时（20℃，30℃，36℃），胶束结构保持不变，醋酸泼尼松稳定存在于胶束内部，无明显的释放，120h 内药物的释放量最高仅为 10.7%，然而，周围环境温度升高至 39℃时，24h 内醋酸泼尼松的释放量可达到 88.7%，并且释放速率随着温度的升高而增加。当温

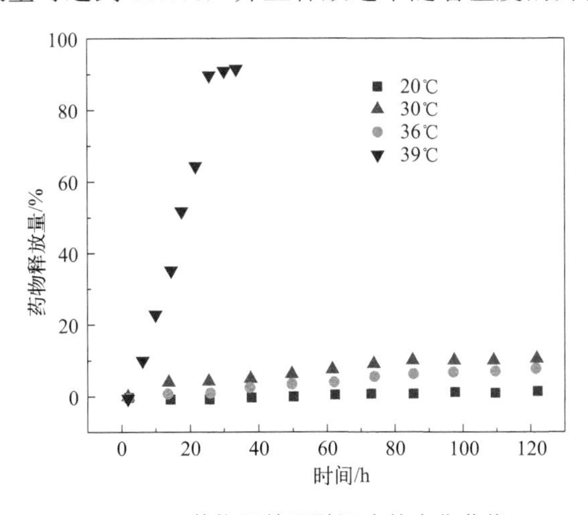

图 2-79　药物释放量随温度的变化曲线

度高于 HAPEC-4 产品的 LCST 时，产品胶束的结构坍塌，胶束之间发生聚集，将增溶在胶束内部的药物释放到周围环境中，进而实现温度控制释放的目的。

2.3 丁氧基化阳离子纤维素（TPBCC 和 TTBCC）的制备及性能研究

丁基化阳离子纤维素的设计思路如下：

（1）选择 HEC 为原料　纤维素衍生物和其他生物质一样，生物降解性和生物相容性好。且较其他生物质而言，具有来源广泛、价格低廉的优点，所以选择水溶性较好的纤维素衍生物 HEC 为原料。

（2）选择水为反应溶剂　水是绿色溶剂，无污染，对环境友好。

（3）选择阳离子化试剂 2,3-环氧丙基三甲基氯化铵（GTA）为亲水基团　反应活性高；提高产品亲水性；在聚合物上引入 GTA 后，温度响应型聚合物就具有了阳离子基团，此阳离子可以通过架桥和静电作用，达到吸附和絮凝效果。

（4）选择丁氧基化阳离子纤维素作为絮凝剂　不但絮凝效果好，还具有更小的絮体体积，这给工业中絮体的处理提供了一个新的方向。

（5）选择调节亲水-亲油平衡法制备热增稠型纤维素（TTBCC）　热增稠型聚合物通常是将温度响应型聚合物接枝到水溶性高分子材料上，而这些温度响应型聚合物大都是合成类高分子，单体毒性大，降解性和生物相容性较差。通过调节亲水-亲油平衡的方法合成热增稠聚合物，为热增稠型聚合物的制备提供了一条绿色新路径。

基于以上思路，在水溶性的多糖高分子链（HEC）上引入不同比例的亲水基团（GTA）和疏水基团（BGE），通过调控亲水-亲油平衡的方法制备了热析出型聚合物 TPBCC 和热增稠型聚合物 TTBCC。通过改变 GTA 的取代度、聚合物的质量浓度、无机盐 NaCl 的浓度等，可以对聚合物的温度响应性能进行调节。

2.3.1 TPBCC 和 TTBCC 的合成与表征

2.3.1.1 丁氧基化阳离子纤维素的合成方法和取代度的计算

（1）丁氧基化阳离子纤维素的合成方法　将 16g HEC（M_w=380000g/mol）和 80mL 去离子水加到 250mL 三口烧瓶内。将烧瓶置于 70℃水浴中加热，同时打开机械搅拌，并保持速率为 300r/min。待溶液搅拌至透明，将 11.7g NaOH

溶液（质量分数为 40%）逐滴加到烧瓶中。滴加完毕，继续反应 1h。再将 26.8g BGE 逐滴滴加到溶液中，同时将水浴锅升温至 85℃。滴完后，继续反应 9h。反应结束后，将制备的 HBPEC 在室温下自然冷却，随后装入透析袋（截留分子量 8000 ～ 14000），用去离子水透析。待电导率仪测得透析液的电导率小于 10μS/cm 时，将透析袋内 HBPEC 水溶液倒入烧杯中，置于 60℃的烘箱中烘干，制得 HBPEC-1（MS_{BGE}=1.97）。再用同样的方法与条件，将反应时间改为 7h，制得 HBPEC-2（MS_{BGE}=1.78）。

将上述制得的 HBPEC、去离子水、氢氧化钠溶液（质量分数 40%）加到 100mL 的三口烧瓶中。搅拌并升温至一定的温度碱化 1h，接着逐滴加入一定量的 GTA 水溶液（质量分数 40%），继续在该温度下进行醚化反应。反应结束后，将制备的丁氧基化阳离子纤维素在室温下自然冷却，随后装入透析袋（截留分子量 8000 ～ 14000），用去离子水透析。待电导率仪测得透析液的电导率值小于 10μS/cm 时，将透析袋内水溶液倒入烧杯中，置于 60℃的烘箱中烘干。

（2）丁氧基化阳离子纤维素取代度的计算 丁氧基化阳离子纤维素中 BGE 和 GTA 的取代度按照式（2.12）和式（2.13）进行计算

$$MS_{BGE}=\frac{I_{H15}/3}{I_{H1}} \tag{2.12}$$

$$MS_{GTA}=\frac{I_{H19}/9}{I_{H1}} \tag{2.13}$$

式中，I_{H1} 为 AGU 上 H1 的积分面积；I_{H15} 为 BGE 上端位甲基的积分面积；I_{H19} 为 GTA 上端位甲基的积分面积。

2.3.1.2　丁氧基化阳离子纤维素衍生物的合成及工艺优化

丁氧基化阳离子纤维素衍生物的合成路线如图 2-80 所示：

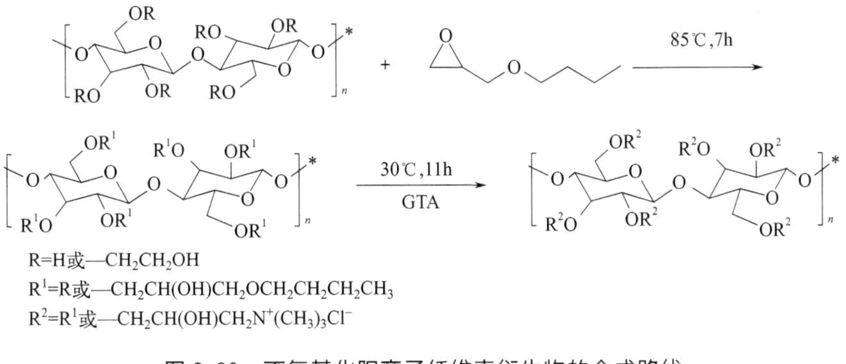

R=H或—CH_2CH_2OH

R^1=R或—$CH_2CH(OH)CH_2OCH_2CH_2CH_2CH_3$

R^2=R^1或—$CH_2CH(OH)CH_2N^+(CH_3)_3Cl^-$

图 2-80　丁氧基化阳离子纤维素衍生物的合成路线

由上述反应方程式可知，加入反应体系的NaOH溶液先与HEC上的羟基发生反应，从而夺得羟基中的氢离子，使氧负离子得以裸露，增加了其亲核性，能够促进反应的进行。此时，活性较大的氧负离子就会进攻BGE上的环氧环，从而形成HBPEC。接着，NaOH溶液活化了HBPEC上的羟基，使其变成氧负离子，进攻阳离子化试剂GTA，从而形成最终产物。

（1）丁氧基化阳离子纤维素合成的正交实验　由于HEC与BGE反应合成HBPEC的最佳工艺条件在2.1已有介绍，以下研究按其最佳反应条件进行。为优化工艺，对HBPEC与GTA的最佳合成条件进行了考察：取BGE的取代度为1.78的HBPEC-2，HBPEC-2与GTA投料的质量比为$m(GTA):m(HBPEC)=0.5$，详细研究了溶剂用量、氢氧化钠用量、反应时间和反应温度对丁氧基化阳离子纤维素衍生物上GTA取代度的影响。HBPEC与GTA合成丁氧基化阳离子纤维素衍生物的正交实验因素和结果分别如表2-14和表2-15所示。

表2-14　正交实验因素水平

水平	因素			
	A 水用量 $m(H_2O):m(HBPEC)$	B 碱用量 $m(NaOH):m(HBPEC)$	C 反应温度 /℃	D 反应时间 /h
1	5	0.15	10	8
2	10	0.35	30	10
3	15	0.55	50	12

表2-15　丁氧基化阳离子纤维素的正交实验结果

序号	水用量 $m(H_2O):m(HBPEC)$	碱用量 $m(NaOH):m(HBPEC)$	反应温度 /℃	反应时间 /h	MS
1	5	0.15	10	8	0.339
2	5	0.35	30	10	0.363
3	5	0.55	50	12	0.138
4	10	0.15	30	12	0.340
5	10	0.35	50	8	0.161
6	10	0.55	10	10	0.257
7	15	0.15	50	10	0.126
8	15	0.35	10	12	0.284
9	15	0.55	30	8	0.178
K_1	0.840	0.805	0.880	0.678	
K_2	0.758	0.808	0.881	0.746	

续表

序号	水用量 $m(H_2O)$：$m(HBPEC)$	碱用量 $m(NaOH)$：$m(HBPEC)$	反应温度 /℃	反应时间 /h	MS
K_3	0.588	0.573	0.425	0.762	
k_1	0.280	0.268	0.293	0.226	
k_2	0.253	0.269	0.294	0.249	
k_3	0.196	0.191	0.142	0.254	
极差	0.084	0.078	0.151	0.028	
因素主次顺序	反应温度 > 水用量 > 碱用量 > 反应时间				

如表 2-15 所示，MS_{BGE}=1.78，HBPEC 与 GTA 的投料比为 $m(GTA)$：$m(HBPEC)$=0.5 时，得到的丁氧基化阳离子纤维素衍生物的 GTA 的取代度在 0.126～0.363 范围内。由图 2-81 可以看出，随水溶剂的增加，GTA 取代度逐渐减小；随 NaOH 用量的增加，GTA 取代度先增加后减小；随温度的升高，GTA 的取代度也是先增加后减小；随反应时间的增加，GTA 的取代度是逐渐

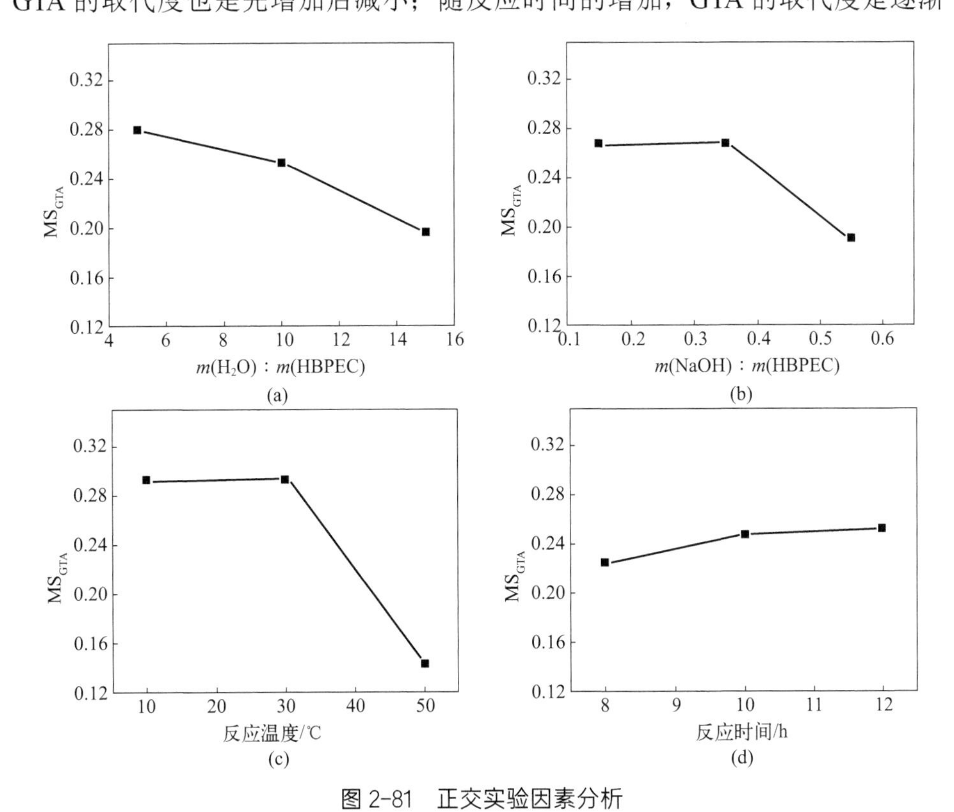

图 2-81　正交实验因素分析

（a）水用量；（b）碱用量；（c）反应温度；（d）反应时间

增加的。通过极差分析结果可知，A、B、C、D 四个因素对 GTA 取代度的影响主次顺序为：C（反应温度）> A（水用量）> B（碱用量）> D（反应时间），得到基准条件为 C2、A1、B2、D3，即反应温度为 30℃，$m(H_2O)$ ∶ m(HBPEC)=5，m(NaOH) ∶ m(HBPEC)=0.35，反应时间为 12h。以此基准条件为依据，对 HBPEC 与 GTA 反应的最佳条件进行单因素实验。

（2）反应温度对 GTA 取代度的影响　在 MS_{BGE}=1.78，m(GTA) ∶ m(HBPEC)=0.5，水用量 $m(H_2O)$ ∶ m(HBPEC)=5，碱用量 m(NaOH) ∶ m(HBPEC)=0.35，反应时间为 12h 的条件下，考察了反应温度对 GTA 取代度的影响。反应结果如图 2-82 所示。

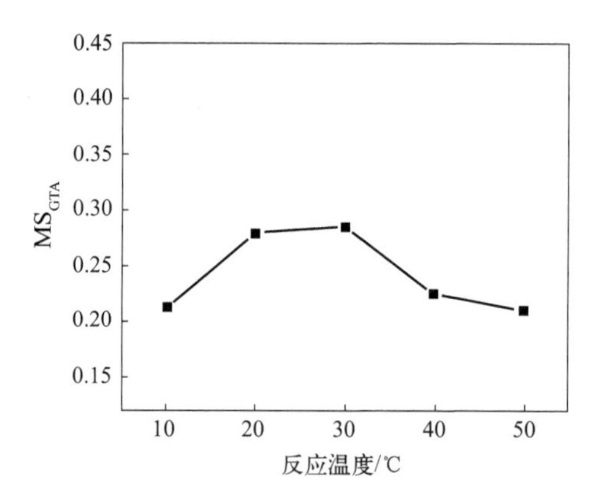

图 2-82　反应温度对 GTA 取代度的影响

如图 2-82 所示，GTA 的取代度随温度的升高出现先增加后减小的趋势，当温度为 30℃时，GTA 的取代度最大，此时 MS_{GTA}=0.285。这主要是因为升高温度，有利于 HBPEC 与 GTA 的热运动，使反应物分子之间的碰撞概率增加，从而提高反应的效率。其次，HBPEC 分子之间通过氢键相互连接，升高温度，有利于氢键的打开，使更多的活性位点裸露出来，从而使反应更容易进行。但是过高的温度，却会增加 GTA 开环反应的发生，使参加副反应的反应物分子增加，参加主反应的反应物分子减少，从而使得接枝在 HBPEC 上的 GTA 变少。因此，选择 30℃为最佳反应温度。

（3）溶剂用量对 GTA 取代度的影响　在 MS_{BGE}=1.78，m(GTA) ∶ m(HBPEC)=0.5，反应温度为 30℃，碱用量 m(NaOH) ∶ m(HBPEC)= 0.35，反应时间为 12h 的条件下，考察了水用量对 GTA 取代度的影响。反应结果如图 2-83 所示。

如图 2-83 所示，溶剂水的用量对 GTA 的取代度也有较大的影响。随着水用量的增加，GTA 取代度出现先增大后减小的趋势。当 $m(H_2O)$ ∶ m（HBPEC）=5 时，GTA 的取代度最大，为 0.42。溶剂水用量过少时，反应物 HBPEC 不

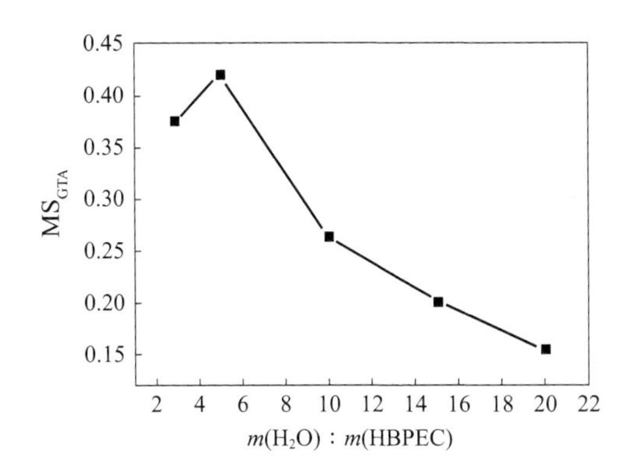

图 2-83　溶剂用量对 GTA 取代度的影响

能充分溶胀，反应体系黏度较大，传质较难，GTA 分子不能充分与 HBPEC 反应，所以 GTA 取代度较小。随着溶剂用量的增加，HBPEC 的溶胀越来越充分，传质越来越快，GTA 小分子与 HBPEC 化合物碰撞的概率增加，两者反应的效率以及 GTA 的取代度也就随着水用量的增多而增大。但当溶剂水用量过多时，GTA 与水发生开环反应的概率增加，所以使 GTA 的取代度呈减小的趋势。因此，选择 $m(H_2O)$∶m(HBPEC)=5 为最佳水用量。

（4）碱用量对 GTA 取代度的影响　在 MS_{BGE}=1.78，m(GTA)∶m(HBPEC)=0.5，反应温度为 30℃，水用量 $m(H_2O)$∶m(HBPEC)=5，反应时间为 12h 的条件下，考察了碱用量对 GTA 取代度的影响。反应结果如图 2-84 所示。

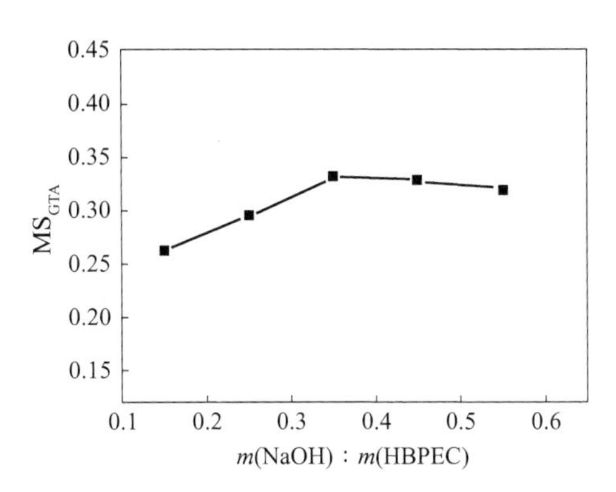

图 2-84　碱用量对 GTA 取代度的影响

由图 2-84 可知，GTA 的取代度随碱用量的增加，出现先快速增大后缓慢减小的趋势。当 m(NaOH)∶m(HBPEC)=0.35 时，MS_{GTA} 取得最大值 0.330。出现这种现象的原因是 NaOH 能与 HBPEC 上的羟基反应，使氧负离子裸露出来。增加 NaOH 的用量，能使更多的氧负离子裸露出来，这增加了反应的活性位点的数量，所以就会有更多的 GTA 与 HBPEC 反应，GTA 的取代度也就随着碱用量的增加而增加。但是，GTA 在碱性条件下能够开环，发生自身缩聚反应。当 NaOH 用量过多时，GTA 自身反应的分子数增加，与 HBPEC 反应的分子数反而减少，所以 GTA 的取代度又呈减小的趋势。因此，GTA 与 HBPEC 反应过程中，最佳碱用量为 $m(\mathrm{NaOH}):m(\mathrm{HBPEC})=0.35$。

（5）反应时间对 GTA 取代度的影响 在 $MS_{BGE}=1.78$，$m(\mathrm{GTA}):m(\mathrm{HBPEC})=0.5$，反应温度为 30℃，水用量 $m(H_2O):m(\mathrm{HBPEC})=5$，碱用量 $m(\mathrm{NaOH}):m(\mathrm{HBPEC})=0.35$ 的条件下，考察了反应时间对 GTA 取代度的影响。反应结果如图 2-85 所示。

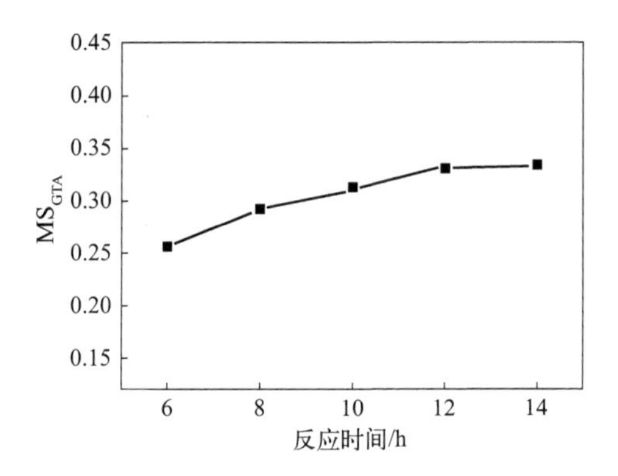

图 2-85 反应时间对 GTA 取代度的影响

如图 2-85 所示，GTA 的取代度随反应时间的增加先增大，随后几乎不变。这主要是因为随着时间的增加，HBPEC 溶胀更充分。此时，更多的 GTA 小分子会渗透到 HBPEC 聚合物的内部，与 HBPEC 上的羟基发生反应，所以 GTA 的取代度会增加。但当时间超过 12h 后，GTA 取代度随时间的增加而几乎不再变化，这是由于 HBPEC 在 12h 时已经达到溶胀饱和状态。所以，最佳反应时间为 12h。

综上所述，在 $MS_{BGE}=1.78$，$m(\mathrm{GTA}):m(\mathrm{HBPEC})=0.5$ 的条件下，最佳反应温度为 30℃，最佳溶剂水用量为 $m(H_2O):m(\mathrm{HBPEC})=5$，最佳碱用量为 $m(\mathrm{NaOH}):m(\mathrm{HBPEC})=0.35$，最佳反应时间为 12h。

2.3.1.3 TPBCC 和 TTBCC 的制备及表征

（1）TPBCC 和 TTBCC 的制备 在上述最佳反应条件下，以 HBPEC-1 和 GTA 为原料，通过加入不同质量的 GTA 水溶液（质量分数为 40%），制得以下 3 种产品：TPBCC-1（0.25g GTA 水溶液），TPBCC-2（0.5g GTA 水溶液），TPBCC-3（0.75g GTA 水溶液）；以 HBPEC-2 和 GTA 为原料，通过加入不同质量的 GTA 水溶液（质量分数为 40%），制得以下 4 种产品：TTBCC-1（1.0g

GTA 水溶液），TTBCC-2（1.5g GTA 水溶液），TTBCC-3（2.0g GTA 水溶液），TTBCC-4（2.5g GTA 水溶液）。

（2）TPBCC 和 TTBCC 的表征

① 核磁共振谱图分析　将 TPBCC 和 TTBCC 的 ^{1}H-NMR 进行对比，结果如图 2-86 所示。化学位移 δ4.50 ～ 4.70 处是脱水葡糖单元 (AGU)H1 的峰，δ3.30 ～ 4.10 之间的多重峰是 HEC 上 H2 ～ H8、BGE 上 H9 ～ H12 和 GTA 上 H16 ～ H18 的峰。δ3.20 处是与 N 相连的甲基 H19 的特征峰，说明两者中均有 GTA。δ1.46、1.30、0.86 处分别是丁氧基中末端的亚甲基 H13、H14 和甲基 H15 的峰，说明两者中均有 BGE。由 δ0.86 和 3.20 处的积分大小，根据式（2.12）和式（2.13），可以计算出 BGE 和 GTA 的取代度。通过对比分析 TPBCC 和 TTBCC 的核磁氢谱图可知，两者的结构相似，都在 δ0.86 和 3.20 处出现了特征峰，证明两者均含有 BGE 和 GTA。

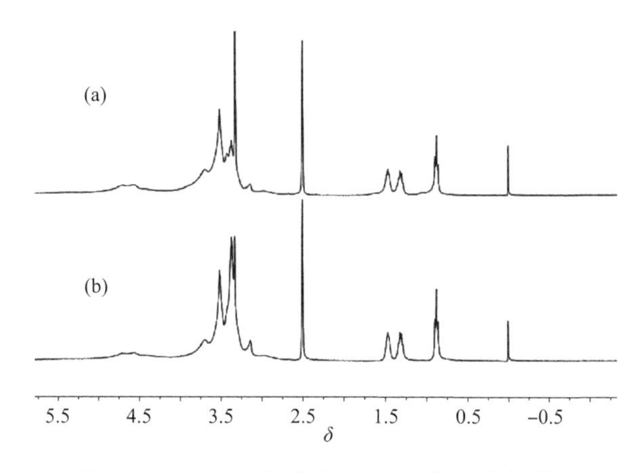

图 2-86　TPBCC（a）和 TTBCC（b）的氢谱图

② FTIR 分析　TPBCC 和 TTBCC 的红外谱图如图 2-87 所示。由图 2-87 可知，3427cm^{-1} 处是 O—H 的伸缩振动峰；2940cm^{-1} 和 2876cm^{-1} 处是—CH 的伸缩振动峰；—$N^+(CH_3)_3$ 的强吸电子能力，会使与—$N^+(CH_3)_3$ 相连的—CH_2—的弯曲振动峰移到 1467cm^{-1} 处，证明 GTA 已接枝成功；1133cm^{-1} 处出现 C—O—C 的不对称伸缩振动峰；1070cm^{-1} 处出现 C—O 的伸缩振动峰，证明 BGE 已接枝在 TPBCC 和 TTBCC 上。

对比 TPBCC 和 TTBCC 的红外谱图可知，两者的出峰位置是一样的，均在 1467cm^{-1} 和 1133cm^{-1}、1070cm^{-1} 出现了 GTA 和 BGE 的特征峰，证明两者均已成功接枝 GTA 和 BGE。不同的是，在 3427cm^{-1} 和 1620cm^{-1} 处出现的峰的大小不一样。TTBCC 的峰强大于 TPBCC 的峰强，这可能是因为 TTBCC 接枝的 GTA 更多，而 GTA 的吸水性极强，所以 TTBCC 在这两处出现的峰强要

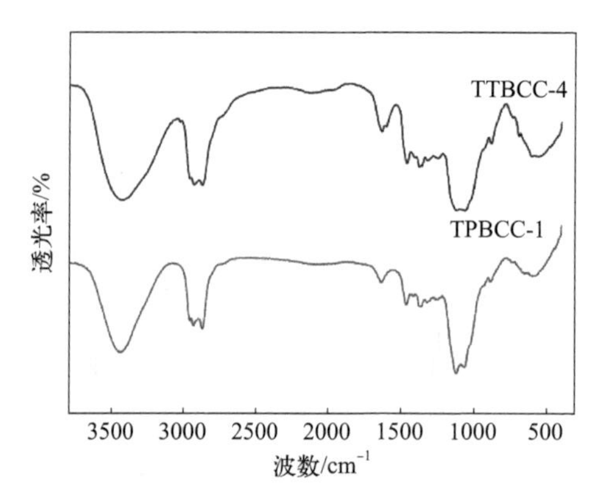

图 2-87　TPBCC-1 和 TTBCC-4 的红外谱图

大于 TPBCC。

③ XRD 分析　HEC、TPBCC-1 和 TTBCC-4 的 XRD 谱图如图 2-88 所示。由图 2-88 可知，HEC、TPBCC 和 TTBCC 均在 2θ=20.6°处出现了衍射单峰，这是由于分子规整排列以及氢键作用导致的。从图中可以看出，TPBCC 的衍射峰强度要小于 HEC，这是因为 GTA 的接枝，削弱了聚合物分子间的氢键作用。TTBCC 的衍射强度明显小于 TPBCC，也可说明 TTBCC 上 GTA 的取代度更大。

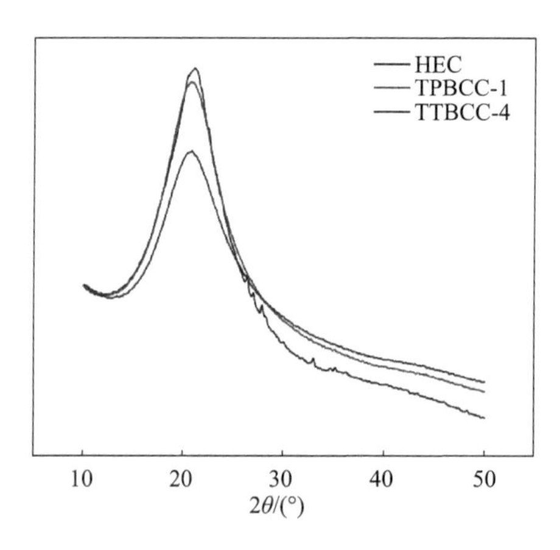

图 2-88　HEC、TPBCC-1 和 TTBCC-4 的 X 射线衍射图

④ 热重分析　TPBCC 和 TTBCC 的热重分析如图 2-89 所示。从图 2-89 中可以看出，TTBCC（294℃）的热稳定性较 TPBCC（330℃）的热稳定性略低。分子有序紧密排列，欲破坏高度有序的晶体结构需要更多的能量。由图 2-88 可知，TPBCC 的结晶度比 TTBCC 的大，所以 TPBCC 的热稳定性较高。

⑤ TPBCC 和 TTBCC 的水溶性及温度敏感性初探　通过在聚合物主链中

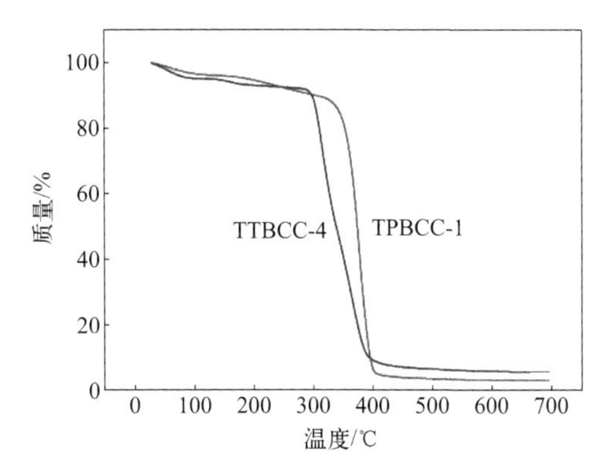

图 2-89　TPBCC-1 和 TTBCC-4 的热重分析图

接入亲水或疏水基团，从而调节亲水-疏水平衡，就能制得温度响应型聚合物。根据接入亲水、疏水基团比例的不同，又可以制得性能不同的热析出型和热增稠型两种温敏产物。为此，对 TPBCC 和 TTBCC 的水溶性、热析出性能及热增稠性能进行了初步探究。

由表 2-16 可以看出，TPBCC 和 TTBCC 这两种聚合物均能够溶于水。从 TPBCC-1 到 TPBCC-3，MS_{GTA}/MS_{BGE} 从 0.015 增加到 0.046；从 TTBCC-1 到 TTBCC-4，MS_{GTA}/MS_{BGE} 从 0.067 增加到 0.180。TTBCC 的 MS_{GTA}/MS_{BGE} 的值大于 TPBCC。这导致了 TPBCC 具有热析出性能，没有热增稠性能；TTBCC 具有热增稠性能而没有热析出性能。

表 2-16　TPBCC 和 TTBCC 的特性

	MS_{GTA}	MS_{BGE}	MS_{GTA}/MS_{BGE}	水溶性	增稠性能	析出性能
TPBCC-1	0.03	1.97	0.015	溶	无	有
TPBCC-2	0.05	1.97	0.025	溶	无	有
TPBCC-3	0.09	1.97	0.046	溶	无	有
TTBCC-1	0.12	1.78	0.067	溶	有	无
TTBCC-2	0.15	1.78	0.084	溶	有	无
TTBCC-3	0.23	1.78	0.129	溶	有	无
TTBCC-4	0.32	1.78	0.180	溶	有	无

2.3.2　TPBCC 和 TTBCC 的温度响应性能研究

本节以热析出型聚合物 TPBCC 和热增稠型聚合物 TTBCC 为研究对象，分别考察了不同的亲水-亲油平衡值、聚合物浓度、小分子添加剂 NaCl 浓度等对聚合物 TPBCC 和 TTBCC 的温度响应性能的影响，其次还考察了 TPBCC 和 TTBCC 的升温-降温循环过程，最后对 TTBCC 的表面活性进行了探究。

2.3.2.1 测试方法

（1）TPBCC 的 LCST 测试　将 TPBCC 配制成一定浓度的水溶液，用中和滴定仪测定其透光率随温度的变化，控制照射波长为 590nm。与透光率 50% 处对应的温度值即为此样品的 LCST 值。

（2）TTBCC 的黏度测试　配制一定浓度的 TTBCC 水溶液，用流变仪与控温水箱相连，设置升温速率为 1℃ /min，对溶液进行黏度测试。

（3）TTBCC 的表面张力测试　将铂金板用去离子水冲洗后，再用酒精灯灼烧至变红。将冷却的铂金板挂在天平挂钩上，将配好的 100mL 溶液倒入表面皿中，用表界面张力仪进行测量。

2.3.2.2 TPBCC 的热析出行为

在照射波长为 590nm 的条件下，考察了 GTA 取代度、TPBCC 质量浓度、NaCl 浓度和升温速率对 TPBCC 热析出性能的影响。

（1）GTA 取代度对 TPBCC 热析出性能的影响　在 TPBCC 质量浓度为 20g/L，升温速率为 1℃ /min 的条件下，考察了 GTA 取代度对热析出性能的影响。结果如图 2-90 所示。

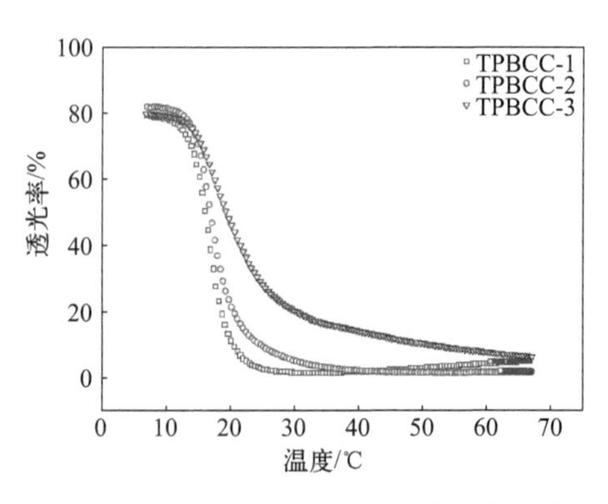

图 2-90　MS_{GTA} 对 TPBCC 的透光率随温度变化的影响

由图 2-90 可以明显看出，温度较低时，TPBCC 在不同的取代度下的透光率都较高；但随着温度升高到一定的范围内，透光率会急剧降低，后逐渐趋于平缓。这主要是因为在 LCST 值以下，TPBCC 与水分子之间形成了很强的氢键，TPBCC 分子被溶剂化，在水中具有较好的溶解性；但当温度升高到 LCST 以上时，TPBCC 与水分子之间的氢键遭到了破坏，变成了以分子之间的氢键和疏水作用为主，亲水性下降，TPBCC 水溶液由澄清逐渐变得浑浊。不同的是，由 TPBCC-1 到 TPBCC-3，其 GTA 取代度由 0.03 增加到 0.09，其温度响应速度越来越慢，LCST 值由 15.5℃增加到 19℃。出现这种现象的原因是：接枝到 TPBCC 上的 GTA 是阳离子亲水基团，在水溶液中，这种阳离子亲水基团越多，TPBCC 与水分子的结合能力越强，TPBCC 分子间的排斥能力越强，TPBCC 分子的水溶性越好。因此，要想破坏 TPBCC 与水分子的相互作用，从而使 TPBCC 分子之间相互聚合，则需要更多的能量。因此，TPBCC 的 LCST 值随着 GTA 取代度的增加而降低。

（2）TPBCC 质量浓度对 TPBCC 热析出性能的影响　在 TPBCC-2 的 GTA 取代度为 0.05，升温速率为 1℃ /min 的条件下，考察了质量浓度对热析出性能的影响。结果如图 2-91 所示。

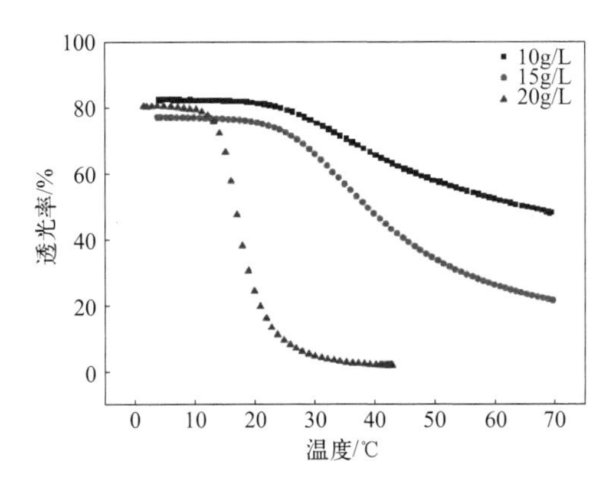

图 2-91　质量浓度对 TPBCC 的透光率随温度变化的影响

由图 2-91 可以看出，TPBCC 的 LCST 随质量浓度的增加而降低。当 TPBCC 的质量浓度为 10g/L、15g/L 和 20g/L 时，其 LCST 值分别为 58.5℃、38.8℃和 18℃。而且在所测温度范围内，其最小透光率分别为 48.23%、21.79% 和 1.77%。这主要是由于浓度越大，TPBCC 分子之间的有效碰撞越强，更容易形成分子间疏水缔合作用，所以 LCST 值越低，最小透光率越低。

（3）NaCl 浓度对 TPBCC 热析出性能的影响　在 TPBCC-2 质量浓度为 20g/L，GTA 取代度为 0.05，升温速率为 1℃ /min 的条件下，考察了 NaCl 浓度对热析出性能的影响。结果如图 2-92 所示。

由图 2-92 可以明显看出，随着 NaCl 浓度的增加，TPBCC 的热析出行为变得更加敏感（透光率曲线变得越来越窄），LCST 也由 18℃降低到 16.2℃，这是体系中存在 NaCl 造成的。没有 NaCl 分子存在时，TPBCC 分子与水分子之间能形成较强的氢键作用，TPBCC 水化作用较强。但当在体系中引入 NaCl 分子后，阴离子（Cl^-）会与部分水分子形成氢键。Cl^-与TPBCC 两者之间构成了竞争关系，所以会使得原先与水结合的部分 TPBCC 分子脱水，变为不溶物。当加入 NaCl 后，TPBCC 与水的表面张力也会减小，此时的体系是不稳定的。此时，TPBCC 分子会收缩来减小自身的体表面积，以期再次达到平衡，这也叫做盐析作用，和蛋白质的盐析作用类似。和上述改变取代度和改变浓度两种调节 LCST 的方式相比较，很明显这种调节盐浓度的方式会更加简单、方便。

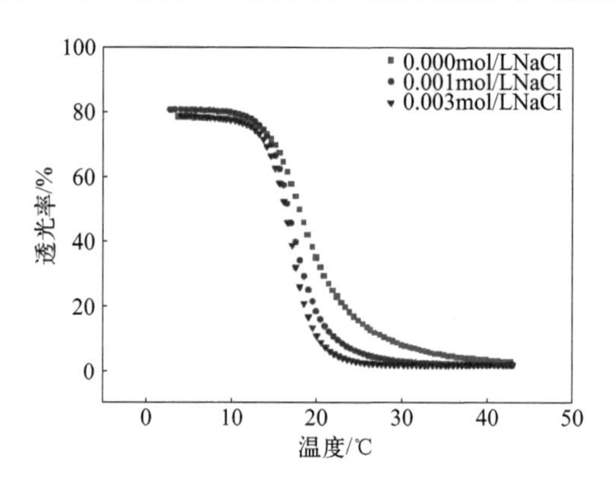

图 2-92 NaCl 浓度对 TPBCC 的透光率随温度的变化的影响

（4）升温速率对 TPBCC 热析出性能的影响 在 TPBCC-2 质量浓度为 20g/L，GTA 取代度为 0.05 的条件下，考察了升温速率对热析出性能的影响。结果如图 2-93 所示，当升温速率从 1℃ /min 增大到 3℃ /min 时，TPBCC 的 LCST 值均为 18℃，且其响应速度也没有改变。由此可知，TPBCC 的热析出行为与升温速率无关。

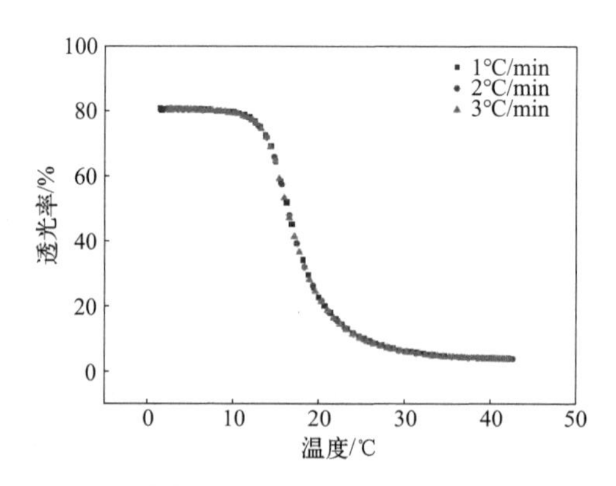

图 2-93 升温速率对 TPBCC 的透光率随温度变化的影响

2.3.2.3 TPBCC 的热析出行为的可逆性

将 TPBCC-2 配制成 20g/L 的水溶液 100mL，NaCl 浓度为 0.0001mol/L，设

置升温速率为 1℃ /min。取 50mL 的 TPBCC 水溶液倒进测试杯中，进行透光率随温度升高的可循环性测试。每次实验结束后，用冰水冷却至 5℃以下，接着进行下一次实验，如此重复三次，实验结果如图 2-94 所示。

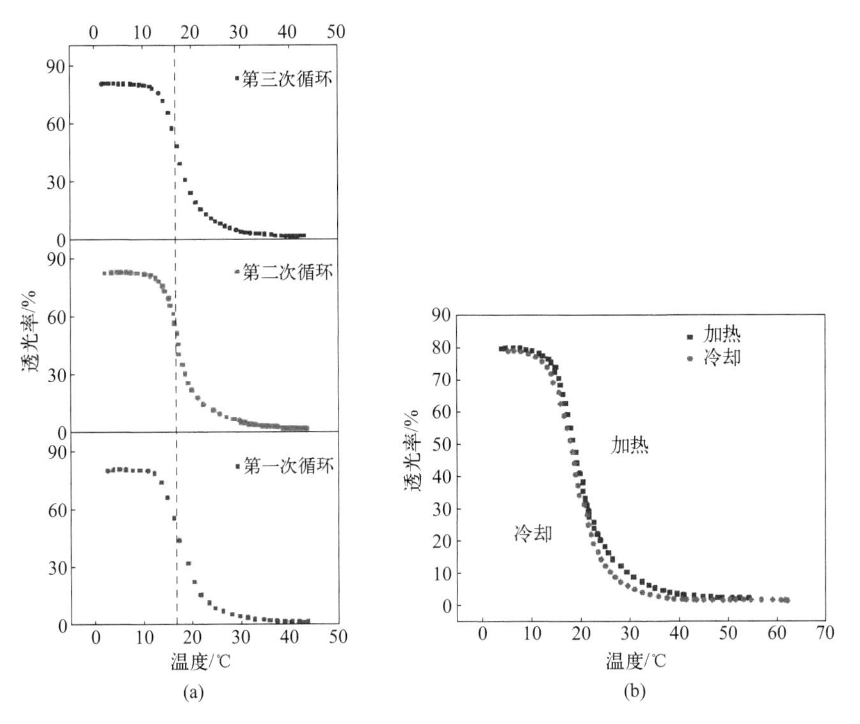

图 2-94　TPBCC 水溶液的透光率随温度升高的循环曲线（a）及 TPBCC 水溶液的透光率随温度升高和降低的变化曲线（b）

由图 2-94（a）可以看出，经过几次升温-降温循环实验后，LCST 值保持不变，均为 18℃。这说明了 TPBCC 的热析出性能具有良好的可循环性。图 2-94（b）是 TPBCC 水溶液的透光率随温度升高和降低的变化曲线。由图 2-94（b）可知，在温度为 12℃以下时，TPBCC 水溶液的透光率可达 80%，随着温度升高到 20℃以上，其透光率仅为 2% 左右。但当温度再次降低到 10℃以下时，其透光率可达初始值。这是因为温度的高低影响了 TPBCC 分子与水分子之间的氢键、TPBCC 分子间的氢键以及疏水作用三者之间的平衡。低温时，以 TPBCC 与水分子之间的氢键作用为主，透光率较高；高温时，以 TPBCC 分子间的氢键和疏水作用为主，所以透光率下降。因为氢键的断裂及形成是可逆的，所以热析出就是可逆的。在图中可以明显看出，降温之后，其透光率不能马上达到升温过程的透光率，这是因为 TPBCC 由卷缩变为舒展状态，需要一定的额外能量。但是两个过程的 LCST 值基本是一致的。

2.3.2.4 TTBCC 的热增稠行为

在升温速率为 1℃ /min 的条件下，考察了 GTA 取代度、TTBCC 质量浓度、NaCl 浓度、剪切速率对 TTBCC 热增稠性能的影响。

（1）GTA 取代度对 TTBCC 热增稠性能的影响　在 TTBCC 质量浓度为 15g/L，剪切速率为 200S^{-1} 的条件下，考察了 GTA 取代度对热增稠性能的影响。结果如图 2-95 所示。

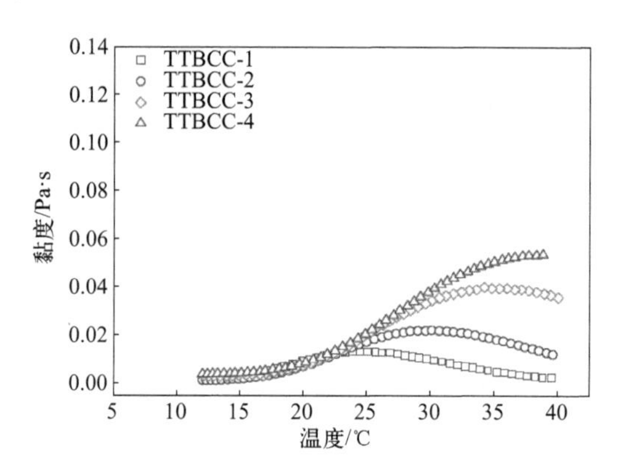

图 2-95　不同取代度的 TTBCC 水溶液的黏度随温度的变化曲线

热增稠能力大小可用 η_{max}/η_{min} 来表征。其中，η_{max} 表示最高黏度值，η_{min} 为最低黏度值。由图 2-95 可知，TTBCC 水溶液的黏度随温度的升高出现先增大后减小的趋势，且 GTA 的取代度越大，热增稠现象越明显。产生这种现象的原因可归结为，疏水化的 HBPEC 接枝了阳离子基团后，由于阳离子基团具有较强的亲水性及阳离子基团间的静电排斥作用，使 TTBCC 在温度较低的情况下具有较好的水溶解性。随着温度升高，丁氧基间的疏水缔合作用增强，高分子间产生物理交联，导致聚合物分子流体力学体积增大，从而出现黏度上升的现象。但当温度过高时，疏水缔合作用过强，使得 TTBCC 析出，发生相分离，导致溶液黏度下降。值得一提的是，由端丙烯酰胺基聚（*N*-异丙基丙烯酰胺）和丙烯酰胺共聚得到的系列热增稠型聚合物 GPAM0305、GPAM0505 和 GPAM0905 的 η_{max} 分别约为 16mPa • s、23mPa • s 和 26mPa • s，η_{max}/η_{min} 分别约为 2.0、1.4 和 1.3。以上研究制备的 TTBCC-4，在质量浓度为 15g/L、温度为 40 ℃时，η_{max} 可达 54mPa • s，η_{max}/η_{min} 高达 7.0。可见，TTBCC 的增稠效果优于 GPAM0305、GPAM0505 和 GPAM0905，具有更大的应用价值。但从 TTBCC-4 至 TTBCC-1，η_{max}/η_{min} 从 7.0 减小到 1.5；T_{max} 逐渐降低，分别为 40℃、35℃、30℃和 25℃。这是由于从 TTBCC-4 到 TTBCC-1，阳离子基团取代度逐渐减小，TTBCC 分子中疏水基团相对较多，高分子疏水性强、亲水性弱，疏水缔合作用会更容易发生，从而导致 T_{max} 逐渐降低。

（2）TTBCC 浓度对 TTBCC 热增稠性能的影响　以 TTBCC-4 为代表，在 GTA 取代度为 0.32，剪切速率为 200S^{-1} 的条件下，考察了 TTBCC 质量浓度对 TTBCC 热增稠性能的影响。结果如图 2-96 所示。

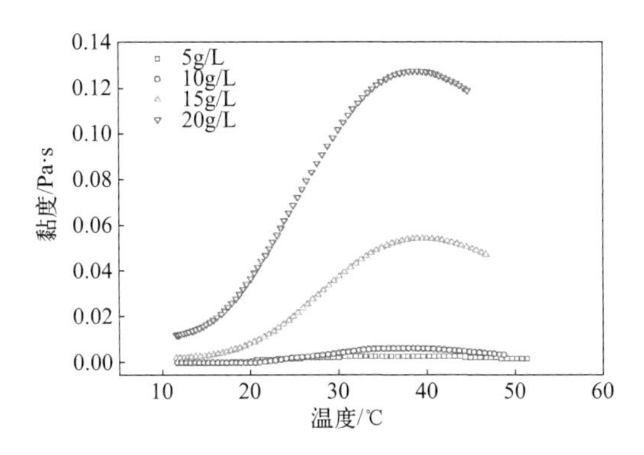

图 2-96　不同浓度 TTBCC-4 水溶液的黏度随温度的变化曲线

如图 2-96 所示，当 TTBCC-4 质量浓度从 5g/L 增加到 20g/L 时，η_{min} 从 1mPa・s 增大到 10mPa・s，而 η_{max} 从 3mPa・s 增大到 130mPa・s，即随浓度增加，η_{max}/η_{min} 从 3 增大至 13，即在较低浓度下，TTBCC 的热增稠性不明显，只有在一定浓度以上时才有较显著的热增稠性。这主要是因为在较高质量浓度的 TTBCC 溶液中，侧基疏水链间的疏水作用较强，缠结程度也较强，在宏观上表现为溶液的增稠现象。而在稀溶液中，侧基疏水链间的缔合主要发生在分子内，故不能产生增稠作用。

（3）NaCl 浓度对 TTBCC 热增稠性能的影响　以 TTBCC-4 为代表，在 GTA 取代度为 0.32，TTBCC-4 质量浓度为 20g/L（由于在 15g/L 的 TTBCC 水溶液中，即使加入低浓度盐溶液也会使 TTBCC 的 η_{max} 迅速降低接近 η_{min}，使得曲线变化不明显，因此选择 20g/L 的 TTBCC 水溶液），剪切速率为 200S^{-1} 的条件下，考察了 NaCl 浓度对 TTBCC 热增稠性能的影响。结果如图 2-97 所示。

如图 2-97 所示，当 NaCl 浓度逐渐增至 0.020mol/L 时，η_{max}/η_{min} 分别从 20.0 减小至 1.2，热增稠性能明显下降。产生这一现象的原因是：TTBCC 溶液中加入 NaCl，静电屏蔽效应增强，高分子链在水溶液中缠结，从而导致 TTBCC 的黏度降低和热增稠性能削弱。当 NaCl 浓度从 0mol/L 提高至 0.020mol/L 时，T_{max} 从 40℃降低至 18℃，这是由于加盐的高分子水溶液中发生了盐析现象，疏水缔合能降低，使 TTBCC 更容易发生疏水缔合作用。

（4）剪切速率对 TTBCC 热增稠性能的影响　以 TTBCC-4 为代表，在 GTA 取代度为 0.32，TTBCC 质量浓度为 15g/L，不加 NaCl 的条件下，考察了不同温

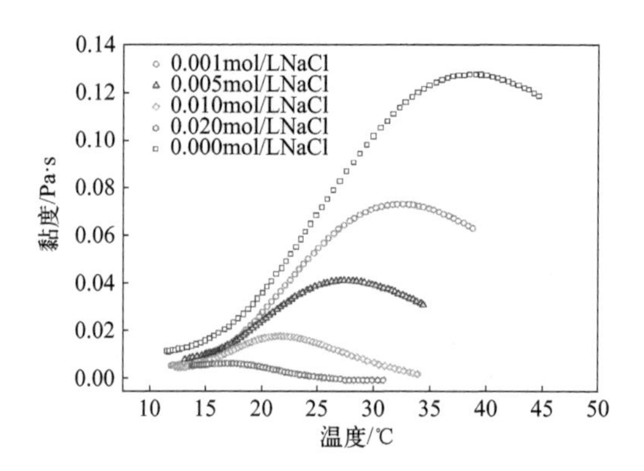

图 2-97　不同 NaCl 浓度对 TTBCC-4 热增稠性能的影响

度下剪切速率对 TTBCC 热增稠性能的影响，结果如图 2-98 所示。

由图 2-98 可知，18℃下，TTBCC 未表现出热增稠现象；而 28℃下，TTBCC 的热增稠效果比较明显。无论是在 18℃还是 28℃条件下，TTBCC-4 溶液的黏度随剪切力的增大均减小，表现出明显的剪切变稀特性。与 18℃相比，在 28℃下，TTBCC 的黏度更高，当剪切速率较低时，TTBCC 水溶液黏度具有较好的抗剪切能力，这是疏水缔合作用的结果。当在高剪切速率下，28℃下的 TTBCC 水溶液黏度下降程度较大，即高温时 TTBCC 表现出更为明显的剪切速率敏感性。这是因为疏水缔合形成的物理交联网络较弱，在较大外加剪切应力的条件下，网络结构被破坏，使得 TTBCC 水溶液黏度显著降低。

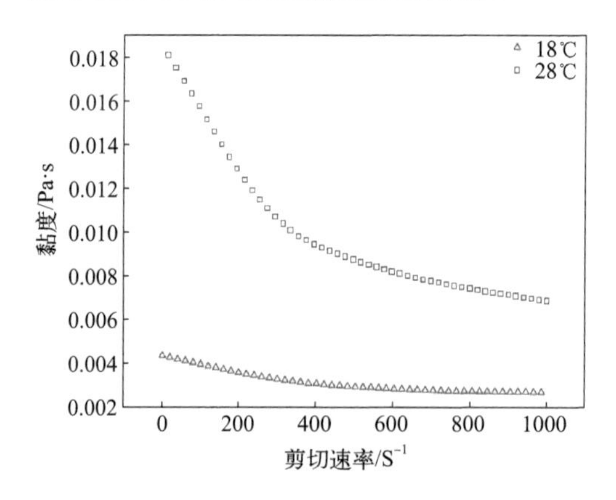

图 2-98　TTBCC-4 水溶液的黏度随剪切速率的变化

2.3.2.5　TTBCC 的热增稠行为的可逆性

将 TTBCC-4 配制成 15g/L 的样品溶液 250mL，取其中的一部分进行 TTBCC-4 水溶液的黏度随温度升高的循环测试。每次实验结束后，用冰水冷却至 10℃

后，接着进行下一次实验，如此重复四次，实验结果如图 2-99（a）所示。由图可以看出，经过几次升温-降温循环实验后，TTBCC 溶液的最大和最小黏度值基本保持不变。这说明了其水溶液的热增稠性具有良好的可循环性。图 2-99（b）为 TTBCC-4 水溶液的黏度随温度变化的升温-降温循环曲线。由图中可以看出，溶液的最大和最小黏度值基本没有发生改变，这表明 TTBCC 水溶液的温度敏感相分离行为具有良好的可逆性。需要注意的是，在此过程中，升温过程测得的溶液-凝胶温度值会略高于降温过程的溶液-凝胶温度值，降温相对于升温过程表现为一定的温度滞后现象。温度响应型聚合物 TTBCC 的水溶液在升温过程中分子链的水合作用减弱，分子间的氢键作用和疏水作用增强，使分子发生聚集，宏观表现为黏度的增强。在冷却过程中，与升温过程正好相反，分子间的氢键作用减弱，分子链与水的溶剂化作用增强，亲水性随之增强，由此表现为黏度的下降。因为聚集的聚合物再次溶解到水中，需要额外的热量来破坏聚合物链段之间的氢键，所以降温过程稍滞后于升温过程。

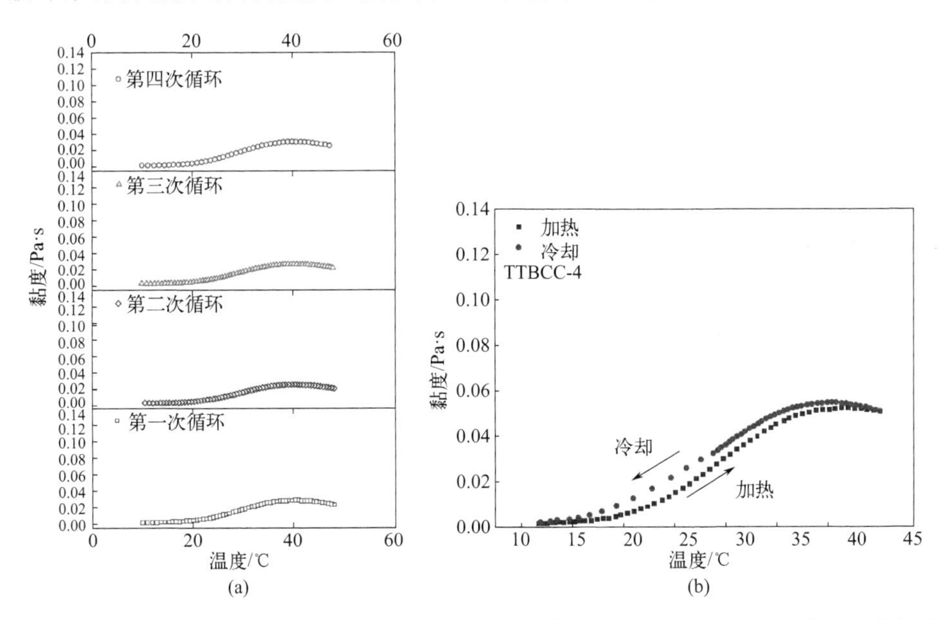

图 2-99　TTBCC-4 水溶液的黏度随温度升高的循环曲线（a）及 TTBCC-4 水溶液的黏度随温度升高和降低的变化曲线（b）

2.3.2.6　TTBCC 的表面张力

由图 2-100（a）可知，在 25℃时，TTBCC-4 水溶液的表面张力随浓度的增大而减小。通过测定不同浓度值时表面张力的大小，求出在此温度下 TTBCC-4 的临界胶束浓度为 0.14g/L。然后测定在浓度为 0.14g/L 时，表面张力的大小随温度的变化情况。由图 2-100（b）可知，随着温度的增加，TTBCC-4 的表面张力先是缓慢减小，当达到 25℃时，表面张力迅速减小，在 30℃以后，表面张力随温度的变化又变得不明显，这是温度响应型聚合物由低温下的亲水性作用较强，转化为疏水性作用为主的缘故。

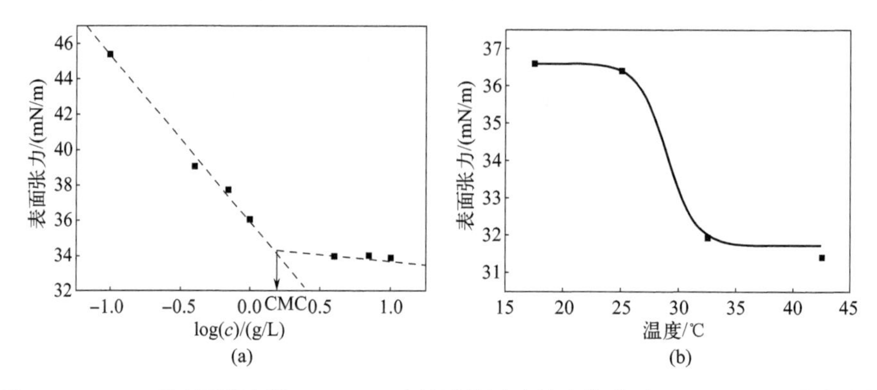

图 2-100 25℃时表面张力随 TTBCC-4 水溶液的浓度的变化（a）及 TTBCC-4 水溶液的表面张力随温度的变化（b）

2.3.3 TPBCC 的絮凝性能研究

在水处理中，絮凝剂的加入会使固体颗粒产生聚集体，从而提高沉降速度。但传统的絮凝剂聚集的固体颗粒和水分子之间存在较强的氢键作用，致使大量的水分子被保留在絮体中，且不易与絮体分离，这大大增加了絮体的体积，给后续的处理工作带来不便。而热析出型聚合物作为絮凝剂用于水处理中，可以很好地解决这一问题。温度响应型絮凝剂在温度较低时，与传统絮凝剂一样，以固体颗粒间的吸引力为主，能使颗粒快速沉降；当温度较高时，以聚合物分子间的氢键和疏水作用为主，絮体收缩，絮体中的大量水分因此被挤出絮体。将上层清液移除，温度降低，固体颗粒间的斥力重新形成，絮体破裂，絮体中的含水量再次减小，这大大地缩小了絮体的体积。

本节以上述合成的热析出型聚合物 TPBCC 为研究对象，考察了 TPBCC 在水处理体系中作为絮凝剂的应用。

2.3.3.1 研究方法

将 TPBCC-1、TPBCC-2、TPBCC-3 和阳离子化羟乙基纤维素（CHEC，其中阳离子化试剂 GTA 的取代度与 TPBCC-1 相同）配制成质量浓度为 1g/L 的水溶液待用。配制质量浓度为 250mg/L 的高岭土悬浮液，用浊度仪测得其浊度为 246NTU。处理后的高岭土悬浮液放在搅拌台上持续搅拌。将高岭土悬浮液处理为不同温度和不同的 pH 值。用量筒量取 100mL 的一定温度和 pH 的高岭土悬浮液，加入放在搅拌台上的 250mL 烧杯中，将转速调至 150r/min，搅拌 5min 后加入一定量的 TPBCC 和 CHEC 水溶液，继续在该转速下搅拌 10min，而后将转速调至 50r/min，搅拌 20min 后停止。静置一定时间后，测定其中间液的浊度。考察 GTA 取代度、TPBCC 和 CHEC 用量、絮凝时间、絮凝温度和 pH 对絮凝效果的影响。

2.3.3.2 影响 TPBCC 絮凝性能的因素

（1）GTA 取代度、TPBCC 和 CHEC 用量对絮凝性能的影响　在絮凝时间为 40min，絮凝温度为 10℃，pH 为 7 的条件下，考察了 GTA 取代度、TPBCC 和 CHEC 用量对絮凝效果的影响，结果如图 2-101 所示。由图 2-101 可知，在高岭土悬浊液中加入 TPBCC-1、TPBCC-2、TPBCC-3 和 CHEC 均能使高岭土悬浊液的浊度降低。但随着 TPBCC 和 CHE 投药量的增加，高岭土的浊度出现先减小后增加的趋势。当体系中加入过多的含有一定阳离子基团的絮凝剂 TPBCC 时，絮凝剂上出现过多的活性位点。由于阳离子基团间的静电排斥作用，原来稳定的高岭土颗粒就会变得不稳定，从而出现浊度增大的情况。从 TPBCC-1 到 TPBCC-3（MS_{GTA} 分别为 0.03、0.05 和 0.09），其最佳投药量均为 0.02mg/L；随着 GTA 取代度的增大，高岭土悬浊液体系的最小浊度值分别为 72.5NTU、68.8NTU 和 56.6NTU。这是因为在合适的投药量范围内，GTA 的取代度越大，阳离子基团越多，活性位点就越多，就会有更多的高岭土颗粒与絮凝剂通过吸附架桥的作用而沉降。值得注意的是，CHEC 的絮凝效果不如 TPBCC，主要原因是 CHEC 分子之间没有架桥作用，所以絮凝效果较差。

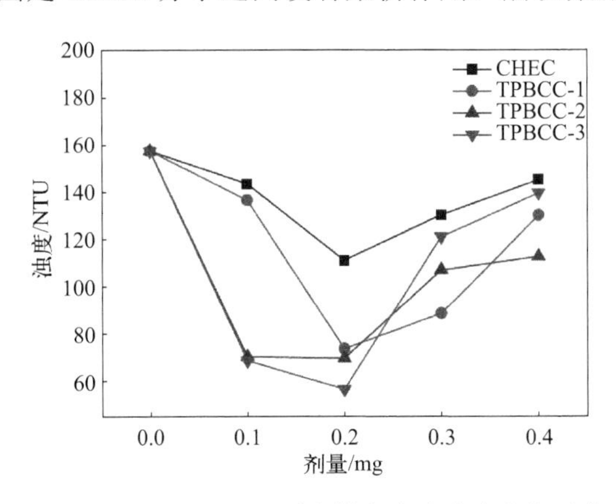

图 2-101　TPBCC 用量对高岭土水溶液浊度的影响

（2）时间对 TPBCC 絮凝性能的影响 在 TPBCC 和 CHEC 为最佳用量（即

0.02mg/L），絮凝温度为10℃，pH为7的条件下，考察了絮凝时间对絮凝效果的影响，结果如图2-102所示。

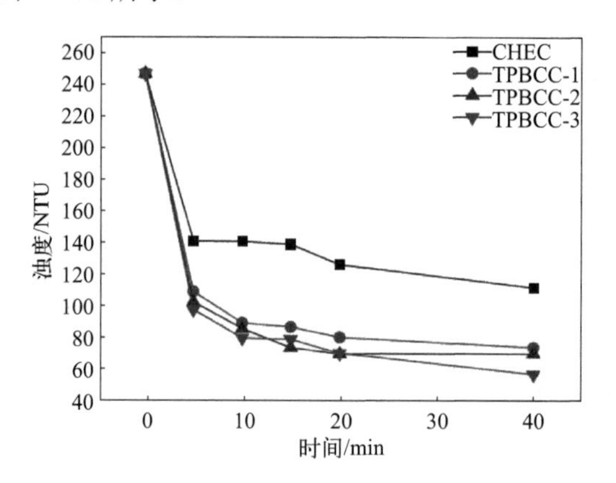

图2-102 絮凝时间对高岭土水溶液浊度的影响

由图2-102可知，分别加入TPBCC和CHEC的高岭土悬浊液的浊度均随时间的增加而减小。这是因为时间越长，就会有更多的高岭土颗粒与絮凝剂TPBCC之间通过吸附、架桥作用而达到絮凝。值得注意的是，这三种絮凝剂在前5min絮凝速度最快，5min后，高岭土悬浊液体系的浊度下降较慢，20min后，浊度几乎不再随时间变化，高岭土悬浊液达到稳定状态。

（3）pH对TPBCC絮凝性能的影响　在TPBCC和CHEC为最佳用量（即0.02mg/L），絮凝时间为40min，絮凝温度为10℃的条件下，考察了pH对絮凝效果的影响，结果如图2-103所示。

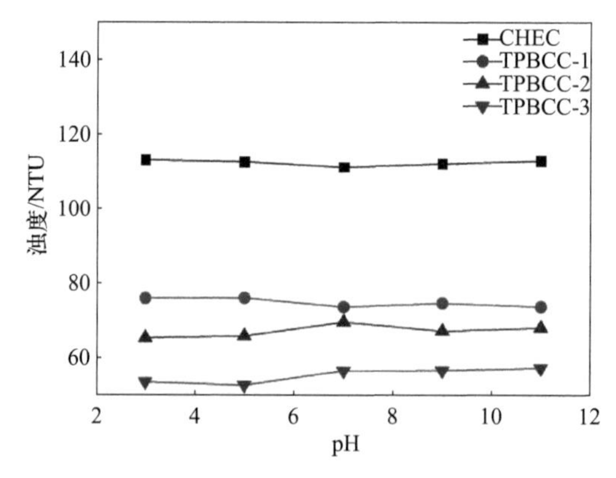

图2-103 pH对高岭土水溶液浊度的影响

由图2-103可以看出，当pH从3增加到11，加了CHEC的高岭土悬浊液的浊度在111.1～112.7NTU范围内变化；加了絮凝剂TPBCC-1的高岭土悬浊液的浊度在72.5～76.0NTU范围内变化；加了絮凝剂TPBCC-2的高岭土悬浊液的浊度在 65.4 ～ 68.8NTU 范围内变化；加了絮凝剂 TPBCC-3 的高岭土悬浊液的浊度在 52.8 ～ 57.2NTU 范围内变化。由此可知，pH 对 TPBCC 的絮凝效果的影响不大。这是因为 TPBCC 和 CHEC 均含有阳离子基团，在任何 pH 下，都能与高岭土颗粒通过吸附作用达到絮凝效果。

（4）温度对 TPBCC 絮凝性能的影响 在 TPBCC 和 CHEC 为最佳用量（即 0.02mg/L），絮凝时间为 40min，pH=7 的条件下，研究了絮凝温度对絮凝效果的影响，结果如图 2-104 所示。由图 2-104 可知，随着温度由 10℃升高至 30℃，加了絮凝剂 CHEC 的高岭土悬浊液的浊度变化不明显；加了絮凝剂 TPBCC-1 的高岭土悬浊液的浊度由 72.5NTU 减小至 40.2NTU；加了絮凝剂 TPBCC-2 的高岭土悬浊液的浊度由 68.8NTU 减小至 37.6NTU；加了絮凝剂 TPBCC-3 的高岭土悬浊液的浊度由 56.6NTU 减小至 35.7NTU。当温度高于 30℃时，高岭土的浊度随温度的变化不是很明显。出现这种现象的原因是当温度高于 LCST 时，TPBCC 分子链由亲水的线形变为疏水的球形状态。絮体中的水被挤出而变得紧密，体积更小，所以絮凝速度会增加、浊度会减小。当温度继续增加时，对 TPBCC 的影响不会很大。但当温度过高时，由于沸腾作用，则不利于沉降。

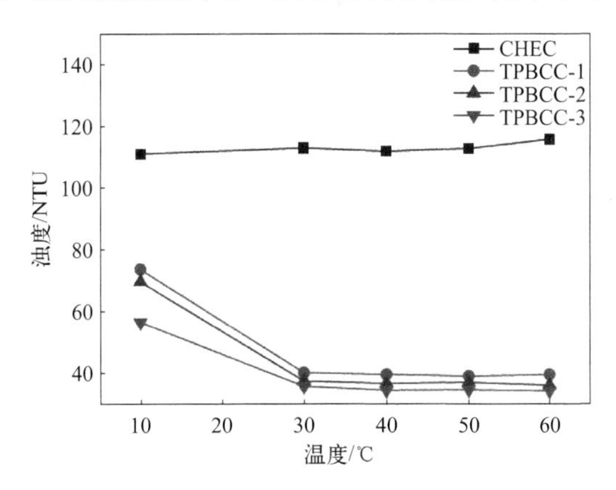

图 2-104 温度对高岭土水溶液浊度的影响

2.3.3.3 TPBCC 絮凝剂的絮凝性能

将高岭土配制成两份 10g/L 的悬浊液 100mL，150r/min 的转速下搅拌 5min，其中一份加入 1g/L 的 TPBCC-1 水溶液 4mL，另一份加入 CHEC 4mL，搅拌 10min，随后将转速调至 50r/min 搅拌 20min。静置 20min 后（温度为 25℃），其结果如图 2-105 所示。

由图 2-105 可知，经过 20min 的絮凝，加了 TPBCC 絮凝剂的高岭土悬浊液的浊度和絮体体积明显比加了 CHEC 絮凝剂的浊度和絮体体积要小得多。这是因为加了具有温度敏感性的 TPBCC 絮凝剂，温度在 LCST 以上，可以通过吸附、架桥作用而达到很好的絮凝效果，而 CHEC 分子之间没有架桥作用。

(a) (b)

图 2-105 0min 时，TPBCC 和 CHEC 的絮凝效果图（a）及 20min 时，TPBCC 和 CHEC 的絮凝效果图（b）

第3章 温度响应型烷基纤维素凝胶化学品

温度响应型水凝胶是随着温度的变化而产生一定的物理性质或者化学结构变化的一类智能材料，通常可以从外观辨别其变化，且因温度的易控性，得到了广泛的关注。将温度响应型水凝胶用于新型负载药物、生物医药材料中，已经成为目前的研究热点。一些合成高分子水凝胶（如聚丙烯酸、丙烯酰胺和丙烯酸酯的共聚体等），由于其大部分单体是不可再生资源，可降解性低，且毒性较高，聚合反应不符合绿色化学的范畴。而天然高分子基水凝胶无毒无害，良好的可降解性以及生物相容性等优点弥补了合成高分子的应用缺陷。例如壳聚糖基水凝胶、淀粉基水凝胶以及纤维素基水凝胶，不仅价格低廉、来源广泛，而且在反应过程中不引入额外的高分子化合物，充分保证了其产品的无毒无害，成为现在医药材料领域的研究热点。

3.1 温度响应型烷基纤维素微凝胶（$HBPEC_{mg}$）的制备及性能研究

根据温度响应型纤维素基聚合物对温度的响应机理：低于 LCST 的温度下，长碳链舒展在水溶液中，得到澄清透明的溶液，随着温度的逐步升高，与水分子之间的氢键逐渐解离，长碳链之间相互聚集，自收缩成聚集体，使溶液浑浊。如果通过一定的外在手段，例如改变温度或者盐析效应，在聚合物自收缩成纳米级聚集体的时刻进行碱化和交联，将会得到聚集体之间的交联，形成微凝胶，通过调控反应条件，可以得到一系列粒径不同的微凝胶（如 $HBPEC_{mg}$，其中 mg 为 microgel 的缩写）。

微凝胶与大块凝胶相比，由于尺寸较小，溶胀率较高，且温度响应迅速，在水溶液中分散较为稳定，其研究和应用前景更加广阔。

3.1.1 $HBPEC_{mg}$ 的制备及性能测试方法

3.1.1.1 $HBPEC_{mg}$ 的制备

（1）加热法　总量为 10g、一定质量浓度的 HBPEC，加入一定量的 DVS（二乙烯基砜），超声混合均匀后，放置到一定温度的恒温水槽中，稳定 0.5h，加入 NaOH 调节 pH 为 12.5，然后反应 24h，得到的凝胶水溶液在分子量为 300000 的透析袋中透析，除去水溶液中多余的 DVS、NaOH 以及未反应的 HBPEC，最终得到加热法制备的 $HBPEC_{mg}$ 微凝胶。

（2）盐析法　总量为 10g、一定质量浓度的 HBPEC，加入一定浓度的 50g

NaCl 溶液，混合结束后 HBPEC 水溶液颜色由澄清无色变成淡蓝色，说明此时 HBPEC 自收缩成粒径分散均一的纳米级聚集体。然后加入一定量的 DVS，混合 2h 后，加入一定量的 NaOH 调节 pH 为 12.5，然后反应 24h，得到的凝胶在分子量为 300000 的透析袋中透析，除去水溶液中多余的 DVS、NaOH、NaCl 以及剩余的 HBPEC，得到的产品溶液放置在烧杯中，最终得到盐析法制备的 $HBPEC_{mg}$ 微凝胶。

3.1.1.2 $HBPEC_{mg}$ 的溶胀性能测试方法

对于大块水凝胶而言，通常采用溶胀率（SR）来表征其吸水能力，但是微凝胶粒径较小，分散在水溶液中从宏观上观察与水无异，因此采用质量比来表征大块水凝胶溶胀率的方法不再适用。从微观上分析，采用动态光散射（DLS）测得微观凝胶球的粒径和粒径分布系数（PDI），微凝胶粒径的变化可以较为客观地表征凝胶球的溶胀性能，PDI可以反映出微凝胶粒径分布情况。因此，在成功制备出微凝胶球后，采用粒径和粒径分布系数表征其溶胀性能。

3.1.2 $HBPEC_{mg}$ 的制备条件优化和表征

3.1.2.1 $HBPEC_{mg}$ 的制备条件优化

加热法和盐析法均采用 HBPEC（MS=1.58）作为原料，在一定的外在条件下自收缩成纳米级聚集体，在此时进行碱化和交联过程，最终形成温度响应型微凝胶。对于交联剂，选择了活性较大的 DVS，室温下可以发生交联反应，同时 DVS 分子量较低，后续的清洗过程比较容易。表 3-1 探究了加热法不同的条件对微凝胶粒径的影响。为了避免一个条件下的偶然性和误差影响，对每个不同条件均进行了两次实验。

表 3-1 加热法制备温度响应型 $HBPEC_{mg}$ 微凝胶条件

序号	HBPEC 浓度 /%	DVS/μL	反应温度 /℃	平均粒径 /nm	PDI	Zeta/mV
1	0.5	50	25	284.9	0.243	−9.93
				305.8	0.247	−9.16
2	0.5	50	30	329.6	0.227	−11.3
				309.2	0.184	−12.3
3	0.5	50	35	321.9	0.252	−14.9
				324.7	0.286	−14.1
4	0.5	50	40	大块凝胶		
5	0.5	50	45			

续表

序号	HBPEC 浓度 /%	DVS/μL	反应温度 /℃	平均粒径 /nm	PDI	Zeta/mV
6	0.1	50	30	200.2	0.114	−13.7
				204.8	0.098	−15.8
7	1.0	50	30	大块凝胶		
8	1.5	50	30			
9	0.5	30	30	285.2	0.216	−9.16
				276.0	0.132	−10.8
10	0.5	70	30	300.2	0.191	−13.0
				361.9	0.234	−15.3
11	0.5	90	30	大块凝胶		

由于 HBPEC 具有较好的温敏性能，反应温度对整个体系至关重要，首先探究了反应温度对最终微凝胶粒径及分布的影响。研究发现，随着反应温度的逐渐升高，微凝胶的粒径出现上升趋势，当温度过高时，形成了大块凝胶。可能的原因是随着反应温度的升高，HBPEC 不仅可以自收缩形成纳米级聚集体，同时也增溶了部分 DVS 在聚集体内部。随后加入碱后，活化了羟基，与 DVS 发生交联反应形成纳米微球凝胶，但是当反应温度高于 HBPEC 的 LCST 时，HBPEC 会析出，沉降在溶液底部，发生沉淀聚合，形成大块凝胶。且 HBPEC 的浓度影响着其 LCST 值，因此，原料 HBPEC 的浓度升高也会导致形成的微球凝胶的粒径增大，最终也会形成大块凝胶。事实证明，当 HBPEC 的浓度高于 1.0%（质量分数，以下同）时，得到了大块凝胶。最后，考察了交联剂的量对最终微球凝胶的影响，随着交联剂量的增加，微凝胶粒径出现增大趋势，当交联剂量过大时，也形成了大块凝胶。其可能的原因是随着交联剂量的增加，HBPEC 聚集体之间相互交联程度增加，粒径增加，但是当交联剂量过大（超过 70μL 时），交联密度过大，聚集体克服本身重力发生沉淀，在底部形成大块凝胶。同时在各个条件下所测得的 Zeta 电位显示，采用加热法制得的微凝胶在水中分散较为稳定。因此，综上所述，采用加热法制备微凝胶的最佳条件是 HBPEC 浓度 0.5%，温度 30℃，交联剂 50μL。

表 3-2 探究了盐析法不同的条件对温敏性微凝胶的影响。加入盐的量直接影响到 HBPEC 自收缩成纳米聚集体的程度，随着盐加入量的增加，HBPEC 自收缩成纳米聚集体的程度加大，所得到的微球凝胶的粒径增大，且粒径分布系数依然是一个较窄分布。加入盐的量一定时，改变 HBPEC 的浓度，自收缩的程度不同，所得到的微球凝胶的粒径也出现了变化。通过平均粒径和 PDI 可得到盐析法制备最佳条件：HBPEC 浓度 0.5%，NaCl 7.6%（50g），交联剂 DVS 25μL。

表 3-2　盐析法制备 $HBPEC_{mg}$ 微凝胶条件

序号	HBPEC 水溶液浓度 /%	NaCl 浓度 /%	DVS/μL	平均粒径 /nm	PDI
1	0.5	7.6	25	263.0	0.090
2	0.5	8	25	261.6	0.115
3	0.5	10	25	306.1	0.037
4	0.5	7.6	5	424.0	0.088
5	0.5	7.6	45	263.8	0.079
6	0.5	7.6	65	276.1	0.053
7	0.5	7.6	85	288.5	0.128
8	0.9	7.6	25	327.2	0.117
9	1.3	7.6	25	115.3	0.565
10	1.7	7.6	25	110.0	0.488

3.1.2.2　$HBPEC_{mg}$ 表征

（1）$HBPEC_{mg}$ 的 DLS 分析　表 3-1 和表 3-2 中制备出的微凝胶平均粒径大多分布在 200 ～ 400nm 之间，且 PDI 分布大多数在 0.3 之内，表明两种方法制备的水凝胶在水中均具有良好的分散性，且粒径均具有较窄的分布，图 3-1 为加热法和盐析法在最佳条件下制备的微凝胶的粒径分布图。

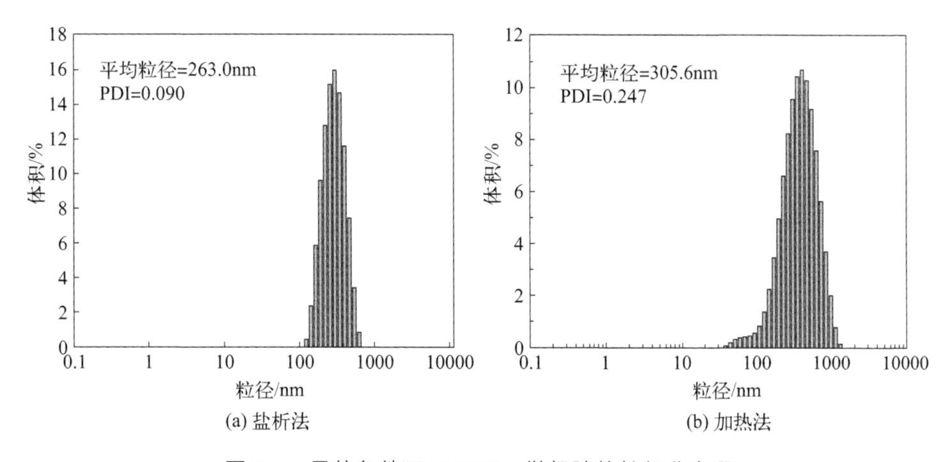

(a) 盐析法　(b) 加热法

图 3-1　最佳条件下 $HBPEC_{mg}$ 微凝胶的粒径分布图

再对加热法和盐析法两种方法制备出的微球凝胶进行 DLS 分析，发现加热法制备的微球凝胶平均粒径较大，且 PDI 较大，粒径分布较广，且反应结束后体系呈现白色。由于盐析法中加入了大量的盐溶液，使原料 HBPEC 在自收缩时彼此之间相隔较远，收缩比较均一，粒径较小；加热法中其彼此之间距离较大，容易出现团聚从而使粒径增大，PDI 较大。

（2）$HBPEC_{mg}$ 的热重分析　使用热重分析仪测定了最佳条件下制备微凝胶的热稳定性。具体测试条件：将备用的干凝胶研碎，取几毫克凝胶粉末，放入铝质样品池中称重，然后放入仪器中，通 N_2，流速 10mL/min，由室温以 10℃ /min 的升温速率升至 700℃，得到质量与温度的关系曲线（图 3-2）。

由图 3-2 可以看出，对羟乙基纤维素进行疏水化改性得到 HBPEC，热稳定性由原料 HEC 的热稳定值 240℃上升到 HBPEC 的热稳定值 350℃，随后对其进一步交联得到的微凝胶，热稳定性稍有下降，为 330℃，但是整体来看，加热法和盐析法两种方法制备得到的温敏性微凝胶具有良好的热稳定性。

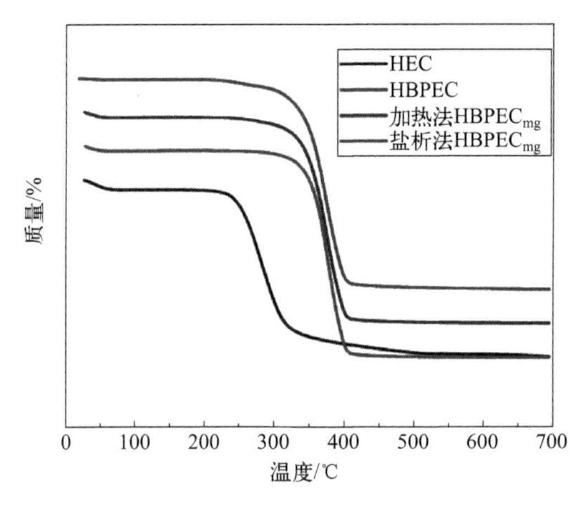

图 3-2　HEC、HBPEC 和 $HBPEC_{mg}$ 热重对比图

（3）$HBPEC_{mg}$ 的形貌分析　将所制备的微凝胶分散在大量水中，形成浓度极低的水溶液，在室温下将水溶液滴在铜网上，迅速加入液氮冷冻，随后转移样品至真空冷冻干燥机中，除去样品中的水。所得到的样品电镜图如图 3-3 所示。

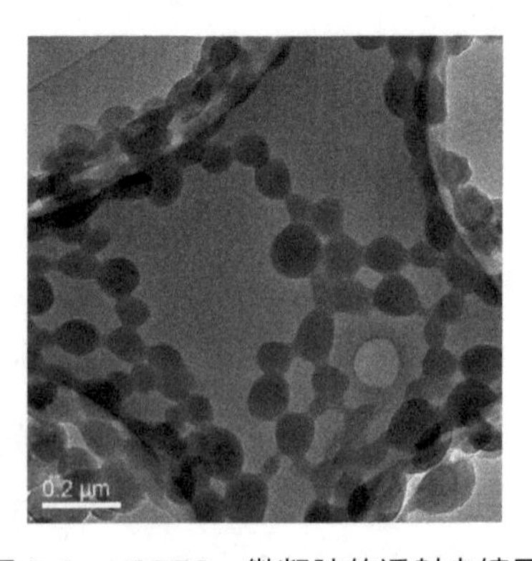

图 3-3　$HBPEC_{mg}$ 微凝胶的透射电镜图

由图可清楚地看到，微凝胶呈现不规则的球状，由于样品微凝胶水溶液浓度较稀，在铜网之间的夹缝中可以看到微凝胶的存在，但是出现了不同程度的聚集现象。

3.1.3 $HBPEC_{mg}$ 的温度响应性能研究

3.1.3.1 $HBPEC_{mg}$ 温度响应性能验证

盐析法和加热法两种方法制备微凝胶时，均是从羟乙基纤维素改性得到的烷基类温度响应型纤维素基衍生物为原料出发，得到的微凝胶是否具有温度响应性能应进行验证。加热法得到的微凝胶均匀地分散在水中，宏观上与水溶液无异，且溶液本身呈现白色，因此检测温敏性能的普遍手段都不可行，上文所述根据动态光散射，可以得到微凝胶在水溶液中的粒径以及粒径分布结果，因此在测定其温敏性能时，同样采取动态光散射方法，可以得到微凝胶水溶液在不同温度下，其微观粒径以及其在水溶液中的分布。同时对微凝胶水溶液进行示差量热扫描（DSC），找到突变点也可以有效地判断微凝胶水溶液具有温敏性能。

在对盐析法和加热法制备出的微凝胶水溶液进行 DSC 测试时（图 3-4），随着测试温度的不断升高，水溶液的热焓值未发生明显变化，在扣除去离子水的热焓值后，两种方法制备的微凝胶在 65 ～ 70℃中发生了突变，说明在此温度下，微凝胶开始收缩，与水分子之间的氢键吸热发生断裂，表现出温敏性。至于温敏点，盐析法制得的微凝胶在 69℃，而加热法制得的微凝胶在 65℃，两种方法的原料 HBPEC 取代度为 1.58，其温敏点在水溶液浓度 10g/L 时为 36℃。

将盐析法制备出的微球凝胶溶液进行最大程度的浓缩，得到了浓度较高的

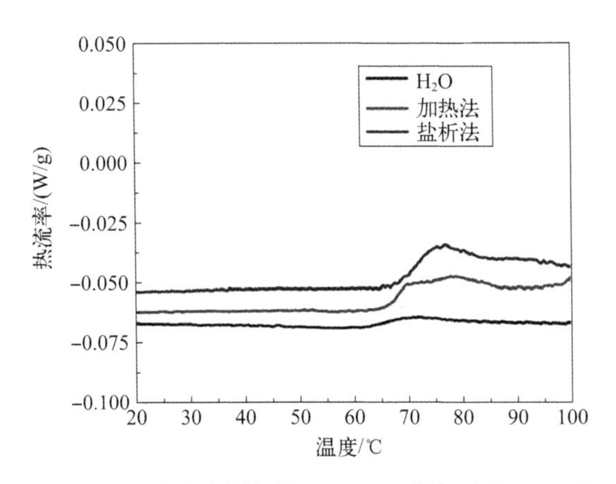

图 3-4　两种方法制备的 $HBPEC_{mg}$ 微凝胶的 DSC 图

微球凝胶水溶液，对该浓度微凝胶水溶液进行了 DLS 测试，发现随着温度的不断升高，其水溶液的平均粒径不断下降，在 35℃的条件下，发生了较大幅度的下降，此温度点与原料的 LCST 值接近，再次证明了制备的微凝胶溶液存在温敏性（图 3-5）。

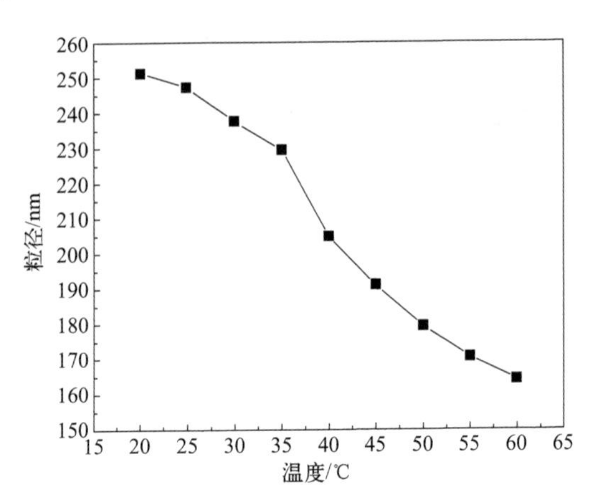

图 3-5　$HBPEC_{mg}$ 微凝胶在不同温度下的粒径变化

3.1.3.2　加热法中取代度对 $HBPEC_{mg}$ 粒径的影响

在加热法最佳条件下，采用不同取代度的 HBPEC 制备一系列不同粒径的微凝胶，如表 3-3 所示。在选取表 3-3 中的数据进行作图时，首先考虑 Zeta 电位，电位的绝对值越高，说明越稳定；其次考虑 PDI，PDI 越小，说明是窄分布，微凝胶的粒径越统一。

表 3-3　不同取代度对应的 $HBPEC_{mg}$ 微球凝胶粒径

序号	取代度（MS）	平均粒径 /nm	PDI	Zeta 电位 /mV
1	0.50	大块透明凝胶		
2	1.28	418.8	0.499	−0.215
		344.5	0.377	−8.24
3	1.58	256.6	0.468	−4.49
		427.7	0.487	−9.34
4	1.92	392.6	0.263	−15.7
		334.5	0.259	−13.0
5	2.10	329.6	0.227	−11.3
		309.2	0.184	−12.3

MS 的大小取决于接枝到羟乙基纤维素亲水部分的疏水部分的多少，一般

来说，正丁基烷基链越长，疏水部分比例越大，MS 也就越大，温敏点越低。本研究采用 30℃为反应温度，接近于取代度为 2.10 的 HBPEC 的 LCST 值。MS 较小时，在 30℃下不足以自收缩成为纳米级聚集体，且 HBPEC 的羟基较多，再加入碱后，亲核反应增强，有利于形成粒径较大的凝胶，甚至于大块凝胶，MS=0.50 的原料 HBPEC 则形成了大块凝胶。随着取代度的增加，虽然形成了微凝胶，但是微凝胶的粒径也较大，PDI 也较大，且 Zeta 电位绝对值较小，相对不稳定。当 MS=2.10，其 LCST 为 31℃，接近于反应温度 30℃，在此温度下，HBPEC 自收缩为纳米级聚集体，加入交联剂时，发生交联反应，形成粒径较小、PDI 较低、较均一的微球凝胶（图 3-6）。

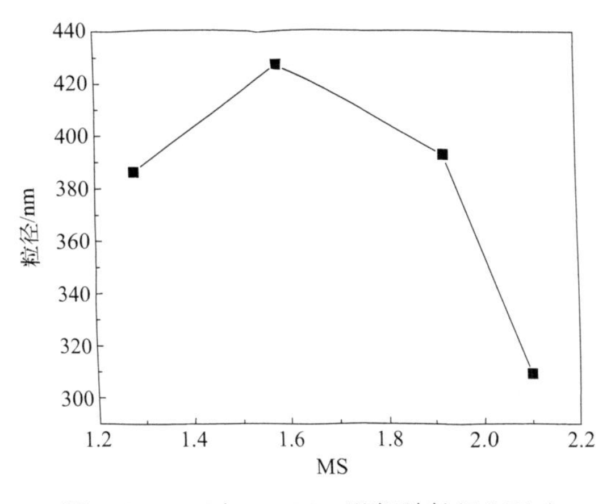

图 3-6　MS 对 $HBPEC_{mg}$ 微凝胶粒径的影响

同时选取了粒径较大的三种微凝胶溶液进行 DSC 测试，发现三种微凝胶溶液均存在温敏性能，其温敏点与原料相比较高，可能的原因是微凝胶浓度较低，影响其温敏点（图 3-7）。

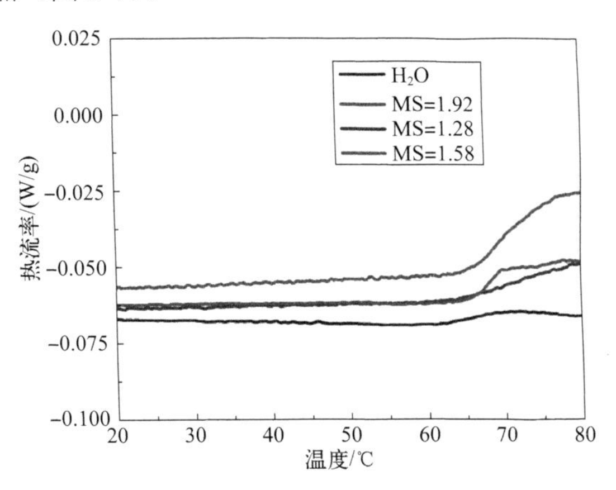

图 3-7　MS 对 $HBPEC_{mg}$ 微凝胶温敏性能的影响

.1.3.3 加热法中反应时间对 $HBPEC_{mg}$ 粒径的影响

确定了最佳反应取代度，接下来探究了反应时间对微球凝胶稳定性的影响，具体考察情况如表 3-4 所示。由表 3-4 可以看出，此类微球凝胶随着反应时间的不断加长，其平均粒径并未出现较大变化，且 PDI 分布及 Zeta 电位也未出现较大变化，说明此类微凝胶在水中具有较高的分散稳定性。

表 3-4 反应时间对 $HBPEC_{mg}$ 微球凝胶粒径的影响

序号	反应时间 /h	平均粒径 /nm	PDI	Zeta/mV
1	4	304.0	0.224	−9.15
		301.0	0.210	−13.1
2	8	307.6	0.152	−13.9
		309.4	0.165	−12.9
3	12	354.5	0.229	−13.1
		318.4	0.185	−13.6
4	16	313.1	0.178	−14.9
		308.0	0.171	−14.8
5	24	301.3	0.184	−13.0
		330.6	0.204	−14.0

3.2 温度响应型烷基纤维素大块凝胶（$HBPEC_{EDGE}$）的制备及性能研究

3.2.1 $HBPEC_{EDGE}$ 的制备及表征

3.2.1.1 $HBPEC_{EDGE}$ 的制备和测试方法

（1）水凝胶 $HBPEC_{EDGE}$ 的制备　称取 0.5g 一定浓度的 HBPEC 水溶液于试管中，加入 1 ～ 2 滴乙醇，加入一定量 10% 的氢氧化钠溶液，超声下碱化 20min，使溶液澄清透明，碱化后的溶液放入冰浴中冷却，冷却结束后，加入一定量的交联剂乙二醇二缩水甘油醚（EDGE），超声振荡得到均匀透明的液体，随后将试管转移至高于 LCST 温度（60℃）的水浴锅反应。反应结束得到 $HBPEC_{EDGE}$ 凝胶，取出凝胶放入烧杯中，加入少量水低温溶胀，高温收缩，反复清洗直至高温下上层水层不再浑浊。

（2）水凝胶溶胀性能测试　通常采用溶胀率（SR）来表征水凝胶的吸水能力，其计算方法如式（3.1）所示：

$$\mathrm{SR}\,(\mathrm{g/g})=\frac{W_t-W_\mathrm{d}}{W_\mathrm{d}} \tag{3.1}$$

式中，W_t 为溶胀平衡时凝胶和水的总质量，g；W_d 为冷冻干燥后干凝胶的质量，g。称量溶胀平衡时凝胶和水的总质量时，需先用滤纸擦去表面水分，保证总质量中不包括表面黏附的水的质量。

将在室温（25℃）下去离子水中溶胀平衡的水凝胶快速转移到 50℃去离子水中，水凝胶受热会发生收缩，每隔一定时间，用滤纸擦干净凝胶周围及其表面的水，测定水凝胶的质量，直至质量不再明显变化。做 SR-t（溶胀率-时间）曲线，可以得到凝胶在 50℃的退溶胀动力学，并拍摄记录不同温度下凝胶的宏观形态。

将冷冻干燥后的干凝胶放入 25℃去离子水中，干凝胶就会吸水发生溶胀，每隔一定时间，测定吸水后凝胶的质量，直至质量不再明显变化，测定质量的同时也先用滤纸擦去表面水分。做 SR-t 曲线可以得到凝胶在 25℃时的再溶胀动力学。

3.2.1.2　HBPEC$_{\mathrm{EDGE}}$ 的制备条件优化及表征

采用 HBPEC（MS=1.83）为原料，并采用乙二醇二缩水甘油醚（EDGE）来合成温度响应型大块水凝胶，分别对合成条件（HBPEC 水溶液浓度、交联剂量、NaOH 量）做了探索研究。值得一提的是，反应体系中均加入少量乙醇，可以有效降低 HBPEC 溶液的黏度，有利于碱和交联剂在体系中均匀分散，对于最终制备交联均匀的透明水凝胶具有重要作用。

（1）HBPEC$_{\mathrm{EDGE}}$ 的制备条件优化　2-羟基-3-丁氧基丙基羟乙基纤维素（HBPEC）与乙二醇二缩水甘油醚（EDGE）的交联机理如图 3-8 所示。

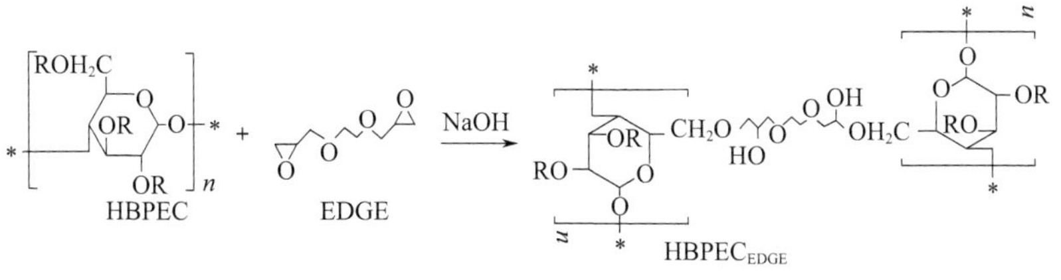

HBPEC　+　EDGE　$\xrightarrow{\mathrm{NaOH}}$　HBPEC$_{\mathrm{EDGE}}$

R=H或—$(CH_2CH_2)_n$OH或—$(CH_2CH_2)_n$$OHCH_2OCH_2CH_2CH_2CH_3$

图 3-8　HBPEC 与 EDGE 反应方程式

反应机理与 DVS 作为交联剂时相似，都是在碱（NaOH）的作用下，HBPEC 上的羟基变成羟基负离子，然后进攻环氧基，发生开环加成，形成三维网络凝胶。不同的是 EDGE 含有两个环氧环且碳链较长，形成的凝胶的网络结构更加稳定。

以 EDGE 作为交联剂合成温度响应型 $HBPEC_{EDGE}$ 水凝胶的反应条件如表 3-5 所示。根据合成水凝胶的溶胀率，得到了 $HBPEC_{EDGE}$ 最佳制备条件，即 HBPEC 水溶液浓度为 10%（质量分数）（0.5g），碱 [NaOH，10%（质量分数）] 25μL，交联剂 EDGE 50μL。

表 3-5　$HBPEC_{EDGE}$ 水凝胶合成条件

HBPEC 水溶液浓度 /%	乙醇 /μL	NaOH(10%)/μL	EDGE/μL	SR
10	400	15	50	29.8
10	400	20	50	14.2
10	400	25	50	13.3
10	400	30	50	13.0
10	400	35	50	9.2
10	400	25	10	11.3
10	400	25	30	10.0
10	400	25	70	9.2
10	400	25	90	8.3
5	400	25	50	5.8
7	400	25	50	11.3
12	400	25	50	16.7
15	400	25	50	18.0

图 3-9 为合成条件对 $HBPEC_{EDGE}$ 凝胶溶胀率的影响。由图 3-9（a）可以看出，随着 HBPEC 浓度的增加，单位体积内羟基增多，交联程度增加，但浓度继续增加，交联过度且交联不均匀，合理解释了随着 HBPEC 浓度的增加，水凝胶的溶胀率先增加后趋于平稳的现象。

由图 3-9（b）可得，碱化过程在制备凝胶过程中至关重要，成功的碱化过程既可保证活化羟基的亲核性，又减少或者避免了反应体系的副反应，保证凝胶制备的均匀性。

由图 3-9（c）可得，随着交联剂用量的增加，交联密度增加，有利于形成溶胀率较大的凝胶。随着交联剂 EDGE 进一步增加，三维交联网络过密，凝胶硬度和弹性增大，但是溶胀率降低，透明度也降低。

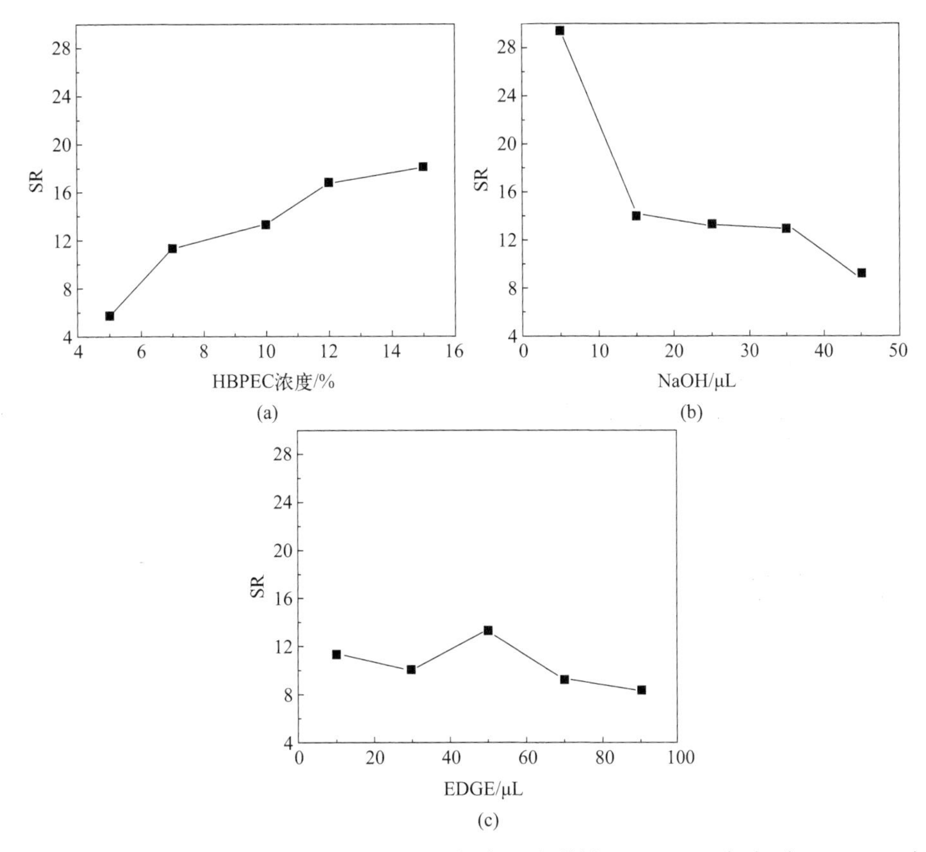

图 3-9　HBPEC 溶液浓度（a）、NaOH 用量（b）及交联剂 EDGE 用量（c）对 $HBPEC_{EDGE}$ 凝胶溶胀率的影响

（2）$HBPEC_{EDGE}$ 凝胶扫描电镜分析　水凝胶含有大量的水，在普通条件下干燥，干燥速度过快，前后体积变化很大，会破坏水凝胶内部结构。故将凝胶在去离子水中浸泡达到溶胀平衡后，放入液氮中速冻，迅速放入冷冻干燥机中进行干燥，以保持水凝胶内部结构。图 3-10 为 $HBPEC_{EDGE}$ 凝胶扫描电镜图片，

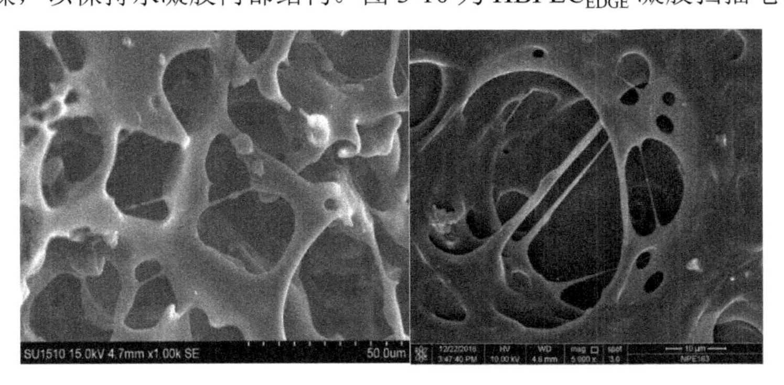

图 3-10　温度响应型 $HBPEC_{EDGE}$ 水凝胶扫描电镜图

从图中可以看出水凝胶多孔的形貌特征。但是从大范围看凝胶孔分布是不均匀的，合成的凝胶非均相，这也合理地解释了水凝胶溶胀性能较低（溶胀率在20倍左右）的现象。

3.2.2 $HBPEC_{EDGE}$的温度响应性能研究

3.2.2.1 取代度对$HBPEC_{EDGE}$水凝胶溶胀行为的影响

一般来说，水凝胶的溶胀率与凝胶的弹性和强度成反比关系，溶胀率越大，凝胶吸水量越多，强度越弱，弹性越小。为了研究取代度对凝胶溶胀行为的影响，选取了五个不同取代度的HBPEC为原料（MS=0.50，1.06，1.28，1.82，2.10），用EDGE作为交联剂，制备出不同的$HBPEC_{EDGE}$水凝胶。其溶胀行为的差异如图3-11。

图3-11（a）给出了不同取代度的HBPEC制得的$HBPEC_{EDGE}$凝胶的溶胀率变化，可以看出随着原料HBPEC取代度的增加，同等条件下所得到的凝胶的溶胀率先增加后减小。可能的原因是随着取代度的增加，高分子链疏水基团丁基增加，活化的羟基变多，有利于分子链之间的交联，形成的凝胶内部的孔洞结构也较多，且交联后的凝胶不易发生破碎，所以其溶胀率增加；但是随着取代度的继续增加，高分子的疏水性增强，凝胶的疏水性增强，亲水性减弱，造成溶胀率的下降。

图3-11（b）给出了不同取代度的原料HBPEC所制得的$HBPEC_{EDGE}$凝胶的再溶胀动力学，可以看出，五种凝胶都具有再溶胀性能，但是再溶胀后达到的溶胀率小于干燥之前的溶胀率，且消耗的时间较长，大约都需要1h以上才能达到溶胀平衡，不利于后期工业化的应用。其中取代度对再溶胀性能的影响不具有规律性，因此不可根据调节原料取代度来调控凝胶的再溶胀性能。

图3-11（c）给出了不同取代度的原料HBPEC所制得的$HBPEC_{EDGE}$水凝胶的退溶胀动力学，可以看出，四种凝胶都具有较好的退溶胀性能，所消耗的时间远远低于同取代度凝胶再溶胀过程所消耗的时间，MS=1.28和MS=1.06的凝胶在10min之内基本上脱水完成，随后脱水速度趋于平缓，所以两者的退溶胀受温度的影响较大，对温度具有快速的响应性。但是凝胶退溶胀结束后仍然保持一定的溶胀率，可能的原因是凝胶加热收缩后仍有部分水滞留在孔中。

3.2.2.2 取代度对$HBPEC_{EDGE}$水凝胶相体积转变温度的影响

温度响应型水凝胶发生体积突变的温度称为凝胶的相体积转变温度（VPTT）。为了探究取代度对相体积转变温度是否有影响，选取四种不同取代度的凝胶，

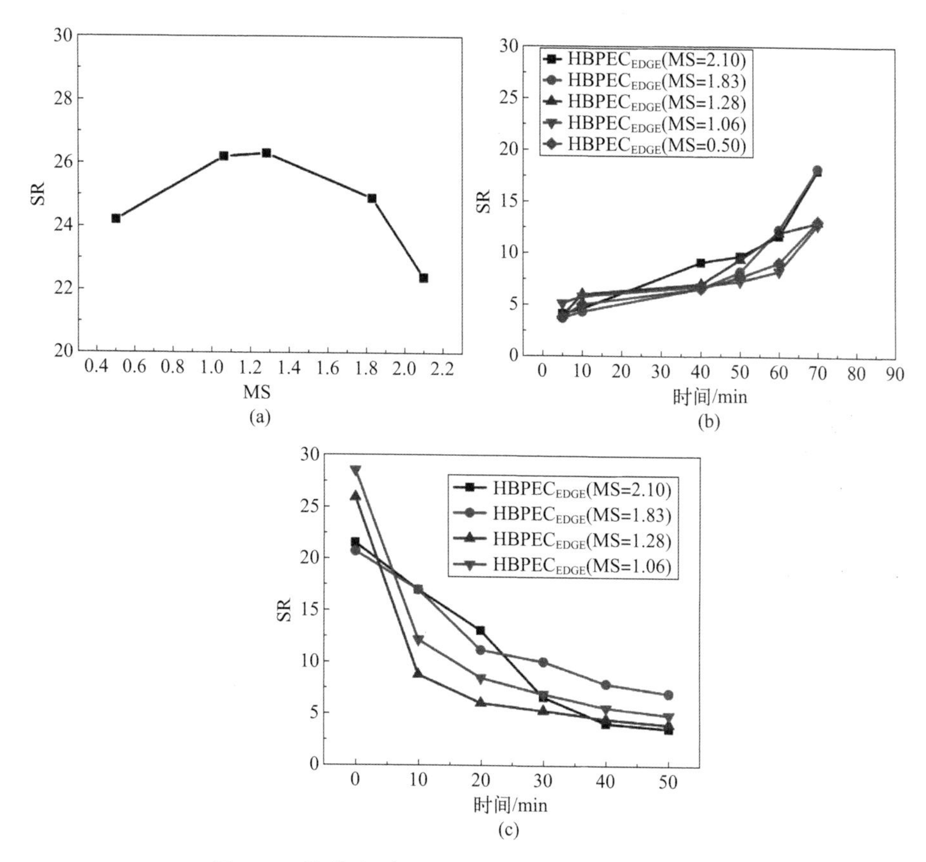

图 3-11　取代度对 $HBPEC_{EDGE}$ 凝胶溶胀行为的影响

（a）溶胀率；（b）再溶胀动力学；（c）退溶胀动力学

探究其溶胀率与温度的关系。如图 3-12 所示，不同取代度的 HBPEC 为原料所制备的水凝胶均呈现了温度响应收缩-溶胀行为。随着原料取代度的增大，

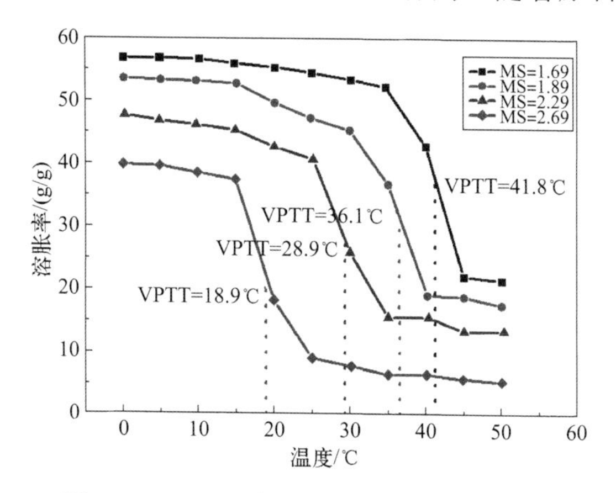

图 3-12　不同取代度下温度和溶胀率的关系

VPTT 值呈下降趋势。随着原料取代度由 1.69 增大至 2.69，VPTT 从 41.8℃下降至 18.9℃。原料 HBPEC 取代度较大，意味着疏水碳链的数量较多，在低温下即可使疏水链相互作用，进而引起水凝胶的收缩。因此以较高取代度 HBPEC 产品制备的 $HBPEC_{EDGE}$ 水凝胶具有较低的 VPTT 值，同时表明水凝胶的 VPTT 值也可通过改变原料取代度进行调控。

3.2.2.3 $HBPEC_{EDGE}$ 水凝胶溶胀前后形态的变化

图 3-13 为凝胶加热失水不同时间的形态数码照片。由图 3-13（a）可看出，室温（25℃）下凝胶都呈无色透明状，而加热条件（50℃）下，大约 30s 后，如图 3-13（b）所示，凝胶呈现乳白色。凝胶在 25℃下溶胀时吸收大量的水，达到饱和状态，在 50℃下，凝胶失水，体积收缩，加热前后体积变化较大。这主要是因为交联剂 EDGE 中碳链较长，与 HBPEC 发生化学交联，形成凝胶的网络孔道较多，孔径较大。25℃下凝胶与水形成稳定的氢键，50℃时与水分子之间的氢键被破坏，长碳链之间的疏水缔合作用成为主导作用，链之间相互聚集，凝胶从而收缩失水，体积减小，最终状态如图 3-13（c）所示。因此，所制备的 $HBPEC_{EDGE}$ 水凝胶既保留了原料 HBPEC 对温度响应具备迅速性的优点，又兼有水凝胶吸水能力强的优点。

(a) 25℃溶胀平衡　　(b) 50℃　　(c) 干燥后

图 3-13　水凝胶 $HBPEC_{EDGE}$ 的数码照片

3.3 烷基纤维素凝胶的应用

3.3.1 $HBPEC_{EDGE}$ 凝胶对罗丹明 B 的吸附-释放

染料在生产使用过程中会有部分进入水中，产生大量废水，处理难度较大，尤其是一些亲水性染料污染物。罗丹明 B 具有较好的水溶性、无毒、较高的消光系数，成为研究者首选的荧光探针母体。去除罗丹明 B 等染料常用的方法包括混凝沉淀法、膜分离法、吸附法、化学氧化法、离子交换法以及好氧和厌氧微生物降解法。本节将罗丹明 B 作为模拟污染物亲水客体，将合成的大块温度响应凝胶应用于罗丹明 B 的吸附-释放中，低温吸附，高温释放，达到罗丹明 B 与水溶液有效分离的效果。

3.3.1.1　罗丹明 B 吸附-释放的研究方法

（1）罗丹明 B 的标准曲线　称取 0.020g 罗丹明 B 定容于 100mL 容量瓶中，依次移取 1mL、2mL、3mL、4mL、5mL 定容至 100mL 容量瓶，得到浓度为 2×10^{-3}g/L、4×10^{-3}g/L、6×10^{-3}g/L、8×10^{-3}g/L、10×10^{-3}g/L 的标准溶液，在 554nm 下测得吸光度，以吸光度为纵坐标，浓度为横坐标，得到罗丹明 B 的标准曲线（图 3-14）。

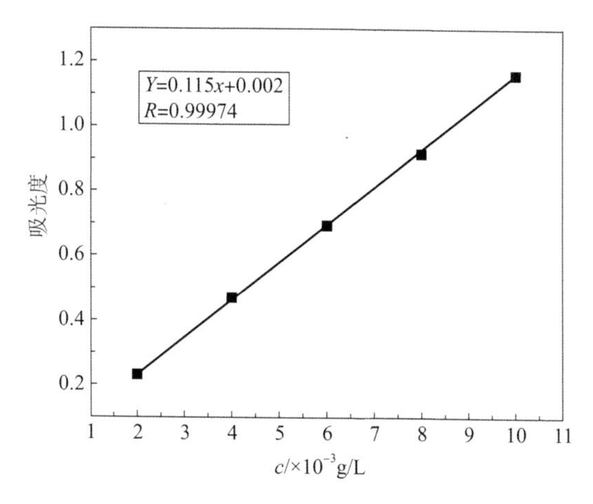

图 3-14　罗丹明 B 的标准曲线

（2）吸附实验　移取 5mL 浓度为 0.2g/L 的罗丹明 B 溶液加入至装有干燥后的大块凝胶（不同取代度）的离心管中，转移到 25℃恒温水槽中放置 24h，将溶液定容至 10mL 容量瓶中，在 554nm 下测定吸光度，对应标准曲线，得到剩余罗丹明 B 水溶液的浓度，计算吸附量。

根据罗丹明 B 浓度与吸附量的关系式式（3.2），得出水凝胶对罗丹明 B 的吸附量 Q（mg/g）。

$$Q=\frac{C_0V_0-CV}{m} \tag{3.2}$$

式中，C_0 为罗丹明 B 初始浓度，mg/L；C 为残余液的浓度，mg/L；V_0 为罗丹明 B 水溶液初始体积，L；V 为罗丹明 B 水溶液最终体积，L；m 为凝胶的用量，g。

（3）释放实验　将吸附过罗丹明 B 的大块凝胶放在烧杯中，浸泡在 70℃、0.1mol/L 的 NaCl 水溶液中，每隔一定时间换一次盐水，用容量瓶定容到 5mL，测试溶液在 554nm 处的吸光度，来确定其释放量。

3.3.1.2　$HBPEC_{EDGE}$ 凝胶对罗丹明 B 的吸附作用

图 3-15 给出了大块凝胶对罗丹明 B 吸附后残留液体的吸光度曲线。对应标准曲线，可以得到残余罗丹明 B 的浓度，随后计算出水凝胶对罗丹明 B 的吸附量，见表 3-6。由表 3-6 可知，原料取代度对吸附结果存在较大的影响，随着取代度的增加，温度响应型水凝胶的溶胀率也增加，三维网络结构中与罗丹明 B 接触的单位表面积增大，吸附罗丹明 B 的量增多，从而使得水凝胶对罗丹明 B 溶液的吸附量增加，最大吸附量为 28.1mg/g。与此同时，水凝胶吸附了大量的罗丹明 B 后，整体呈现粉色，粉色为罗丹明 B 溶于水的颜色，也说明了水凝胶能够成功吸附罗丹明 B。

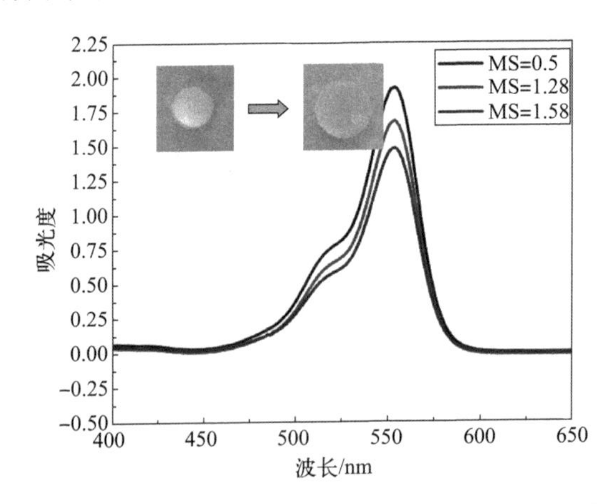

图 3-15　不同取代度的 $HBPEC_{EDGE}$ 水凝胶的紫外可见吸收曲线

表 3-6　罗丹明 B 吸附量与原料取代度的关系

序号	MS	干凝胶质量 /g	吸附罗丹明的质量 /mg	吸附量 /mg/g
1	0.40	0.036	0.83	23.1
2	1.28	0.032	0.85	26.6
3	1.58	0.031	0.88	28.1

3.3.1.3　$HBPEC_{EDGE}$ 凝胶对罗丹明 B 的释放作用

水凝胶吸附了大量的罗丹明 B 后，在 70℃的高温下释放。70℃略高于温敏点，在 70℃、0.1mol/L 盐水中，凝胶与水之间的氢键被破坏，水凝胶表面上的碳长链出现蜷缩，一方面将表面吸附的罗丹明 B 脱落在盐水中，另一方面水凝胶整体的形态变化使内部孔隙中的罗丹明 B 被挤压出去，加快罗丹明 B 的释放。随着释放时间的不断增长，释放速度逐渐缓慢下来，一方面剩余罗丹明 B 的量不断减少，扩散作用减慢，另一方面，水凝胶整体结构变化逐步到达极限。因此，随着反应时间的增长，释放速度越来越慢，在释放结束后，释放率不再随时间变化［图 3-16（a）］。通过测定释放过程盐水中罗丹明 B 的含量，可得水凝胶的最高释放率高达 82.5%。

由于原料取代度的变化会使水凝胶的温敏点发生变化，因此探究了取代度对水凝胶中罗丹明 B 的释放率的影响，发现随着取代度的增加，罗丹明 B 的释放率降低。如图 3-16（b）所示，MS=0.50，释放率为 82.5%，释放时间 100min；当 MS=1.58 时，释放率为 75.1%，释放时间为 230min。其原因可能是随着取代度的增加，水凝胶的疏水链增多，疏水性能增强，对罗丹明 B 的吸附作用增强，不利于释放过程中罗丹明 B 的脱落，从而造成释放率下降的结果。

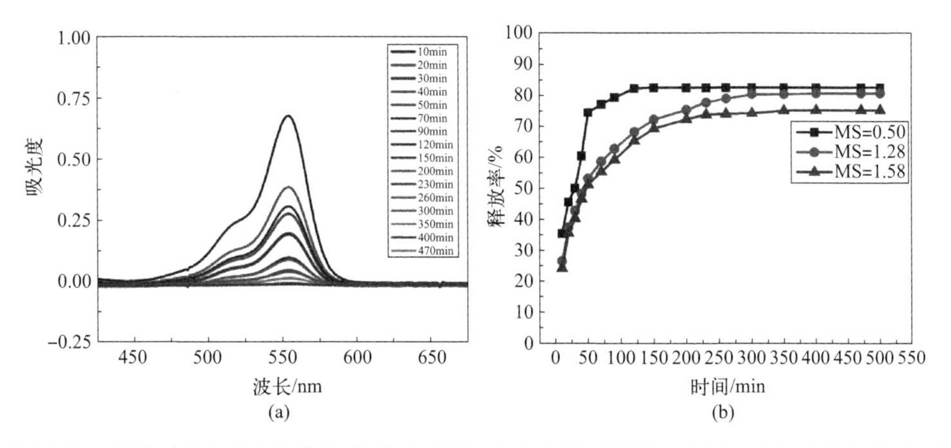

图 3-16　释放过程中吸光度曲线随时间的变化（a）及取代度对罗丹明 B 释放率的影响（b）

3.3.2　用于检测温度变化的纤维素基凝胶光化学传感器

将响应性水凝胶填充到光子晶体模板中，可以制成颜色变化明显的光子晶体凝胶传感器。这种反应灵敏的光子晶体传感器已被多次报道。将温度响应型聚-*N*-异丙基丙烯酰胺凝胶填充到光子晶体中，形成了温度响应型凝胶光子晶体膜，即聚-*N*-异丙基丙烯酸胶体晶阵列。当 LCST 为 32℃时，凝胶的体积发生突变。升高温度会使凝胶亲水性减弱，疏水性增加，体积变小，导致光子晶体的微球距离变小，凝胶的布拉格光子晶体衍射蓝移；降低温度会使凝胶的体积变大，光子晶体的微球之间的距离变大，凝胶光晶膜中的布拉格衍射峰变为红色。聚苯乙烯微球、聚甲基丙烯酸甲酯微球、二氧化硅微球等常被用来制备光子晶体阵列，这是因为微球通常具有高电荷，可以通过静电排斥自组装成规则结构。同时，不同的传感器可以填充不同类型的凝胶，因为凝胶内部 85% 是水，具有很高的流动性。被测对象可以扩散到不同的位置被基团识别。这时，不同的反应会导致体积的变化。这种体积变化会改变光子晶体凝胶的布拉格衍射波长，从而改变宏观颜色。光子晶体凝胶传感器具有良好的发展前景，可用于与传感相关的许多领域，如物理、化学、生物和医学。

3.3.2.1 聚苯乙烯光子晶体的制备

通过非乳液聚合法，称取一定质量的苯乙烯倒入三口烧瓶中，在烧瓶中添加 100mL 的去离子水，以 280r/min 的速率加热搅拌，待溶液混合均匀后，缓慢加入 1.8 ～ 3g 丙烯酸，使反应温度保持在室温至 100℃，待冷凝管回流 2min 后加入 5mL 质量分数为 1% ～ 2% 的过硫酸钾作为引发剂反应 2h，反应停止后冷却至室温，以 9500r/min 的速率离心三次以去除上层清液，随后分散到去离子水中备用。配置不同浓度的聚苯乙烯微球乳液，采用垂直组装法制备光子晶体，选取颜色靓丽、最平整的光子晶体进行制备。图 3-17 是粒径为 235 ～ 245nm 的光子晶体的电镜照片和数码照片。

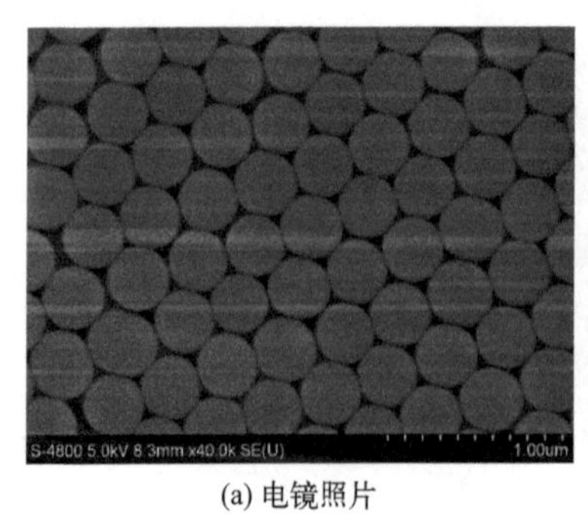

(a) 电镜照片

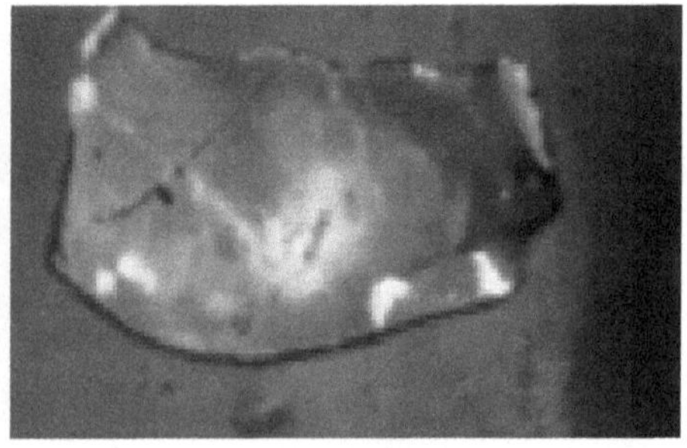

(b) 数码照片

图 3-17　聚苯乙烯光子晶体

3.3.2.2 纤维素基凝胶光子晶体膜的制备

以浓度为 6% 的 HIPEC 为原料，加入 100μL 质量分数为 40% 的 NaOH，30 ～ 40μL 乙烯砜作交联剂，以前文所制备的聚苯乙烯光子晶体为模板，制备羧甲基瓜尔胶光子晶体膜。首先将光子晶体加热备用，将一定浓度的羧甲基瓜尔胶碱化，反复超声至瓜尔胶无气泡，加入一定量乙烯砜，在 40℃烘箱中反应成膜状，随后在去离子水中洗涤。

图 3-18 为羧甲基瓜尔胶凝胶光子晶体膜的电镜照片和数码照片，图 3-18（a）可以看到光子晶体膜内部排列整齐，瓜尔胶填充均匀，所呈现出的宏观效果如图 3-18（b）所示。所制备的羧甲基瓜尔胶光子晶体膜可随外部温度的变化而溶胀或收缩，进而会导致内部微球间距发生变化，最终颜色发生变化。

(a)电镜照片

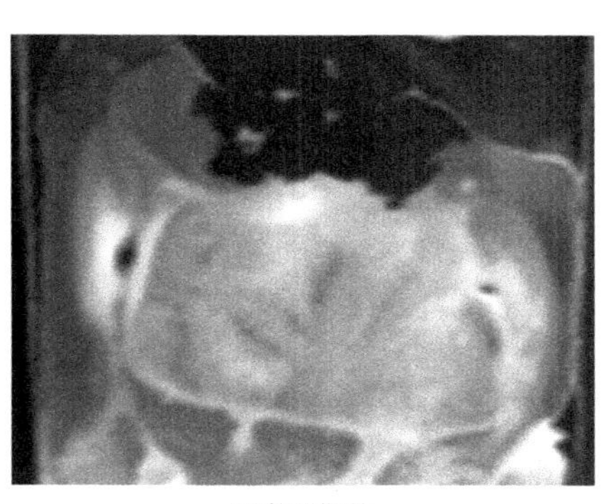

(b)数码照片

图 3-18　烷基纤维素凝胶光子晶体薄膜

3.3.2.3　纤维素基凝胶光子晶体膜的温度响应行为研究

将温度响应型水凝胶光子晶体以薄膜的形态附着在有机玻璃基片上，采用微型光纤光谱仪在波长为 450 ～ 1000nm 范围内测试其反射率。取 9 个不同的温度测量其反射率，每个温度均保持 20min，图 3-19 为不同温度下纤维素水凝胶光子晶体膜的反射光谱图。由图 3-19 可以看出，随着温度的升高，凝胶光子晶体膜的反射波长发生蓝移。

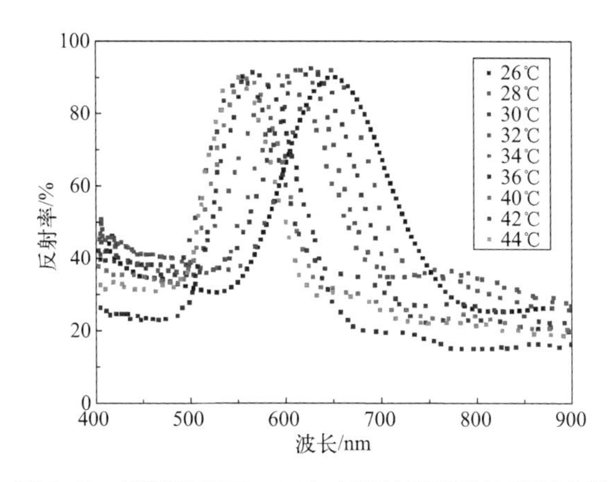

图 3-19　不同温度下 HIPEC 水凝胶光子晶体反射光谱

以不同温度下反射光谱的最大峰值与温度的关系作图，如图 3-20 所示。由图可更加直观地看出，随着温度的升高反射光谱向短波长方向移动。这主要是因为随着温度的升高，凝胶光子晶体膜脱水收缩，苯乙烯微球之间的距离变小，因此反射光谱向短波长方向移动，即蓝移。

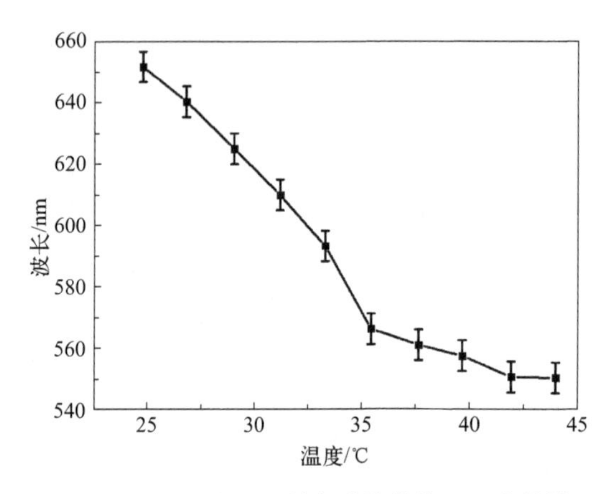

图 3-20　不同温度下反射光谱的峰值和温度的关系

3.3.3　温度响应型纤维素凝胶对药物的控制释放

亲脂性的药物可包覆在 $HBPEC_{EDGE}$ 水凝胶内部，通过温度的改变实现药物的可控释放。以两性霉素 B（AmpB）（图 3-21）为模型研究了不同温度下水凝胶对药物的包覆和释放行为，并对水凝胶的细胞毒性进行了测试。

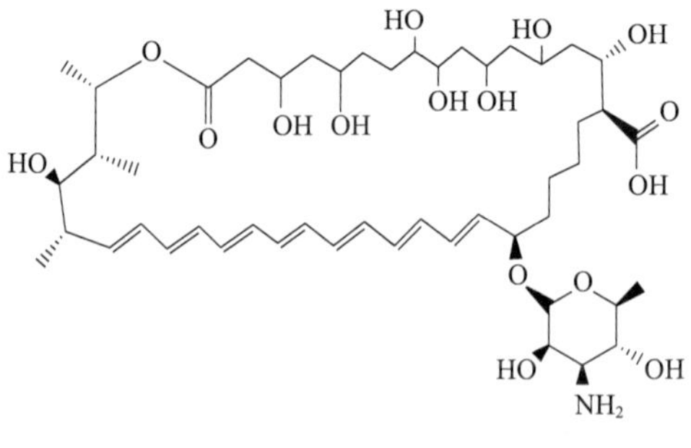

图 3-21　AmpB 的化学结构

3.3.3.1　$HBPEC_{EDGE}$ 水凝胶药物控制释放的研究方法

（1）HBPEC 水凝胶的载药实验　取一定量的 HBPEC 水凝胶，以两性霉素 B 为模拟药物研究水凝胶对药物的温度释控行为。将 HBPEC 水凝胶浸泡在 50mL 质量分数为 1mg/mL 的两性霉素 B 溶液中，4℃下浸泡 48h，用紫外可见光分光光度仪在 272nm 处测量两性霉素 B 溶液的透光率，并根据两性霉素 B

的标准曲线测定其浓度及其载药量。

（2）药物温度控制释放实验　将负载了两性霉素 B 的水凝胶分别浸泡在 36℃和 42℃的 100mL 磷酸盐缓冲溶液（PBS）中，一定时间后从烧杯中取出 3mL 的溶液测定其中两性霉素 B 的含量，为了保持 100mL 的溶液总量不变，同时补充 3mL 的 PBS 溶液。用紫外分光光度仪，在波长为 242nm 处测定两性霉素 B 浓度。

（3）HBPEC 水凝胶的细胞毒性测试　采用 MTT（噻唑蓝）法，通过将活细胞中的线粒体脱氢酶还原为不溶于水的蓝紫色的甲臜晶体来测评细胞活力。将正常人体肝细胞（HL-7702）和 10% 胎牛血清（FBS）同时以每孔 1×10^5/mL 的密度培养在 96 孔的 100μL 培养基中。培养 24h 后，用磷酸盐缓冲溶液（PBS）洗涤，然后分别将细胞培养在含有 10%FBS 和 8μmol/L、16μmol/L、32μmol/L、64μmol/L、125μmol/L、250μmol/L、500μmol/L、1000μmol/L HBPEC 的培养基中培养 12h。不含 HIPEC 的培养基作为对照组。然后将在 PBS 中制备的 10μL MTT 添加到培养基的每个孔中，并在 37℃的加湿培养箱中培养。4h 后，去除培养基，将不溶于水的蓝紫色的甲臜晶体溶解在二甲基亚砜（DMSO）中，用酶标仪在 490nm 和 570nm 处测量每个孔的光密度。

3.3.3.2　温度对两性霉素 B 释放的影响

纤维素基温度响应型水凝胶具有多孔结构，可将药物包覆在其孔洞结构中，通过控制温度实现药物的智能释放。以 VPTT 为 41.8℃的 HBPEC-4 水凝胶产品为药物载体，选择了两性霉素 B 作为模型进行药物温度控释实验。图 3-22 为两性霉素 B 水溶液的标准曲线。图 3-23 为包覆有 AmpB 的 HBPEC-4 水凝胶的药物缓释曲线。结果如图所示，在温度为 36℃时，AmpB 在 0 ～ 50h 内释放速率较为缓慢，当温度升高至 42℃时，AmpB 的释放量突然增大。主

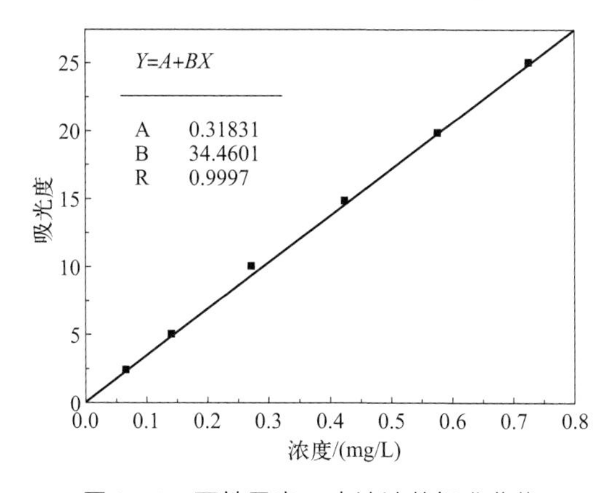

图 3-22　两性霉素 B 水溶液的标准曲线

要原因是水凝胶通过物理扩散的方式进行药物释放，相温度越高，水分子之间越活跃，AmpB 释放的速率会越大。同时，温度升高，水凝胶收缩，有更多的 AmpB 排出。

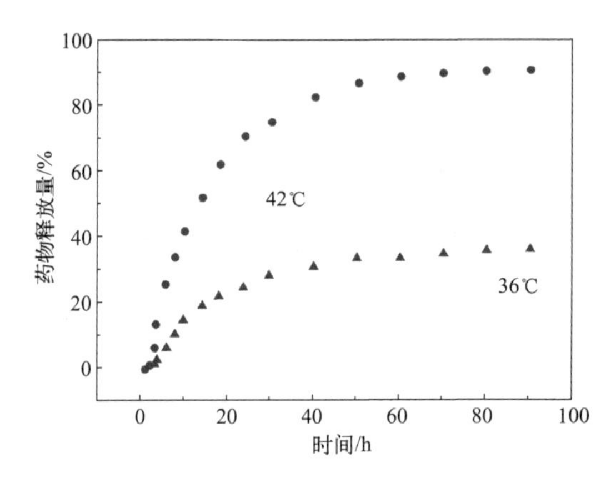

图 3-23　温度为 36℃和 42℃时，AmpB 在 0 ~ 50h 内的释放曲线

3.3.3.3　HBPEC 水凝胶的细胞毒性

使用 MTT 分析和共聚焦激光扫描显微镜（CLSM）通过正常肝细胞（HL-7702）研究 HBPEC-4 聚集体的细胞毒性。如图 3-24 所示，即使在高浓度下，细胞也表现出非常高的生存力。在 HBPEC-4 浓度范围从 8μmol/L 到 1000μmol/L 时，细胞存活率超过 95%, 表明 HBPEC-4 聚集体在 HL-7702 细胞中具有优异的生物相容性。

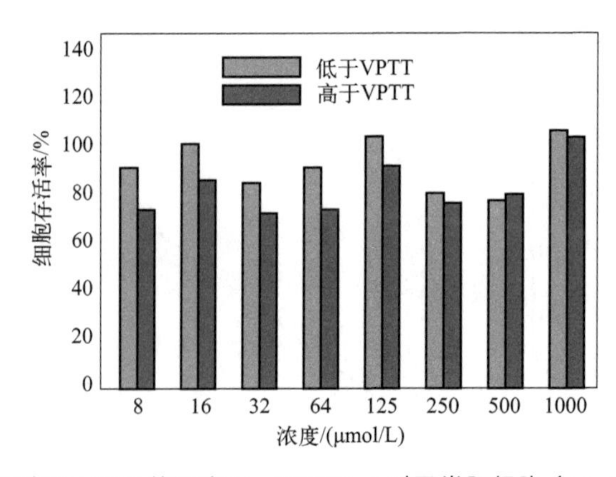

图 3-24　在低于和高于 VPTT 的温度下，HBPEC-4 对正常肝细胞（HL-7702）的细胞毒性

第4章 温度响应型烷基淀粉化学品

原淀粉、降解淀粉及羟乙基淀粉等生物质资源由于天然、廉价、无毒、可降解且可再生等优点，其开发和应用越来越受到研究者们的关注。结合温敏性的原理，通过对淀粉原料进行疏水化改性，调控淀粉分子链的疏水亲水平衡，可以合成具有温度响应性能的淀粉衍生物。随着淀粉衍生物在温度响应性能领域研究的深入，可以扩展其在智能催化、药物载体、生物技术、分离工程、传感器等领域的应用[34-38]。

4.1
2-羟基-3-烷氧基丙基羟乙基淀粉（HAPS）的合成及性能研究

本节利用不同碳链的缩水甘油醚为疏水性小分子与羟乙基淀粉在水介质中发生碱催化反应，制备温敏性的高分子材料，研究不同的疏水性碳链对制备的高分子材料的温度响应性能、自组装行为及温度响应聚集行为的影响，另外，还研究了温敏性高分子材料的温度响应性能与共溶质无机盐（氯化钠）及高分子材料浓度的关系。

4.1.1 HAPS 的制备及表征

（1）HAPS 的制备　在碱催化下，羟乙基淀粉（StOH）与烷基缩水甘油醚的反应机理如图 4-1 所示。

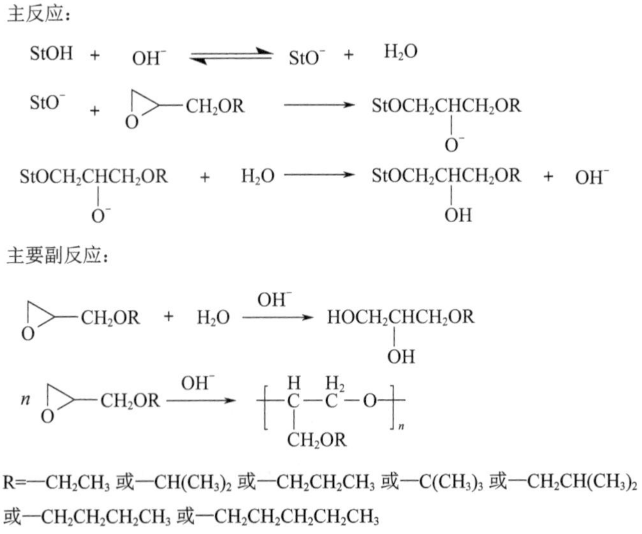

主反应：

$$StOH + OH^- \rightleftharpoons StO^- + H_2O$$

$$StO^- + \underset{O}{\triangleright}\!-CH_2OR \longrightarrow StOCH_2\underset{\displaystyle O^-}{\underset{|}{C}}HCH_2OR$$

$$StOCH_2\underset{\displaystyle O^-}{\underset{|}{C}}HCH_2OR + H_2O \longrightarrow StOCH_2\underset{\displaystyle OH}{\underset{|}{C}}HCH_2OR + OH^-$$

主要副反应：

$$\underset{O}{\triangleright}\!-CH_2OR + H_2O \xrightarrow{OH^-} HOCH_2\underset{\displaystyle OH}{\underset{|}{C}}HCH_2OR$$

$$n\ \underset{O}{\triangleright}\!-CH_2OR \xrightarrow{OH^-} \left[\overset{H}{C}(CH_2OR)-\overset{H_2}{C}-O\right]_n$$

R=—CH_2CH_3 或—$CH(CH_3)_2$ 或—$CH_2CH_2CH_3$ 或—$C(CH_3)_3$ 或—$CH_2CH(CH_3)_2$ 或—$CH_2CH_2CH_2CH_3$ 或—$CH_2CH_2CH_2CH_2CH_3$

图 4-1　2-羟基-3-烷氧基丙基羟乙基淀粉醚合成主反应和副反应

从上述主反应可以看出，为使羟乙基淀粉与烷基缩水甘油醚的反应顺利进行，羟乙基淀粉首先与碱发生反应形成氧负离子活性中心，增加亲核性，该步反应越快，整体反应速度也越快，反应效率和取代度也都越高。因此从合成角度来看，碱用量的增大有利于整个反应进行。然而碱用量过多时，淀粉颗粒发生胶化，形成胶团粘合在一起，使反应试剂不能均匀、顺利地扩散到淀粉颗粒表面及颗粒内部，反应难于进行。另外，在高浓度碱中，烷基缩水甘油醚会发生两个主要副反应，即烷基缩水甘油醚的水解反应及自身聚合反应，生成的副产物无反应活性，从而降低烷基缩水甘油醚的反应效率。

羟乙基淀粉醚的取代度是衡量反应效率的关键，平均每个葡萄糖单元 (AGU) 结合取代试剂的物质的量定义为羟乙基淀粉醚的平均摩尔取代度（MS）。MS 使用 ^{1}H-NMR 来测定，利用端位的 CH_3 及 AGU 中 H1 的积分面积的比值来计算。

$$MS=\frac{\left(\frac{I_{CH_3}}{n}\right)}{I_{H1}} \tag{4.1}$$

公式中 I_{CH_3} 为 ^{1}H-NMR 谱图中吸收峰 0.6 ～ 1.1 处的积分面积，即为取代基末端甲基的吸收峰，I_{CH_3}/n 值代表取代基的物质的量。I_{H1} 为 ^{1}H-NMR 谱图中吸收峰 4.7 ～ 5.5 处积分面积，即为羟乙基淀粉葡萄糖单元 (AGU) 上异头碳上质子的吸收峰，I_{H1} 值代表 AGU 的物质的量。通过两者的比值可以计算出变性羟乙基淀粉的取代度。式（4.1）中 n 取决于烷基的结构，当烷基为正丙基、正丁基、正戊基时，n=3；当烷基为异丙基、异丁基时，n=6；当烷基为叔丁基时，n=9。

以羟乙基淀粉（摩尔质量 5×10^5g/mol，$MS_{羟乙基}$=0.5）为原料，使用的烷基缩水甘油醚包括乙基缩水甘油醚（EGE）、异丙基缩水甘油醚（*i*-PGE）、正丙基缩水甘油醚（*n*-PGE）、叔丁基缩水甘油醚（*t*-BGE）、异丁基缩水甘油醚（*i*-BGE）、正丁基缩水甘油醚（*n*-BGE）、正戊基缩水甘油醚（*n*-PeGE）。$m(H_2O)$∶m(AGU)=2∶1，n(NaOH)∶n(AGU)=0.5∶1，70℃下碱化 1h，加入取代缩水甘油醚后继续反应 5h。通过控制烷基缩水甘油醚的加入量，获得不同烷基结构及不同取代度的羟乙基淀粉醚，结果如表 4-1 所示。

（2）HAPS 的表征　HAPS 的取代度用 ^{1}H-NMR 进行表征，利用式（4.1）计算，结果如表 4-1 所示。

由图 4-2（b）可知，未经取代的羟乙基淀粉 AGU 上 H1 的峰出现在 5.5 附近，且峰特别尖锐，而取代后的 H1 的峰，受 2-O 位置发生反应的影响则会变平缓。另外，虽然不同的烷基端位甲基 H 的化学位移会有所不同，但是均

表 4-1 2-羟基-3-烷氧基丙基羟乙基淀粉醚的制备

样品	n(AGE)∶n(AGU)	MS	反应效率 /%	LCST/℃	M_w/($\times10^5$g/mol)	PDI	CMC/(mg/L)
i-PHS-1	3.00	2.43	81.0	33.3	3.24	3.03	53.61
i-PHS-2	2.50	2.23	89.2	38.7	4.02	2.92	113.82
i-PHS-3	2.00	1.86	93.0	44.8	4.88	1.46	170.23
i-PHS-4	1.50	1.13	75.3	59.5	3.43	3.16	224.98
n-PHS-1	3.00	1.71	57.0	24.0	5.16	2.21	63.28
n-PHS-2	2.50	1.55	62.0	30.1	3.00	2.12	144.61
n-PHS-3	2.00	1.37	68.5	37.2	2.24	3.93	230.38
n-PHS-4	1.50	0.98	65.3	49.4	1.92	3.77	280.53
t-BHS-0	3.00	2.03	67.7	22.0	4.38	2.38	62.46
t-BHS-1	2.75	1.72	62.6	24.5	20.24	4.00	80.23
t-BHS-2	2.50	1.50	60.2	28.0	23.09	4.06	164.43
t-BHS-3	2.25	1.38	61.3	31.2	11.15	4.20	212.32
t-BHS-4	2.00	1.27	63.5	34.7	15.66	3.00	262.26
t-BHS-5	1.75	1.01	57.7	39.6	13.24	3.14	307.73
t-BHS-6	1.50	0.92	61.3	46.5	15.31	1.53	336.87
t-BHS-7	1.25	0.88	70.4	52.0	19.13	1.58	538.31
t-BHS-8	1.00	0.69	69.4	65.9	15.63	1.45	609.83
i-BHS-1	1.50	1.08	72.0	—	98.75	1.09	5.23
i-BHS-2	1.25	0.84	67.2	—	49.89	2.45	18.93
i-BHS-3	1.00	0.60	60.0	44.9	24.95	3.48	121.25
i-BHS-4	0.75	0.48	64.0	55.3	19.48	2.59	230.25
n-BHS-1	1.25	0.79	63.2	16.0	1.67	1.32	4.81
n-BHS-2	1.00	0.68	68.0	27.3	1.65	1.23	9.05
n-BHS-3	0.75	0.48	64.1	43.6	2.41	1.45	51.14
n-PeHS-1	0.63	0.37	59.2	—	4.70	2.47	6.14
n-PeHS-2	0.50	0.29	58.0	—	6.45	2.82	16.60

注：*i*-PHS、*n*-PHS、*t*-BHS、*i*-BHS、*n*-BHS、*n*-PeHS 分别对应的是 *i*-PGE、*n*-PGE、*t*-BGE、*i*-BGE、*n*-BGE、*n*-PeGE 与羟乙基淀粉反应的产物。

在 1.0 附近，并且除与 O 原子直接相连的碳上的质子会出现在 3.0 ～ 4.0，其他烷基碳上的质子会在相应的地方出峰，如 *n*-PHS 中与端位甲基相连的亚甲基的质子会在 1.4 附近出峰，而 *i*-BHS 中与端位甲基相连的叔碳上的质子会在 1.7 附近出峰。

如图 4-2（a）所示，*n*-BHS 及 *n*-PeHS 结构上的差别更小，对应的 ^{1}H-NMR

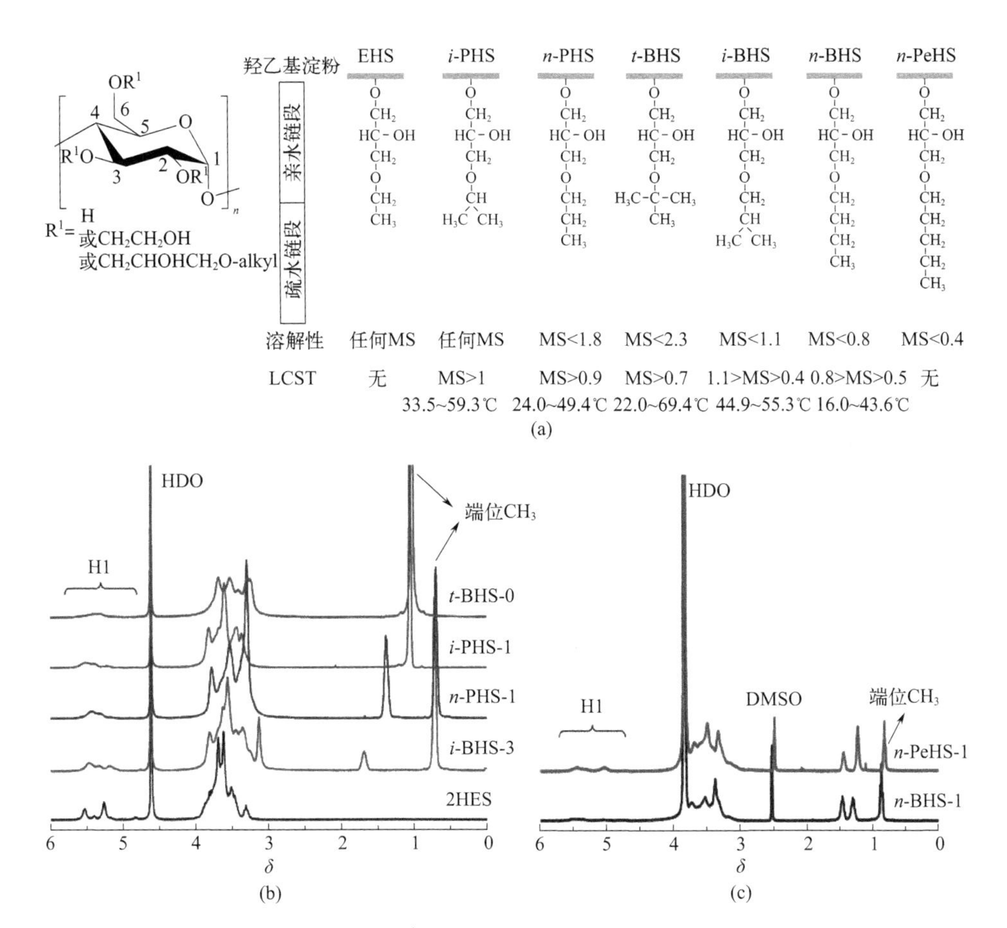

图 4-2　HAPS 的 ^{1}H-NMR 谱图（DMSO 及 D_2O 作溶剂）

基本上相同，只是在 1.25 附近的亚甲基的峰，*n*-PeHS-1 比 *n*-BHS-1 稍强些，这主要是因为在此处正戊基中靠近端位甲基有两个亚甲基，而正丁基只有一个亚甲基。

4.1.2　HAPS 的温度响应性能研究

从图 4-3 中不同烷基结构的羟乙基淀粉醚的透光率随温度的变化曲线中，可以看到 *i*-PHS、*n*-PHS 及 *t*-BHS 水溶液的透光率会在某一温度点处迅速降至 0% 附近，而 *i*-BHS 及 *n*-BHS 水溶液的透光率随着温度的升高逐渐降低。这一变化会直接反映在水溶液的状态上，如图 4-4 所示，加热时 *i*-PHS、*n*-PHS 及 *t*-BHS 的水溶液直接从无色透明变成乳白色不透明（直接从 1 变到 3），而 *i*-BHS 及 *n*-BHS 的水溶液从无色透明变成乳白色不透明，则需经过蓝色透明的中间过程（从 1 变到 2，然后才会呈现 3 的状态）。导致这一现象的原因可能是：短链的或者支链多的烷基结构，由于烷基的疏水性相对较弱，获得温敏性的产物需要的取代度会较高，分子中疏水基团的数量会更多，当温度高于 LCST 时，疏水基团间的作用会更强，发生相分离会更快；长链的或者支链少的烷基结构，烷基的疏水性相对较强，在较低的取代度下就能获得温敏性的产品，分子与水分子的氢键作用会更强，当温度高于 LCST 时，疏水作用会相对较弱，发生相分离就需要更长的时间。无论是碳链的长短，还是支链的多少，对温敏性的影响，都是烷基结构对整个分子的亲水亲油平衡的贡献不同所引起的。

另外，对于同一烷基结构的羟乙基淀粉醚而言，LCST 随着 MS 的升高而逐渐降低。这一变化也可归结为疏水性烷基对分子的亲水亲油平衡的贡献：MS 越高，分子中疏水烷基的数量就越多，亲水基团与水分子间的氢键作用就越弱，则需要更少的能量来破坏聚合物分子链与水分子间氢键，使疏水作用越强，发生相分离时的温度越低，即 LCST 会更低。

从表 4-1 及图 4-3 可以看到，*i*-PHS、*n*-PHS、*t*-BHS、*i*-BHS 及 *n*-BHS 的 LCST 可以通过取代度来调节，其调节范围分别为 33.3 ～ 59.5℃、24.0 ～ 49.4℃、22.0 ～

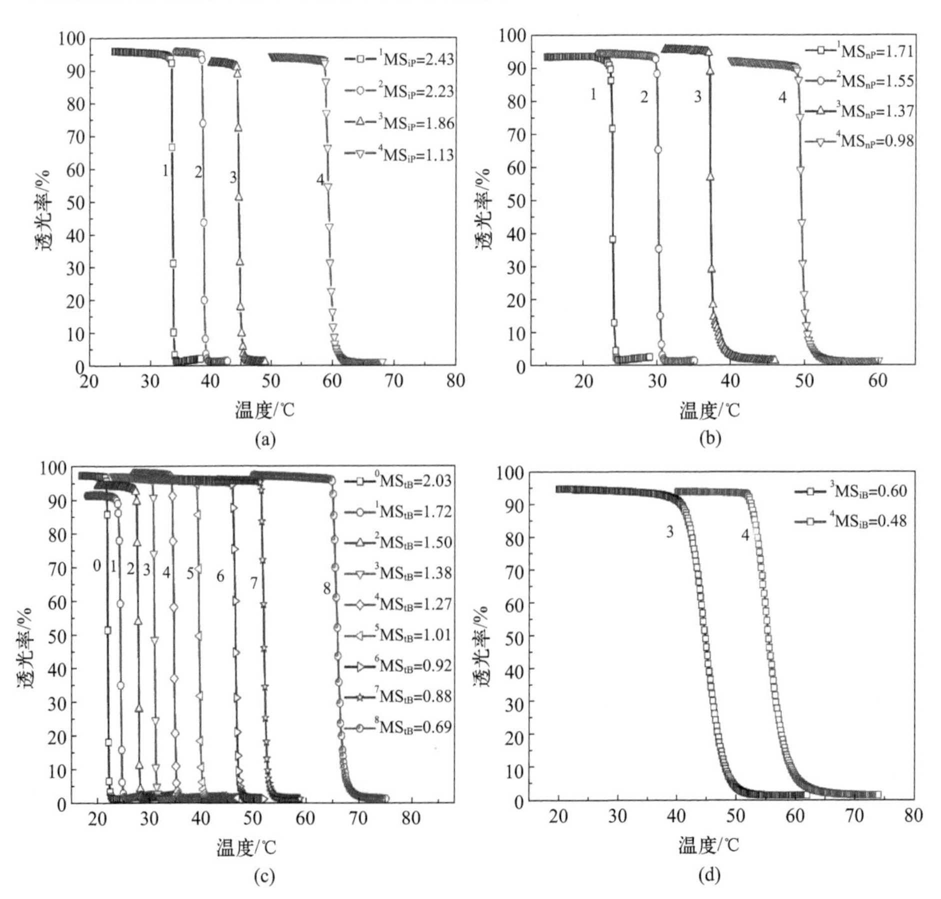

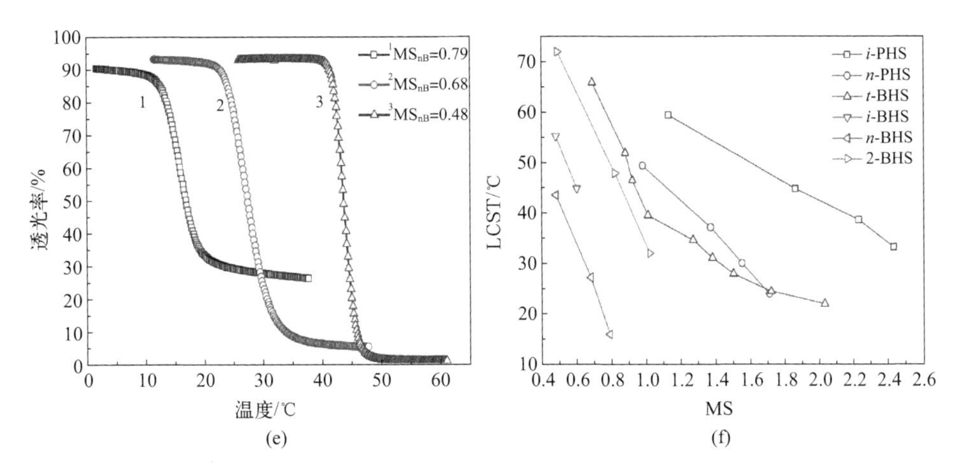

图 4-3　*i*-PHS（a）、*n*-PHS（b）、*t*-BHS（c）、*i*-BHS（d）、*n*-BHS（e）水溶液透光率随温度的变化及取代度对 LCST 的影响（f）

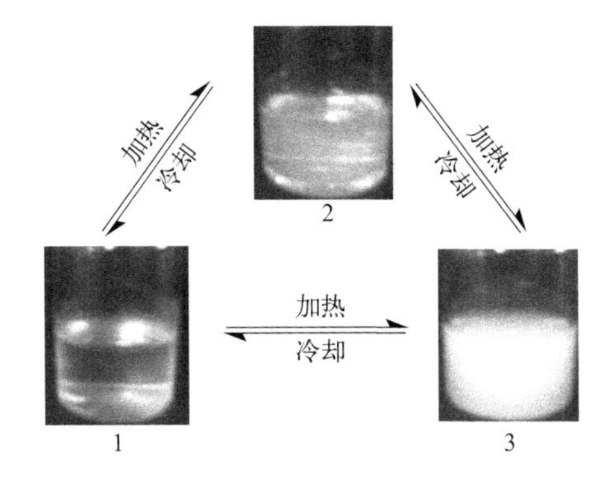

图 4-4　温度响应型的 2-羟基-3-烷氧基丙基羟乙基淀粉醚水溶液在不同温度下的状态

65.9℃、44.9 ～ 55.3℃及 16.0 ～ 43.6℃。而且可以看到，不同的烷基结构调节的 LCST 的范围也是不同的，也即 LCST 不仅可以通过取代度来调节，还可以通过改变烷基的结构来调节，这样可以满足更大温度范围的应用。

温敏可逆性是温度响应型聚合物温敏性能是否优异的另外一个重要参数。传统的 PNIPAM，由于温度升高而发生相分离时，会形成分子内氢键，使得降温时，需要更多的时间来解离，温敏可逆性不好，限制了它的应用。如图 4-5 所示，制备的温敏性的羟乙基淀粉醚的加热曲线与冷却曲线基本是重合的，说明羟乙基淀粉醚的温敏可逆性很好。

盐含量和样品浓度对 LCST 的影响，对其应用于生物医学领域极为重要，因此研究了 NaCl 含量及样品浓度对 LCST 的影响。如图 4-6（a）～（d）所示，*i*-BHS-1 及 *n*-PeHS-1 的水溶液均不具有温敏性，其水溶液在加热过程中只会从无色透明变为蓝色透明，但是一旦加入 NaCl，在加热过程中可以看到其水溶

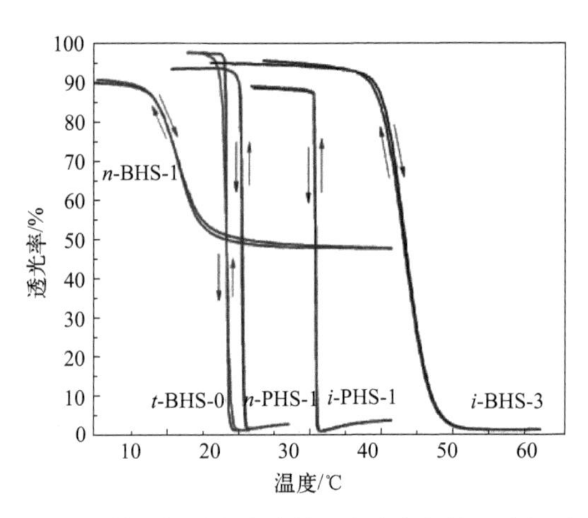

图 4-5　5g/L 的羟乙基淀粉醚水溶液的透光率在加热和冷却过程中的变化

液均会发生相分离，具有了温敏性。温敏性不太好的 *n*-BHS-1 水溶液在加入 NaCl 之后，对温度的敏感性显著增强，这直接体现在其透光率随温度变化的曲线变得非常陡。另外，图 4-6（e）中，当 NaCl 浓度从 0.01mol/L 升至 0.20mol/L 时，*t*-BHS 样品在所有取代度范围内，LCST 都是逐渐降低的。如图 4-6（f）所示，LCST 降幅是与取代度直接相关的，当 *t*-BHS 的取代度从 0.69 增大到 2.03 时，LCST 的降幅从 7.2℃下降至 2.7℃，也即取代度越高，NaCl 浓度对 LCST 的影响越小。从实验结果可以看到，NaCl 的加入，一方面可以使得不具有温敏性的样品具有温敏性；另一方面，还能够降低 LCST 和增强样品水溶液对温度的敏感性。NaCl 对 LCST 的影响，可以解释为：NaCl 的加入，破坏了水分子在高分子周围形成的水化层，使得加热时，高分子脱水容易进行，疏水作用加强，从而降低 LCST。对于那些疏水性较强的样品，由于水分子与高分子之间作用较强，比较稳定，单纯的加热无法破坏水分子与高分子之间的作用，相分离无法发生，而 NaCl 的加入，会诱导水分子与高分子间氢键的解离，加热后，易于发生相分离。取代度越高，NaCl 的盐析效应会越弱，这主要是因为 NaCl 主要是通过破坏高分子的水化层改变 LCST，而取代度高，加热脱水容易进行，额外引入的 NaCl 只是起一个辅助的作用；相反低取代度，NaCl 的脱水贡献则会突出些，所以最终会反映在 LCST 的变化上。

样品浓度对 LCST 的影响也是聚合物应用时一个非常重要的考虑因素。从图 4-7 中可以看到，随着样品浓度的降低，透光率随温度变化曲线变得平缓［图 4-7（a）和（b）］，随着浓度的升高，LCST 均是逐渐下降的［图 4-7（c）］，且降幅几乎是随着取代度的升高而减小的，当浓度从 0.5mg/mL 升至 5mg/mL 时，*t*-BHS-0 及 *t*-BHS-8 的 LCST 分别降低了 1.1℃及 6.0℃。

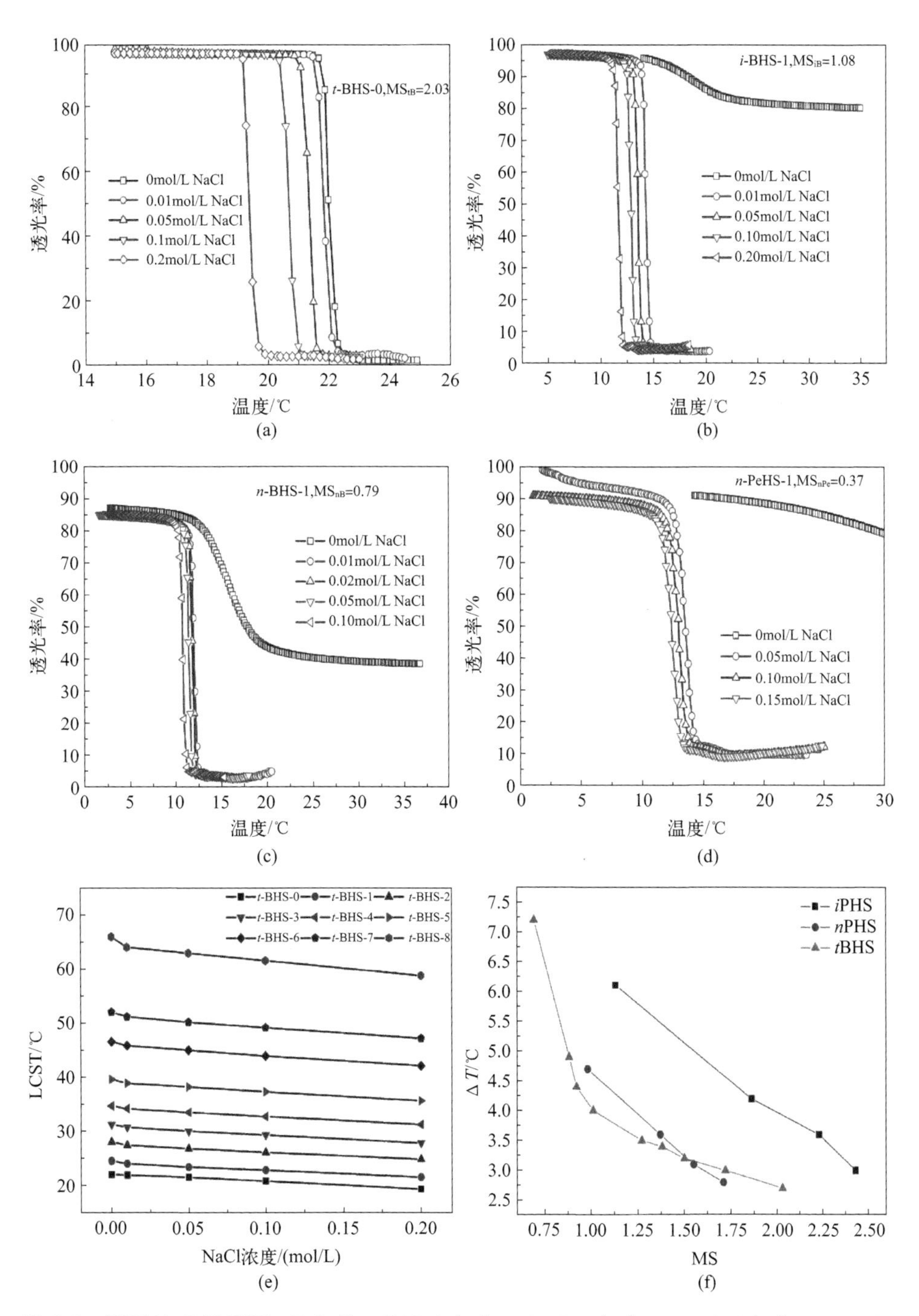

图 4-6　不同 NaCl 浓度下，5g/L 的 *t*-BHS-0（a）、*i*-BHS-1（b）、*n*-BHS-1（c）、*n*-PeHS-1（d）水溶液的透光率随温度的变化，NaCl 浓度对 *t*-BHS 的 LCST 的影响(e)及 *i*-PHS、*n*-PHS、*t*-BHS 的抗盐性随取代度的变化（f）

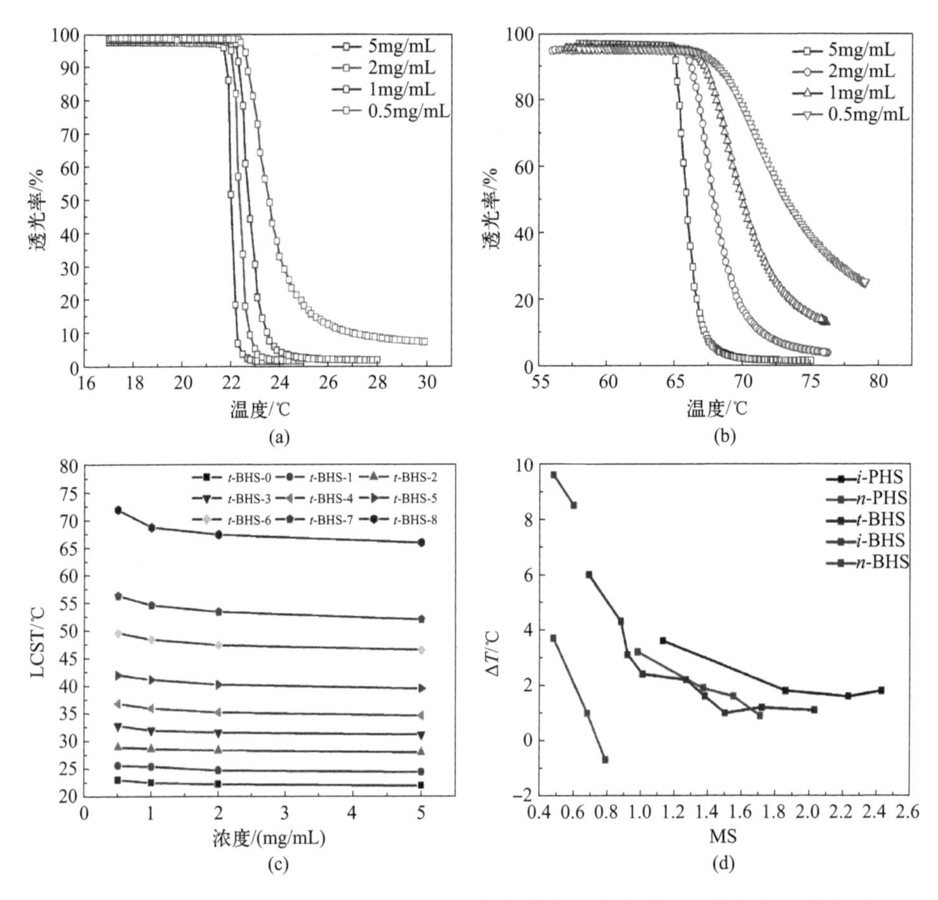

图 4-7 不同浓度的 *t*-BHS-0（a）、*t*-BHS-8（b）水溶液透光率随温度的变化，浓度对 *t*-BHS 的 LCST 的影响（c）及浓度对 LCST 的影响与取代度的关系（d）

4.1.3 HAPS 的自组装行为及其温度响应聚集行为研究

4.1.3.1 HAPS 的自组装行为

2-羟基-3-烷氧基丙基羟乙基淀粉醚的结构中，不仅有亲水性的葡萄糖单元骨架及羟乙基，还有疏水性的烷基，因此其具有两亲结构。当两亲性淀粉醚的浓度超过一定值时，由于疏水烷基的憎水作用，为了能够稳定存在于水溶液中，疏水性的烷基会形成疏水性的内核，亲水性的基团覆盖在外层，从而形成胶束结构，胶束的疏水性内核可以增溶疏水性客体分子。利用芘作为荧光探针，研究了两亲性淀粉醚在水溶液中的自组装行为，并确定了其临界胶束浓度（CMC）。

如图 4-8（a）所示，*n*-BHS-2（MS=0.68）水溶液浓度从 0.0001g/L 上升到 1g/L 时，芘的激发光谱的强度是增强的，并且伴随着低能量处的峰的红移，从 334nm 处移动到 338nm 处。这表明随着浓度的增加，水溶液中芘所处环境的极性发生了变化。利用芘的激发光谱中 I_{338}/I_{334} 的值会随着芘所处环境的极性发生突变的特点，确定淀粉醚的 CMC，如图 4-8（b）所示，*n*-BHS-2 CMC 为 9.05mg/L。

CMC 的大小可以间接表示表面活性剂的疏水性强弱，2-羟基-3-烷氧基丙基羟乙基淀粉醚的疏水性一方面可以通过取代度来调节，另一方面，可以通过烷基的结构来调节。如图 4-8（c）所示，对于同一烷基结构的羟乙基淀粉醚来说，CMC 随着取代度的升高而降低，这主要是因为随着取代度的升高，结构中疏水性烷基的量也会增加，疏水性会增强，对芘的增溶效果就会更好，因此 CMC 会更小。对于不同烷基结构的淀粉醚来说，通过比较 CMC 来确定淀粉醚疏水性强弱就变得尤为复杂，主要是因为烷基的疏水性不同，会直接影响其水

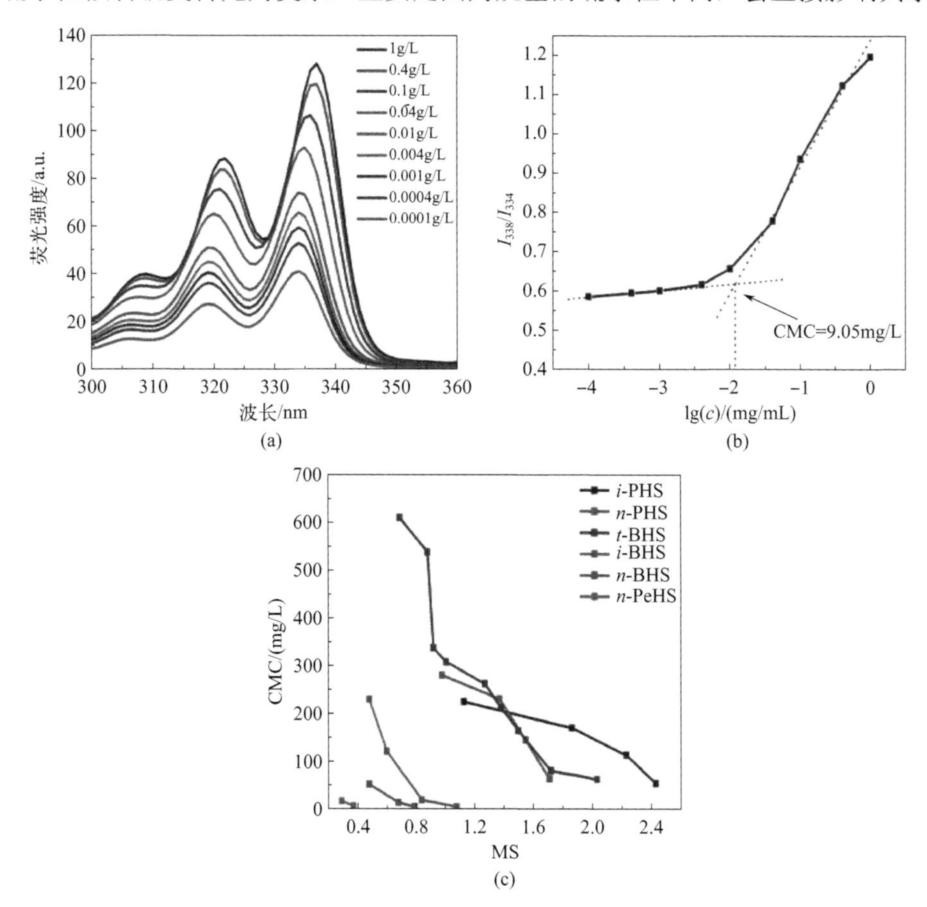

图 4-8　浓度对 *n*-BHS-2 溶液中芘的激发光谱的影响（a），浓度对 *n*-BHS-2 溶液中芘的激发光谱 I_{338}/I_{334} 的影响（b）及取代度对羟乙基淀粉醚的 LCST 的影响（c）

溶性产品的取代度区间。如图4-8（c）所示，疏水性较强的正戊基，当MS高于0.4，产品便会不溶于水，虽然*n*-PeHS-2的MS(0.29)不足*i*-PHS-1 MS(2.43)的1/8，但是其CMC=16.60mg/L，仍然比*i*-PHS-1（CMC=53.61mg/L）要小。实验结果显示，烷基的疏水性强弱顺序为正戊基＞正丁基＞异丁基＞叔丁基≈正丙基＞异丙基。

4.1.3.2 HAPS的温度响应聚集行为研究

温度响应型淀粉醚在水溶液中的浓度高于CMC时，可以自组装形成胶束，因淀粉醚具有温敏性，这里主要研究温度对胶束尺寸的影响。采用动态光散射法研究温度对胶束尺寸的影响。

图4-9是温敏性的*i*-PHS-1、*n*-PHS-1、*t*-BHS-0、*i*-BHS-3及*n*-BHS-3水溶液中的胶束尺寸随温度的变化。从图中可以看到，当温度低于LCST时，温度对胶束尺寸没有影响，而当温度高于LCST，不仅对应的透光率曲线会发生突变，而且胶束尺寸也会剧增，说明溶液中胶束发生了聚集，当温度进一步升高时，胶束尺寸会有一定的下降。另外，从图4-9中可以看到，胶束尺寸的突变温度与LCST是一致的。

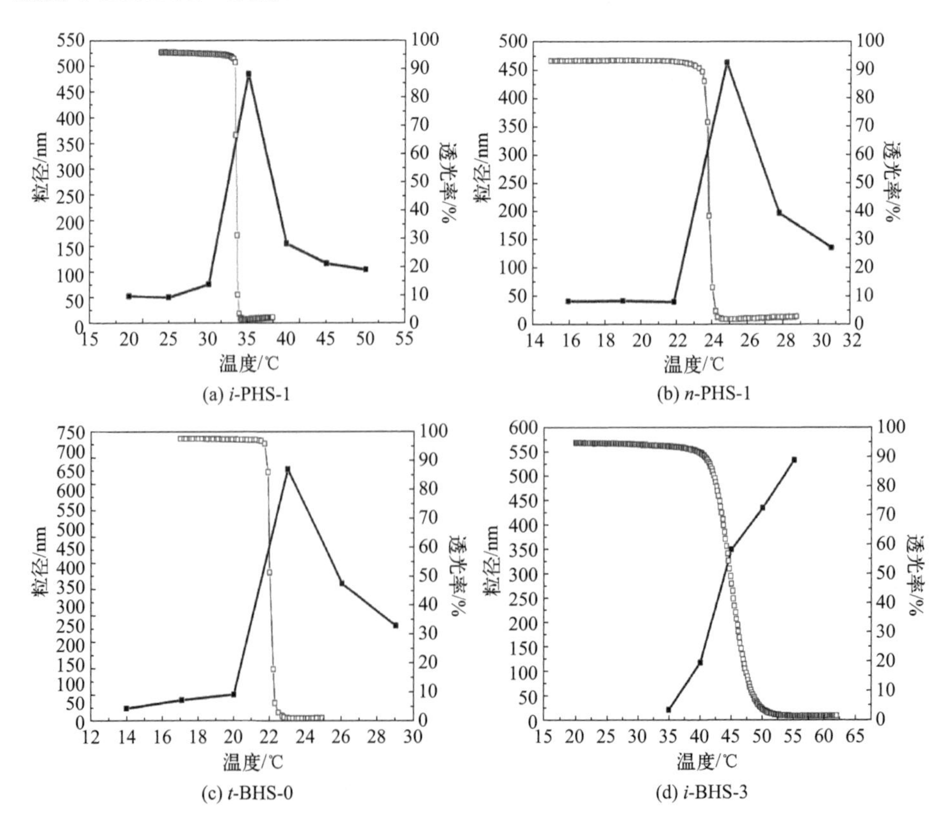

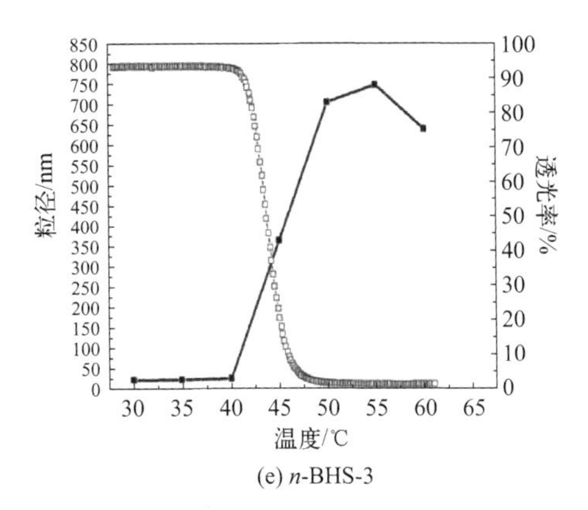

(e) *n*-BHS-3

图 4-9　羟乙基淀粉醚水溶液透光率及胶束尺寸随温度的变化

4.2 2-羟基-3-[2-丁氧基(乙氧基)$_m$]丙基降解蜡质玉米淀粉(BE_mS)的合成及性能研究

4.2.1 BE_mS 的合成与表征

4.2.1.1 BE_mS 的制备

合成方法与 4.1 相同，只是原料上有所不同，选择的多糖为降解的蜡质玉米淀粉，醚化剂为丁基缩水甘油醚（BGE）、2-丁氧基乙基缩水甘油醚（BEGE）及 2-(2-丁氧基乙氧基) 乙基缩水甘油醚（BE_2GE）。

2-羟基-3-[2-丁氧基 (乙氧基)$_m$] 丙基降解蜡质玉米淀粉醚的合成条件与 4.1 相同，即 $m(H_2O)$∶m(AGU)=2∶1，n(NaOH)∶n(AGU)=0.5∶1，70℃下碱化 1h，70℃下反应 5h。产品的 MS 使用 ^{1}H-NMR 来测定，利用端位的 CH_3 及 AGU 中 H1 的积分面积的比值来计算：

以降解蜡质玉米淀粉（摩尔质量 M_w=1.23×10^6g/mol）为原料，通过控制醚化剂的加入量，获得不同烷基结构及不同取代度的淀粉醚，其结果如表 4-2 所示。

4.2.1.2 BE_mS 的表征

2-羟基-3-[2-丁氧基 (乙氧基)$_m$] 丙基降解蜡质玉米淀粉醚（BE_mS）的取代度用 ^{1}H-NMR 表征，用式（4.1）计算，结果如表 4-2。

表 4-2　2-羟基-3-[2-丁氧基（乙氧基）$_m$] 丙基降解蜡质玉米淀粉醚的制备

样品	n(AGE)：n(AGU)	MS	反应效率 /%	LCST/℃	M_w/(×10^5g/mol)	PDI	CMC/(mg/L)
BS-1	0.75	0.68	90.7	23.6	11.8	6.76	13.90
BS-2	0.63	0.57	91.2	28.0	2.60	1.87	32.32
BS-3	0.50	0.46	92.0	41.8	3.40	1.88	93.94
BES-1	1.00	0.85	85.0	23.1	23.70	9.93	5.98
BES-2	0.75	0.64	85.3	31.1	1.70	1.25	21.54
BES-3	0.50	0.49	98.0	46.0	2.88	1.57	258.15
BE_2S-1	1.50	1.31	87.3	17.5	48.00	6.90	2.76
BE_2S-2	1.25	1.13	90.4	23.7	27.90	7.31	15.89
BE_2S-3	1.00	0.94	94.0	28.7	7.27	3.04	30.72
BE_2S-4	0.75	0.65	86.7	34.5	1.74	1.34	141.82
BE_2S-5	0.50	0.42	84.0	55.0	4.42	1.83	278.11

图 4-10 为取代度相近的三种产品 BS-1（MS=0.68）、BES-2（MS=0.64）及 BE_2S-4（MS=0.65）的 ^{1}H-NMR。AGU 上 H1 的峰出现在 δ4.5 ～ 5.5 的范围内，AGU 上其他的质子峰出现在 δ3.0 ～ 4.5 的范围内，取代基中 H7 ～ H12 的峰也在 δ3.0 ～ 4.5 的范围内，H13 的化学位移为 1.55，H14 的化学位移为 1.31，H15 的化学位移为 0.88。因为三种醚化剂的结构具有相似性，所以三者的 ^{1}H-NMR 中各种质子的化学位移是基本一致的。三种醚化剂结构中的不同主要体现在乙氧基的数目上，乙氧基的中质子的化学位移虽然都是出现在相同的位置，但是由于含量的不同，取代度相近的 BS-1、BES-2 及 BE_2S-4 的 ^{1}H-NMR 中 δ3.0 ～ 4.5 范围内峰的强度是与乙氧基数目成正比的，即随着 BS-1、BES-2 及

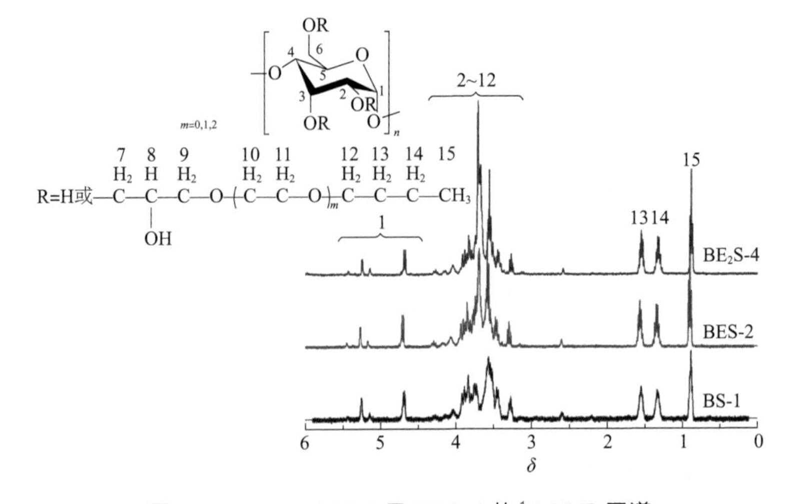

图 4-10　BS-1、BES-2 及 BE_2S-4 的 ^{1}H-NMR 图谱

BE_2S-4 中乙氧基数目的增加，此区间的峰也增强。

4.2.2 BE_mS 的温度响应性能研究

与 HAPS 相同，通过引入小分子醚化剂，调节亲水亲油基团的比例可获得温敏性的淀粉醚。与前述不同的是，HAPS 是通过不同的烷基结构来调节温敏性，即通过调节疏水性基团的比例来调节温敏性，而这里是将疏水性烷基固定，通过引入亲水性的乙氧基单元，调节亲水基团的比例来调节温敏性。两者都是符合制备温度响应型聚合物的基本原理的，即通过调节分子中的亲水亲油平衡来获得温度响应型聚合物。实验结果表明，制备的 2-羟基-3-[2-丁氧基 (乙氧基$)_m$] 丙基降解蜡质玉米淀粉醚（BE_mS）在一定的取代度范围内具有温敏性。

制备的温敏性的 BE_mS 水溶液的状态会随着温度的变化而发生变化，如图 4-11 所示，在低温下，水溶液呈无色透明，温度逐渐升高时，水溶液会变为蓝色透明，温度进一步升高时，水溶液会呈白色乳状。LCST 是表征温度响应型聚合物温敏性能重要参数。温敏性的 BE_mS 水溶液的透光率随温度的变化曲线如图 4-12（a）～（c）所示，透光率都是随着温度的升高而逐渐下降的，且最终会接近 0%，但是温敏性的 BS、BES 及 BE_2S 中高取代度的 BS-1、BES-1、BE_2S-1 及 BE_2S-2 的透光率不会降至 0%，这可能是因为取代度高的结构中，由于温度的升高，使得疏水性的丁基之间的疏水作用加强，此时的疏水作用与水合作用刚好可以由外来热量抵消掉，致使体系比较稳定，分子间的聚集不再发生，透光率不再下降。

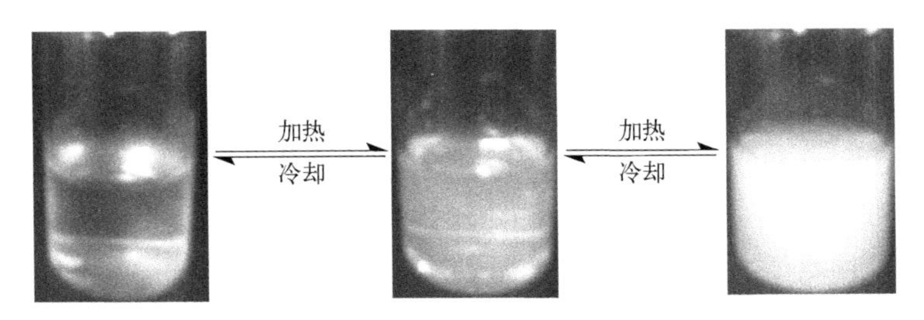

图 4-11　温度响应型 BE_mS 水溶液在不同温度下的状态

如图 4-12（d）所示，LCST 会随着取代度的升高降低。BS 的取代度从 0.46 上升到 0.68，对应的 LCST 从 41.8℃降至 23.6℃。另外，引入亲水性的乙氧基单元可以使 LCST 在更大的区间内调节，如 BES 的 LCST 可以在 23.1 ～ 46.0℃的范围内调节，BE_2S 的 LCST 可以在 17.5 ～ 55.0℃的范围内调节。

如表 4-2 所示，BS-1（MS=0.68）、BES-2（MS=0.64）及 BE_2S-4（MS=0.65），三者的取代度是相近的，基本上可以忽略取代度对 LCST 的影响，因此可以单一研究乙氧基单元的数目对 LCST 的影响。三者的 LCST 分别为 23.1℃、31.3℃

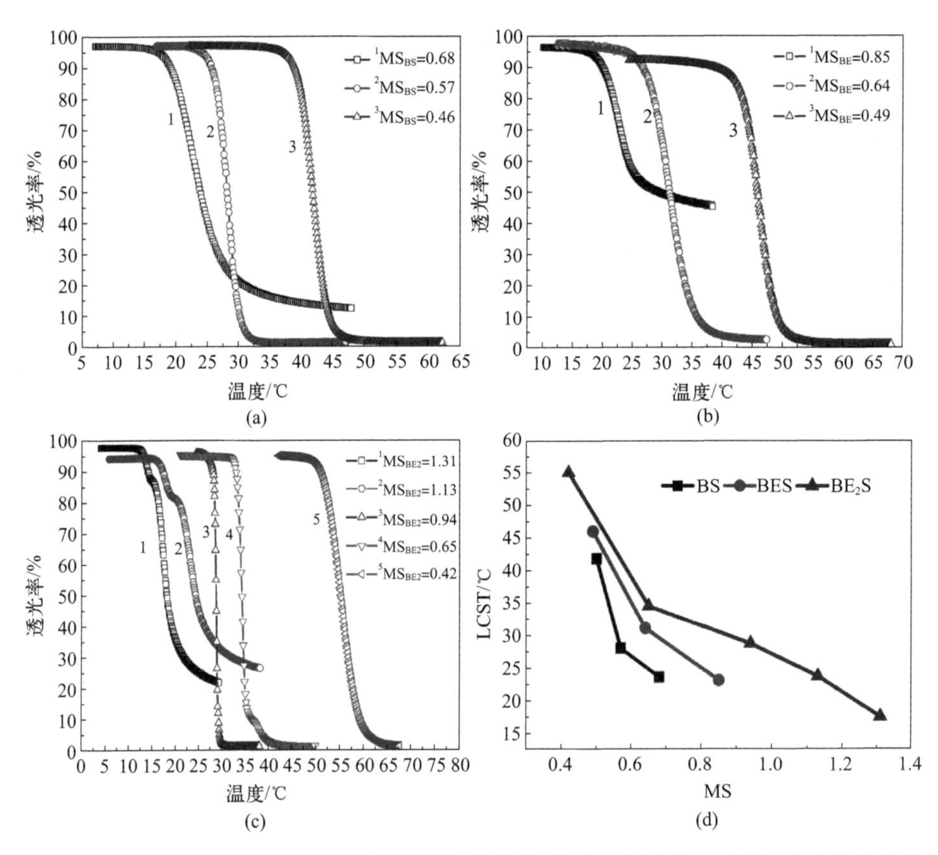

图 4-12　5g/L 的 BS（a）、BES（b）、BE_2S（c）水溶液的透光率随温度的变化及取代度对 LCST 的影响（d）

及 34.5℃，也即随着亲水性的乙氧基单元数目的增加，LCST 会升高。产品是否具有温敏性，主要是由高分子与水之间的氢键以及高分子间疏水性基团疏水作用的强弱决定的。温敏性的 BS-1、BES-2 及 BE_2S-4，因取代度相近，疏水性丁基的数目是基本相同的，但是由于亲水基团的增加，使淀粉醚与水分子之间的氢键作用加强，发生相分离时，则会需要更多的能量来破坏淀粉醚与水分子之间的氢键，即 LCST 升高。

为了研究 NaCl 浓度对 BE_mS 的影响，分别研究了 5g/L 的 BS-1（MS=0.68）、BES-2（MS=0.64）及 BE_2S-4（MS=0.65）水溶液中，NaCl 浓度为 0.01mol/L、0.05mol/L、0.10mol/L 及 0.20mol/L 时透光率随温度的变化情况［如图 4-13（a）～（c）所示］。实验结果显示，随着 NaCl 浓度的增加，BS-1、BES-2 及 BE_2S-4 的 LCST 均是逐渐降低的，这主要是因为电解质的加入会破坏通常情况下以氢键结合的水分子的结构，使得以氢键与高分子结合的水分子易于逃离水化层，即盐析效应，导致 LCST 降低。对比加入 NaCl 前后水溶液透光率随温度变化的曲线，可以看到加入 NaCl 后，BS-1 的曲线变得最陡，BES-2 次之，BE_2S-4 的曲线与未加入盐的变化不大。且当 NaCl 浓度从 0mol/L 增加到 0.20mol/L 时，BS-1、BES-2 及 BE_2S-4 的 LCST 分别降低了 9.7℃、8.3℃及 3.8℃［图 4-13（d）］，也就是说随着乙氧基单元的增加，NaCl 对 BE_mS 的 LCST 的影响减小，乙氧基的加入可以提高产品的抗盐性。

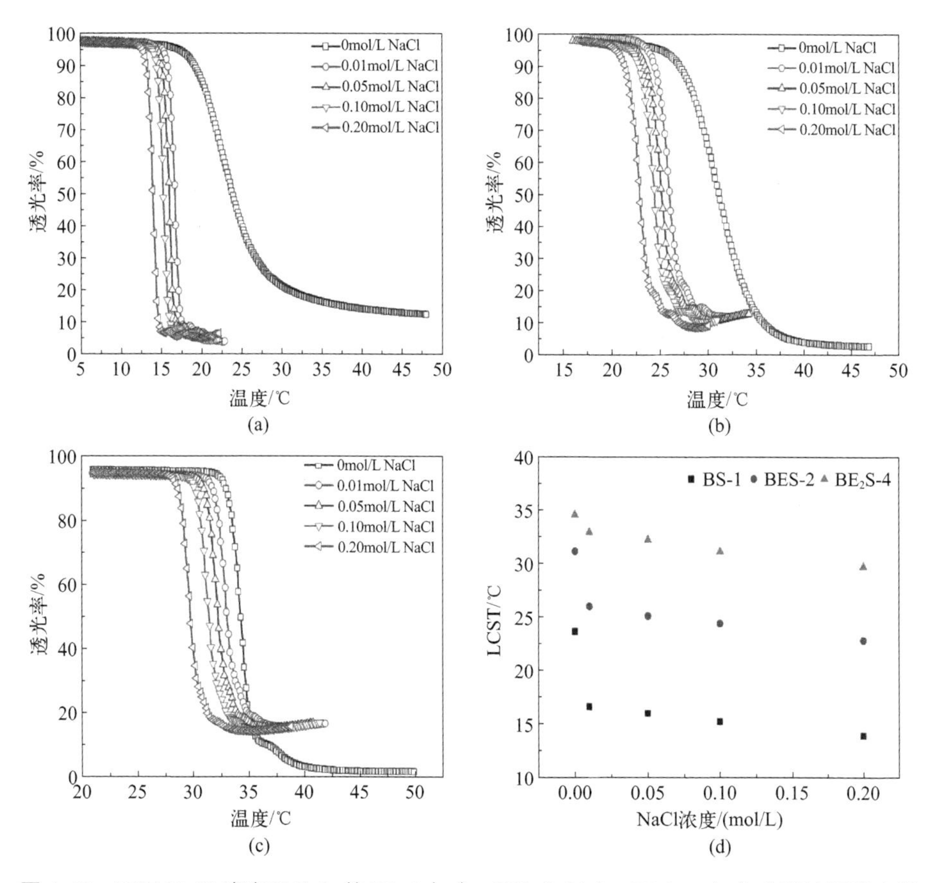

图 4-13　不同 NaCl 浓度下 5g/L 的 BS-1（a）、BES-2（b）、BE_2S-4（c）水溶液透光率随温度的变化及 NaCl 浓度对 BS-1、BES-2 及 BE_2S-4 的 LCST 的影响（d）

研究温度响应型淀粉醚的浓度对 LCST 的影响，主要是为了避免温度响应型高分子在应用时遭到稀释，导致其失效。图 4-14（a）～（c）为不同浓度的 BS-1（MS=0.68）、BES-2（MS=0.64）及 BE_2S-4（MS=0.65）水溶液的透光率随温度的变化曲线。由图可知，随着浓度的降低，透光率随温度的升高，降低地越来越缓慢。而且浓度越小，透光率降低的终点处的透光率越高，如 5mg/mL 的 BS-1 透光率最终会停留在 10% 附近，2mg/mL 的 BS-1 透光率最终会停留在 40% 附近，1mg/mL 的 BS-1 透光率最终会停留在 60% 附近。如图 4-14(d) 所示，除 BS-1 外，BES-2 及 BE_2S-4 的 LCST 均是随着浓度的升高而降低的，这可能与聚集动力学效应有关，即高分子的浓度越低，颗粒聚集需要的时间就越长。另外，对 BES-2 及 BE_2S-4 而言，当浓度从 1mg/mL 升高至 5mg/mL 时，LCST 分别降低了 3.9℃及 1.7℃，随着乙氧基单元的增加，浓度对 LCST 的影响也会减弱，类似的情况在温敏性的 $PMEO_2MA$ 及 $PMEO_3MA$，或者 PHTEGSt 及 PHTrEGSt 中都有观察到。

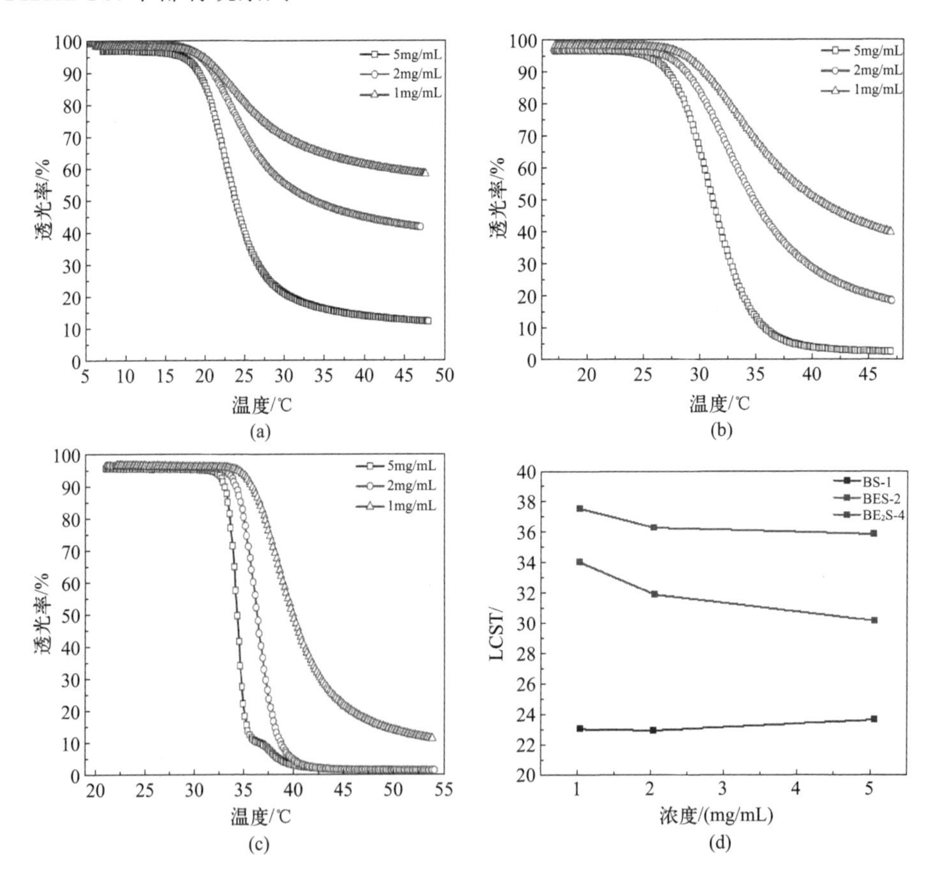

图 4-14　不同浓度下 BS-1（a）、BES-2（b）、BE_2S-4（c）水溶液的透光率随温度的变化及浓度对 BS-1、BES-2 及 BE_2S-4 的 LCST 的影响（d）

4.2.3　BE_mS 的自组装行为及其温度响应聚集行为研究

4.2.3.1　BE_mS 的自组装性能研究

在亲水性的淀粉链上接入疏水性的丁基使得 BS-1 具有两亲性，为其在水溶液中自组装形成胶束提供了可能性。以芘为荧光探针，利用荧光光谱法研究

BS-1 的自组装行为。图 4-15（a）是在不同浓度的 BS-1 水溶液中，芘的激发光谱图。当 BS-1 的浓度从 0.0001g/L 上升至 1g/L 时，芘的荧光光谱强度增强，同时还能观测到一个低能量震动从 334nm 红移至 338nm 处，这便表明随着浓度的升高，芘被增溶至胶束的疏水性内核中，其所处环境的极性发生了变化。如图 4-15（b）所示，利用芘激发光谱中 I_{338}/I_{334} 会随浓度的变化而发生突变来确定 CMC，测定 BE_mS 的 CMC 见表 4-2。

如图 4-15（c）所示，BS、BES 及 BE_2S 的 CMC 会随着取代度的升高而减小，这主要是因为高取代度胶束中的疏水性丁基的量会更多，形成胶束时，需要的浓度会更低。BS-1（MS=0.68）、BES-2（MS=0.64）及 BE_2S-4（MS=0.65）的 CMC 分别为 13.90mg/L、21.54mg/L 及 141.82mg/L，虽然三者的取代度相近，疏水性丁基的量相同，但是 CMC 是一个表征表面活性剂亲水亲油平衡值的参数，因此，三者的亲水性是逐渐增强的，丁基对亲水亲油平衡的贡献是逐渐减小的，对应的 CMC 是逐渐增大的。

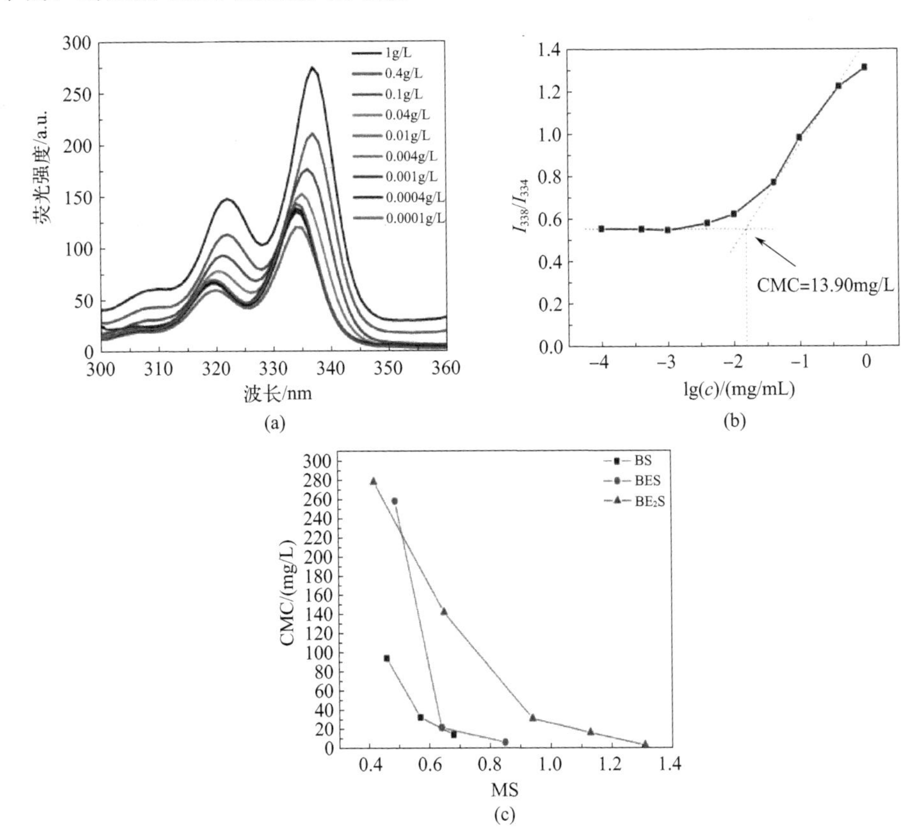

图 4-15 浓度对 BS-1 溶液中芘的激发光谱的影响（a），浓度对 BS-1 溶液中芘的激发光谱 I_{338}/I_{334} 的影响（b）及取代度对 BS、BES 及 BE_2S 的 LCST 的影响（c）

4.2.3.2 BE$_m$S 的温度响应聚集行为研究

以 BS-1、BES-2 及 BE$_2$S-4 为例，利用动态光散射法研究胶束尺寸随着温的变化。在温度低于 LCST 时，BS-1、BES-2 及 BE$_2$S-4 的胶束水合直径均在 30nm 附近，一旦温度高于 LCST，水合直径会迅速增加，继续加热则会有小幅下降（如图 4-16 中直线）。类似的变化关系，在 PMEO$_2$MA 中也有观察到，可能是随着温度的升高，脱水的高分子链之间相互聚集形成颗粒所导致的。另外，当温度高于 LCST 时，BS-1、BES-2 及 BE$_2$S-4 的胶束水合直径分别为 116.5nm、159.6nm 和 1557.0nm，即随着乙氧基单元数目的增加，胶束水合直径有增大的趋势，这可能是因为淀粉醚中亲水性的乙氧基单元的增加，会使胶束的亲水性水化层增厚，使得温度高于 LCST 时，胶束相互聚集时的尺寸更大。

另外，图 4-16 还描述了 5g/L 的 BS-1、BES-2 及 BE$_2$S-4 水溶液的透光率在一个升温和降温循环内随温度的变化，实验结果表明，三者的升温降温循环曲线均具有很好的可逆性，可以为温敏性 BE$_m$S 的循环使用提供参考。

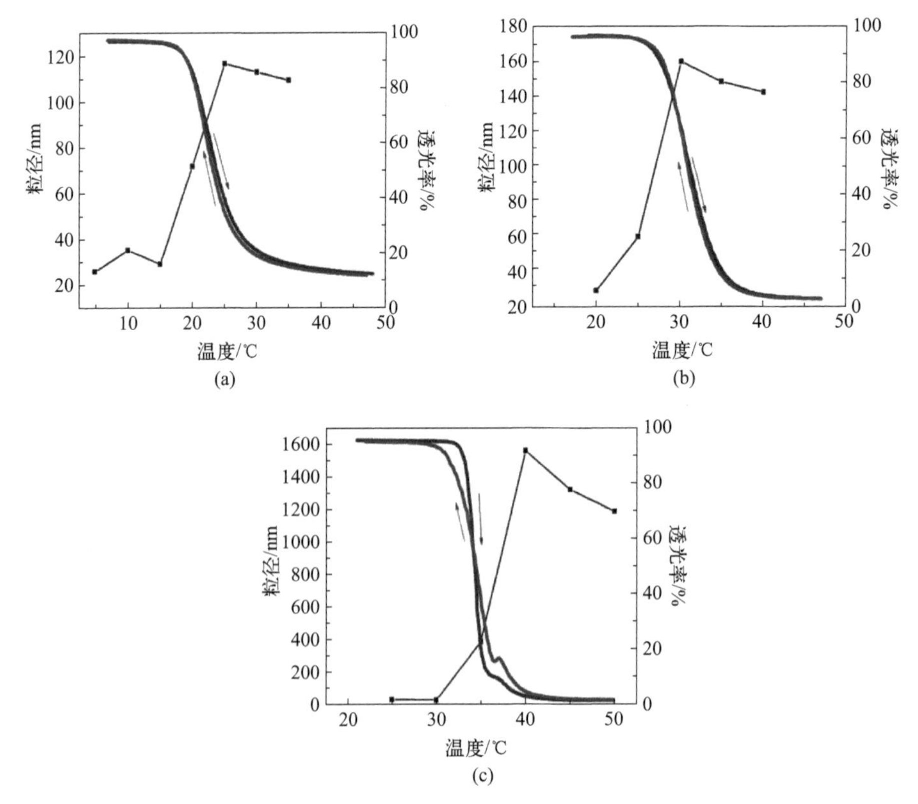

图 4-16 BS-1（a）、BES-2（b）、BE$_2$S-4（c）水溶液（5mg/mL）的胶束粒径随温度的变化以及升温降温循环曲线

第5章 温度响应型烷基淀粉凝胶化学品

5.1 多孔温度响应型烷基淀粉凝胶（$HIPS_E$、$HIPS_P$ 和 $HIPS_D$）的合成与性能研究

智能水凝胶由于在生物医学和工业领域潜在的应用价值已经引起了研究者广大的兴趣，它们对外界环境变化能表现出明显的溶胀体积变化，如温度、pH、电场、光和特定分子等。这些独特的性质已经被用来设计和构建不同类型的调节体系，如药物控释系统、集成传感器和致动器、光调设备等。在这些系统中，如果凝胶的响应速率较慢会限制和影响其在实际中的应用。传统的 PNIPAM 水凝胶对外界温度响应就比较慢，需要超过 24h 才能达到吸水或缩水平衡。如何提高水凝胶的响应速率已经成为研究的热点，研究者对此做了很多努力，已经有很多的解决途径。一种途径就是在凝胶网络中形成水分子释放通道，保证水分子能顺利从凝胶内部转移到外表面，阻止凝胶表面致密皮层的形成，如引入梳型接枝链，半互穿或互穿网络结构。另一种途径就是形成凝胶多孔网络结构，减少水分子在聚合物网络结构上扩散路径的长度，制备方法有沉淀聚合、加入致孔剂、冷冻聚合、乳液聚合等。

合成水凝胶在实际应用如在人体内药物缓释体系中，存在生物相容性和生物降解性问题，给实际应用带来很多困难。现在很多研究致力于用能够被酶降解的天然高分子来合成生物相容性凝胶，或者用具有可水解部分的合成聚合物来合成水凝胶，大多数研究都是在天然高分子上接枝温度响应型聚合物片段。与合成高分子相比，天然高分子在生物相容性、细胞控制降解、无毒和应用安全上存在潜在的优势，所以天然高分子是制备凝胶的理想材料。这些天然高分子包括天然橡胶、纤维素、木质素、壳聚糖、淀粉等。天然淀粉是一种由葡萄糖单元以 α 糖苷的形式，通过 1,4 和 1,6-糖苷键结合而成的非还原性多羟基物质，具有良好的水溶性、生物相容性，低毒、绿色、安全、廉价，因此对淀粉进行功能化改性一直是研究的热点。尽管淀粉在冷水中溶解性不好，但可通过改变淀粉链上的亲水亲油平衡来改变它的亲水性。淀粉链上有很多羟基结构，向淀粉链上引入疏水基团，调节亲水基团羟基和疏水基团的比例可设计合成温度响应型淀粉基聚合物。以温度响应型淀粉为原料，通过选用合适的交联剂和制备方法，可制备出具有生物降解性和生物相容性的快速响应型水凝胶。

5.1.1 $HIPS_E$、$HIPS_P$ 和 $HIPS_D$ 的合成及表征

5.1.1.1 $HIPS_E$、$HIPS_P$ 和 $HIPS_D$ 的合成和测试方法

（1）多孔温度响应型烷基淀粉凝胶的合成方法　称取 0.20g HIPS（2-羟基-3-异丙氧基丙基淀粉，MS=1.55，LCST=42℃）倒入试管中，加入一定量的去离子水使之完全溶解，然后加入 0.1mL 一定浓度的 NaOH 溶液作为引发剂，HIPS 析出，用玻璃棒搅拌使之完全溶解，超声 20min。室温时（25℃）加入一定量的交联剂乙二醇二缩水甘油醚（EDGE）或聚乙二醇二缩水甘油醚（PEDGE），室温时混合 1h，使溶液混合均匀呈透明状态，将试管转入温度为 50℃（LCST 以上）水浴锅中反应 3h。反应结束后冷却至室温，然后高温加热收缩，溶液呈浑浊状态，倒出，再加入去离子水溶胀，再高温收缩，反复直至水溶液透明，表明未反应的 HIPS 基本去除。然后加热取出在烧杯中继续溶胀两天，中间反复换水以完全除去未反应的单体和杂质，最终得到温度响应型凝胶 $HIPS_E$ 和 $HIPS_P$。类似地，冰水浴（0℃）条件下加入乙烯砜（DVS）交联剂，玻璃棒搅拌使之混合均匀，继续冰水浴超声 20min，取出先室温反应 3h 再 50℃反应，两步聚合合成凝胶，再加热倒出。用同样的方法对所得水凝胶进行纯化，最终得到温度响应型凝胶 $HIPS_D$。

（2）凝胶的表征与性能测试方法　将室温时吸水平衡水凝胶（20℃）切薄片放至培养皿上，用湿滤纸擦去表面水分放入冰柜中冷冻 12h，转入冷冻干燥机中冷冻以除去凝胶中的水分，然后取小部分干燥凝胶表面喷金，用扫描电镜在 10kV 加速电压下观察其表面形态。

将在 20℃去离子水中达到溶胀平衡的水凝胶快速转移至 50℃去离子水中，水凝胶受热会失水发生去溶胀。每隔一定时间，测定水凝胶的质量，直至其质量不再变化。测试时先用湿润的滤纸除去表面水分。水凝胶的保水率（WR）计算公式为：

$$WR=[(W_t-W_d)/W_s]\times 100\% \qquad (5.1)$$

式中，W_t 为一定时间下达到溶胀平衡的凝胶质量；W_d 为凝胶干燥后的质量；W_s 为在一定温度下达到溶胀平衡的凝胶中水的质量。做 WR-t 曲线即得水凝胶在 50℃的退溶胀动力学。同时测定不同时间段凝胶的宏观形态。

将收缩至体积不再发生变化的凝胶转移至 20℃去离子水中，水凝胶会吸水发生再溶胀，每隔一定时间，测定水凝胶的质量，直至其质量不再变化。测试时同样先用湿润的滤纸除去表面水分，溶胀率计算公式为：

$$SR=(W_t-W_d)/W_d \qquad (5.2)$$

做 SR-t 曲线即得水凝胶在 20℃的再溶胀动力学。再将凝胶放入 50℃去离

子水中收缩，再转入20℃去离子水中溶胀，如此反复溶胀收缩，测定水凝胶的退溶胀-再溶胀循环动力学。

选取不同取代度HIPS制得的凝胶样品，分别按上述方法测定凝胶的溶涨率，退溶胀和再溶胀动力学；并测定不同取代度HIPS所得凝胶样品在不同溶剂中的溶胀率，在不同NaCl浓度溶液中的溶胀率及退溶胀和再溶胀动力学。

5.1.1.2 $HIPS_E$凝胶、$HIPS_P$凝胶和$HIPS_D$凝胶制备条件优化

水凝胶中水的状态大部分分为两类：可冻结水和不可冻结水，而可冻结水又分为可冻结自由水和可冻结中间水。大部分凝胶中的水都是可冻结自由水，这种自由水与高分子网络的作用最弱，可在水凝胶中自由扩散。温度升高时，高分子链间疏水作用加强，亲水基团与水之间氢键作用减弱，从而使高分子链剧烈收缩并相互纠缠，宏观上凝胶则呈现出失水退胀状态。

本节选用HIPS-3（MS=1.55，LCST=45℃）为原料，因为此样品比较方便易得，采用了三种不同交联剂（EDGE、PEDGE、DVS）来合成快速响应的温度响应型多孔水凝胶，分别对它们的合成条件（HIPS-3浓度、交联剂量、引发剂NaOH量）做了探索研究。

HIPS与EDGE和DVS的交联机理如图5-1所示（其中EDGE与PEDGE的交联机理相同，因此这里只讨论EDGE）。

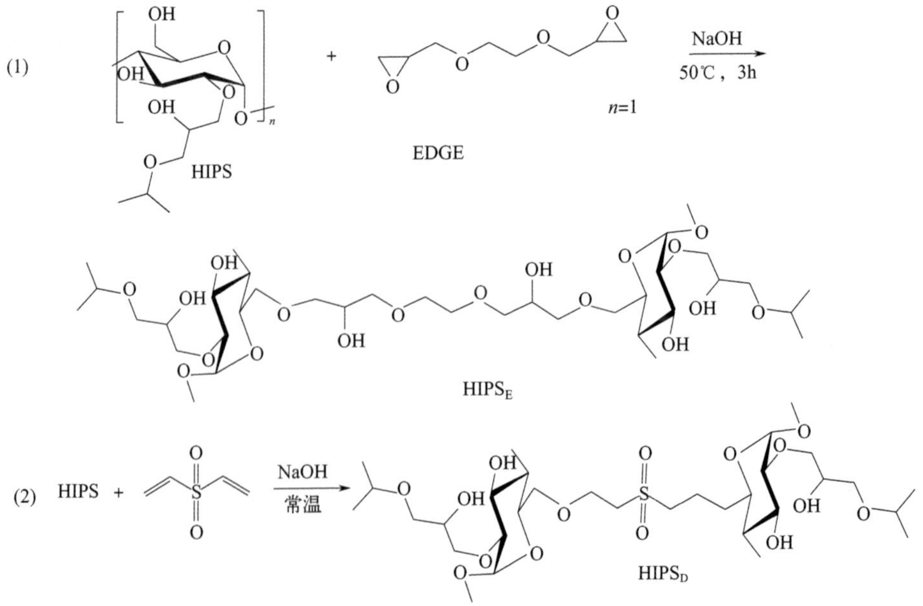

(1) HIPS + EDGE (n=1) —NaOH, 50℃，3h→ $HIPS_E$

(2) HIPS + DVS —NaOH, 常温→ $HIPS_D$

图5-1 HIPS的交联反应

所采用的制备方法是沉淀聚合，也叫相分离技术，这种方法也就是在LCST以上加热，因为EDGE在水中溶解性不是很好，加热后会随HIPS一起沉淀下来，从而进行沉淀聚合反应。反应后会产生非均相的多孔结构，多孔结构的存在有利于凝胶响应速率的提高。即HIPS溶于一定水，加入一定量溶剂，碱化后在LCST以上加热反应，采用的温度是50℃，反应时间是3h，因为HIPS在LCST以上很容易沉淀，所以3h即能完全反应。

图5-2（a）是HIPS浓度对凝胶溶胀率的影响，固定EDGE交联剂用量为10μL，NaOH浓度为40%，随着HIPS-3浓度的增加，可观察到凝胶溶胀率是先增大后减小的，当HIPS-3浓度为9%时，此时水凝胶溶胀率最大，为33（室温25℃时测得）。随着浓度继续增加，溶胀率开始略微下降。这可能是因为刚开始浓度增加，单位体积内羟基增多，有利于交联形成网络结构及孔结构的形成。但浓度继续增加，单位体积内交联的羟基数目更多，进而使交联密度进一步增加，孔径变小，孔数目增加，从而使网络结构非常紧密，影响凝胶的吸水能力，即溶胀率。

图5-2（b）是交联剂EDGE用量对凝胶溶胀率的影响。固定HIPS-3浓度为9%，NaOH量为0.1mL、浓度为40%，改变EDGE用量。和浓度的影响类似，随交联剂用量增加，溶胀率也是先增大后减小。当交联剂为10μL时，水凝胶溶胀率最大，交联剂的量继续增加，溶胀率开始呈下降趋势。产生这个现象的原因和浓度的影响原理是相似的，刚开始时EDGE增加，使得单位体积内交联剂分布比较多，从而易于交联形成网络结构，交联剂量进一步增加，使得交联密度增加，三维网络结构过密，孔径过小，孔道数目过多，从而降低了凝胶的溶胀率。并且交联剂用量越多，如EDGE用量为20μL，所得凝胶硬度越好，弹性越大，这也说明高交联剂用量所得凝胶网络结构比较紧密。

图5-2（c）是NaOH用量对凝胶溶胀率的影响，固定HIPS-3浓度为9%，交联剂用量为10μL，改变NaOH用量，由图看出随着NaOH量的增加，水凝胶溶胀率增大。这是因为NaOH作为引发剂，其量越多，形成氧负离子越多，更易于进行交联，但是加入NaOH后会使HIPS立即从溶液中析出，需搅拌让其溶解。NaOH用量越多，越难再溶解，所以采用0.1mL 40%NaOH溶液（0.04g）。综上所述，$HIPS_E$水凝胶最佳合成条件是HIPS-3质量0.2g、浓度9%，EDGE用量为10μL，0.1mL 40%NaOH溶液，LCST以上50℃加热交联3h。

表5-1是用聚乙二醇二缩水甘油醚（PEDGE，M_w=526）为交联剂制备$HIPS_P$水凝胶的制备条件及结果。所采用的方法也是沉淀聚合，同样对HIPS浓度、交联剂用量做了研究，趋势和$HIPS_E$水凝胶类似，水凝胶溶胀率都是先增大后减小。NaOH用量和制备$HIPS_E$水凝胶的用量一样。固定NaOH用量，HIPS浓度为9%，可观察到当交联剂为8μL时，凝胶溶胀率最大，为47.8，随

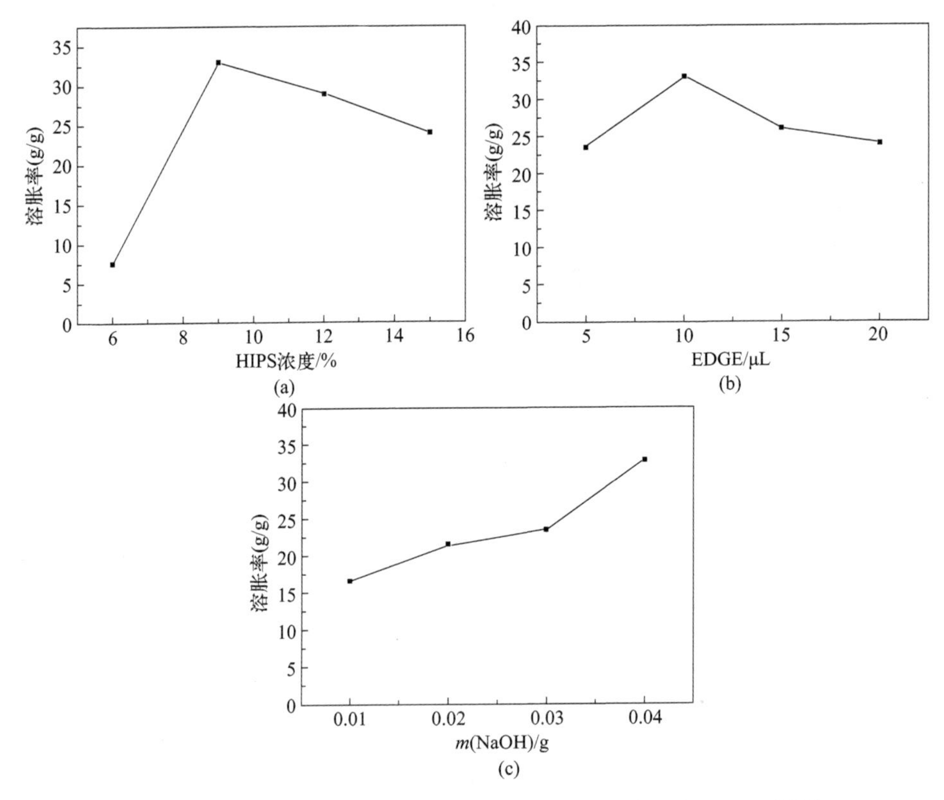

图 5-2　HIPS 溶液浓度（a），交联剂 EDGE 用量（b）及 NaOH 用量（c）对 $HIPS_E$ 凝胶溶胀率的影响

表 5-1　$HIPS_P$ 凝胶制备条件及结果

HIPS 浓度 /%	PEDGE/μL	NaOH	溶胀率 (g/g)
9	5	0.1mL 40%	25.7
9	8	0.1mL 40%	47.8
9	10	0.1mL 40%	43.5
9	15	0.1mL 40%	28.0
9	20	0.1mL 40%	27.1
6	8	0.1mL 40%	19.3
8	8	0.1mL 40%	44.2
9	8	0.1mL 40%	47.8
10	8	0.1mL 40%	43.9
12.5	8	0.1mL 40%	27.8

着交联剂用量继续增加，溶胀率开始减小，其原理和 $HIPS_E$ 水凝胶是类似的。同时可看出 $HIPS_P$ 水凝胶最大溶胀率（SR=47.8）比 $HIPS_E$ 水凝胶最大溶胀率（SR=33）大，这是因为 PEDGE 含 9 个乙氧链，而 EDGE 只含 1 个乙氧链，所以链比较长，形成的三维网络凝胶孔径相对会大一些，所以在宏观上表现为吸水能力更强，即溶胀率相对较大。通过以上讨论可知，$HIPS_P$ 水凝胶最佳制备条件是 HIPS-3 质量 0.2g、浓度为 9%，PEDGE 用量为 8μL，0.1mL 40%NaOH 溶液，LCST 以上 50℃加热交联 3h。

$HIPS_D$ 水凝胶制备所采用的方法和前两种方法略有不同，因为乙烯砜活性比较高，常温也能发生反应，当加热到 LCST 以上（50℃）时会迅速交联成一大块，而不像 EDGE 和 PEDGE 是加热 HIPS 沉淀后再进行聚合交联反应，所以为保证交联剂分散均匀，也为了提高凝胶响应速度，先在常温（25℃）下反应 3h，再加热到 LCST 以上（50℃）反应 1h，用两步聚合的方法来合成 $HIPS_D$ 水凝胶，然后再升高温度将其倒出。这种方法制备的凝胶也有比较好的响应速率，这可能是因为先在常温下反应原料会部分凝胶化，或者形成微凝胶，然后再加热将其全部凝胶化，得到的产品类似于双层结构类型的凝胶，所以响应速率也会提高。

表 5-2 是用乙烯砜（DVS）为交联剂制备 $HIPS_D$ 水凝胶的制备条件及结果。固定 HIPS 浓度为 5%，交联剂 DVS 用量为 10μL，凝胶溶胀率大小随碱量增加也是先增大后减小，但 0.2mL 10%NaOH 比 0.1mL 20%NaOH 溶胀率大。随

表 5-2　$HIPS_D$ 凝胶制备条件及结果

HIPS 浓度 /%	DVS/μL	NaOH	溶胀率 (g/g)
5	10	0.1mL 10%	35.8
5	10	0.1mL 20%	42.6
5	10	0.2mL 10%	52.4
5	10	0.1mL 30%	46.2
5	10	0.1mL 40%	45.6
5	5	0.2mL 10%	43.7
5	10	0.2mL 10%	52.4
5	15	0.2mL 10%	47.6
9	20	0.2mL 10%	32.7
4	10	0.2mL 10%	55.1(易碎)
5	10	0.2mL 10%	52.4
7	10	0.2mL 10%	23.2
9	10	0.2mL 10%	18.5

交联剂增加溶胀率也是先增大后减小，但溶胀率随 HIPS 浓度的影响和前两种凝胶不一样，是随着 HIPS 浓度增加减小的，可能是乙烯砜交联活性比较大的原因，但是 HIPS 浓度过低，如浓度为 4% 时，溶胀率比较大，但是凝胶易碎不易成型。所以 $HIPS_D$ 水凝胶最佳制备条件是 HIPS-3 质量 0.2g、浓度为 5%，DVS 用量为 10μL，0.2mL 10%NaOH 溶液，先常温反应 3h 再 LCST 以上 50℃加热交联 1h。

5.1.1.3　凝胶扫描电镜分析

若将水凝胶在普通条件下干燥，由于其含有大量的水不易干燥，而且干燥前后体积变化很大，会使水凝胶孔洞结构失水坍塌，破坏凝胶多孔结构。因此本研究中先将凝胶在去离子水中浸泡 24h 达到溶胀平衡，然后放入冰柜中冰冻 12h，将凝胶形状完全冻住，然后再放入冷冻干燥机中进行干燥，从而使水凝胶孔洞结构得到较好的保持。再用扫描电镜观察，观察前先喷金，这是因为凝胶不含电荷无法导电。图 5-3 为三种水凝胶样品进行冷冻干燥处理后的电镜照片，从左到右依次是 $HIPS_E$ 凝胶、$HIPS_P$ 凝胶、$HIPS_D$ 凝胶，均为放大倍数较高的电镜图片。从图中均可以看出孔洞结构，这表明多孔凝胶形成。但是从大范围看凝胶孔分布是不均匀的，用相分离技术合成的凝胶是非均相的。淀粉链本身分子量大，所以孔结构分布是不均匀的，但是凝胶孔结构的形成是利于提高凝胶的温度响应性能。

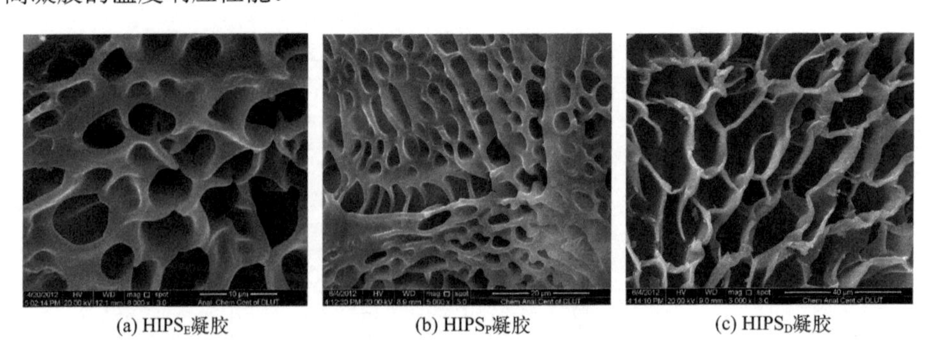

(a) $HIPS_E$凝胶　　(b) $HIPS_P$凝胶　　(c) $HIPS_D$凝胶

图 5-3　多孔 HIPS 凝胶扫描电镜图

5.1.2　$HIPS_E$、$HIPS_P$ 和 $HIPS_D$ 的温度响应性能研究

5.1.2.1　不同水凝胶的溶胀率

水凝胶在水中溶胀时，水凝胶体系与水之间的相互作用，决定了其溶胀能力对温度的依赖性。图 5-4 描述了温度对三种交联剂制备的不同凝胶（$HIPS_E$

凝胶、$HIPS_P$ 凝胶、$HIPS_D$ 凝胶）溶胀率的影响。由图可知，在 20℃时三种凝胶都具有较高的溶胀率，$HIPS_P$ 凝胶溶胀率最大，为 56.5，$HIPS_D$ 凝胶溶胀率其次，为 50.5，$HIPS_E$ 凝胶最小，为 35.1。随着温度的升高，溶胀率都开始下降，当温度升至 60℃时，三种凝胶溶胀率分别为 3.6、3.4、13.4。前两种凝胶都收缩到比较小的体积，表现出比较小的溶胀率，而 $HIPS_D$ 凝胶还保持比较高的溶胀率，这可能是因为高分子链中含有硫氧双键，当温度比较高时，水凝胶网络中分子之间和分子内侧的键亲和力相对较强，并且乙烯砜交联剂链比较短，形成的孔结构比较多和紧密，不容易缩小成更小的体积。三种凝胶溶胀率都随着温度的升高而呈下降趋势，当温度 40℃左右（注：LCST 附近，HIPS-3 的 LCST 为 45℃，但因为控温紫外仪测定的是比色皿壁温，有 4℃误差，所以实际测得 HIPS-3 的 LCST 为 41℃）时，溶胀率下降趋势最大，此处即为凝胶 LCST，和 HIPS-3 未交联时的 LCST 相近。水凝胶的温度响应性能主要是因为体系中存在亲水 / 疏水平衡，HIPS 水凝胶内部存在亲水性基团—OH 和疏水基团 [$—CH(CH_3)_2$]。水分子与 HIPS 链上羟基之间的氢键以及 HIPS 链之间氢键的协同作用，使得 HIPS 凝胶在 LCST 以下可以很好地与水分子结合，导致温敏水凝胶大量的溶胀。随着温度的升高（LCST 以上），氢键作用减弱，HIPS 链上疏水基团起主要作用，高分子链可通过疏水作用相互聚集，从而将凝胶内部大部分水分挤出，宏观上表现为体积大大收缩。温度继续上升，凝胶网络分子之间键亲和力增强，凝胶渐趋致密，并且凝胶内部水含量已经较少，从而会使凝胶溶胀率不会再有明显变化。

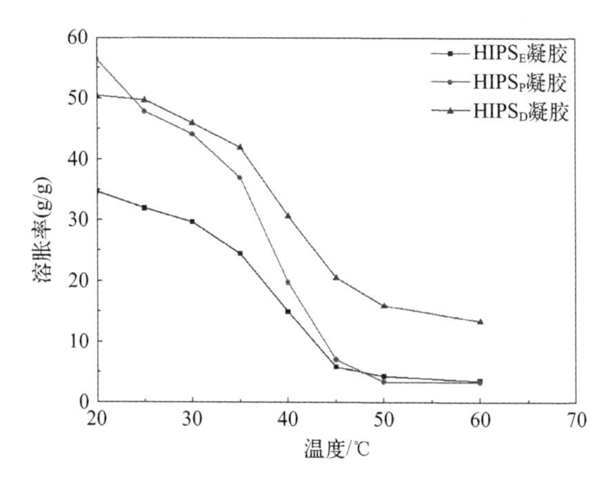

图 5-4　不同交联剂制备凝胶溶胀率随温度的变化

5.1.2.2　不同水凝胶的退溶胀动力学及形态

图 5-5 给出了三种凝胶从 20℃去离子水中达到溶胀平衡后迅速转移至 50℃

热水中，溶胀率随加热时间变化的曲线，即凝胶的退溶胀动力学。由图 5-5 可以观察到三种水凝胶失水速率都比较快，$HIPS_E$ 凝胶 30s 失水 50%，3min 时凝胶保水率仅为 15%，7min 后凝胶保水率基本不再发生变化，达到失水平衡。$HIPS_P$ 凝胶失水速率稍慢于 $HIPS_E$ 凝胶，30s 失水 40%，但 3min 后保水率仅为 10%，7min 后凝胶保水率又降为 7%，基本不再发生变化，凝胶中大部分水已失去，而且最后保水率比 $HIPS_E$ 凝胶低。$HIPS_D$ 凝胶失水也比较快，加热 1min 时保水率为 50%，5min 凝胶保水率为 38%，10min 时还保持比较高的保水率 34%。

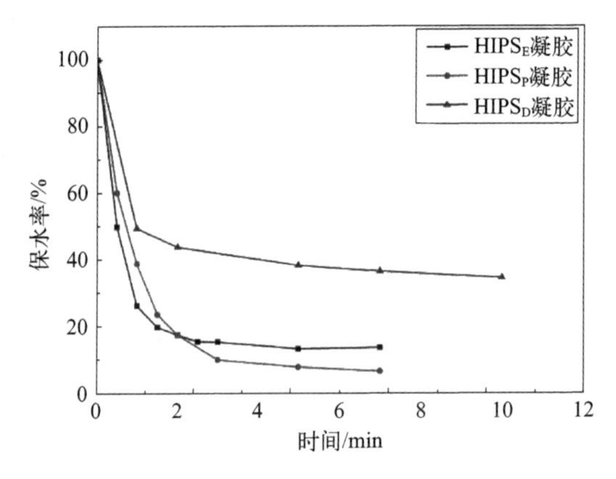

图 5-5　三种交联凝胶退溶胀动力学

图 5-6 为三种凝胶 50℃加热失水，不同时间段凝胶体积光学照片，可看出前两种交联凝胶都呈无色透明状，而 $HIPS_D$ 凝胶呈乳白色圆柱状。因为乙烯砜活性很高，反应很快，在常温时也会发生交联，所以和前两种凝胶用沉淀聚合制备的方法不一样，乙烯砜基本是原位交联，在试管中反应所以形状呈圆柱状，反应结束后是凝胶透明的，但加热后会变为乳白色。从图中可以看出凝胶在室温溶胀时都有很好的溶胀率，吸收大量的水，达到饱和状态，体积比较大。加热后体积开始收缩，加热时间越长，体积越小。前两种凝胶都能收缩成比较小的体积，$HIPS_D$ 凝胶体积最不易收缩。这主要是因为 $HIPS_E$ 凝胶和 $HIPS_P$ 凝胶，交联剂链比较长，因而形成的凝胶网络孔比较大。而且含有很多乙氧链，与水形成氢键的能力也比较强，加热时，氢键被破坏，另外受到疏水基团的相互作用，链比较容易受热聚集，凝胶从而收缩失水成比较小的体积；乙烯砜链比较短，形成的凝胶比较结实，弹性和硬度比较好，结合水能力比较强，结构比较紧密，水不易被挤出，所以最后只能失去 2/3 的水。综上讨论说明 HIPS 凝胶对温度具有快速的响应性。

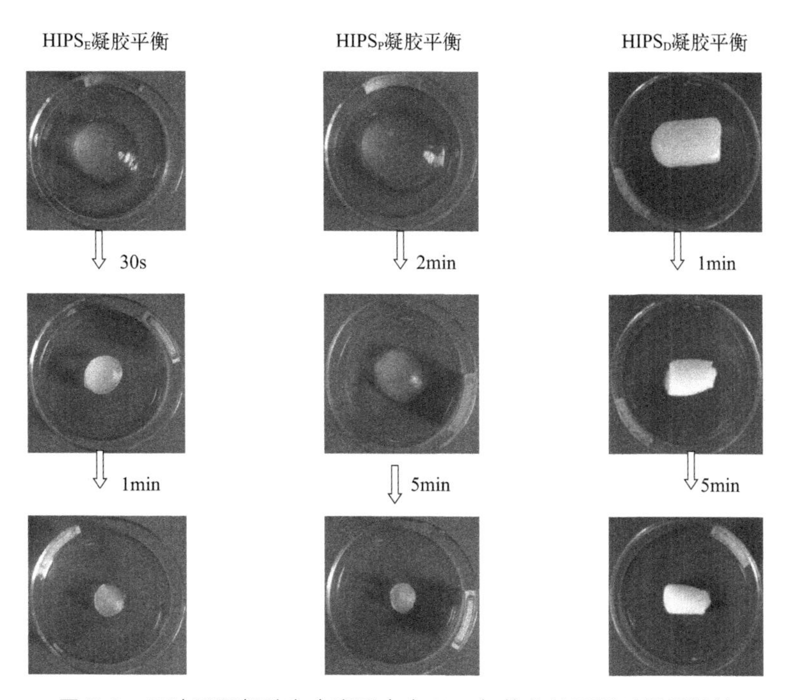

图 5-6　三种不同凝胶在去离子水中 50℃加热收缩不同时间段照片

5.1.2.3　不同水凝胶的再溶胀动力学

水凝胶的再溶胀能力和再溶胀速度对实际应用也非常重要，所以测定了三种凝胶的再溶胀动力学，即在 50℃加热收缩后迅速转移至室温去离子水中，测定三种凝胶达到溶胀平衡时所需要的时间，如图 5-7 所示。由图可以看出 $HIPS_E$ 凝胶再溶胀能力最好，凝胶起始溶胀率为 4.4，3min 即能达到溶胀平衡，溶胀率为 37。$HIPS_D$ 凝胶再溶胀速率也较快，但凝胶起始溶胀率比较高，为 17，3min 后也能达到溶胀平衡，溶胀率为 51。$HIPS_P$ 凝胶溶胀能力较差，凝胶起始溶胀率为 5.8，开始时溶胀较慢，90min 溶胀了一半，溶胀率为 36，后来速率较快，2h 达到溶胀平衡，溶胀率为 62。

$HIPS_E$ 凝胶具有非常快的再溶胀速率，远远快于 $HIPS_P$ 凝胶，这可能是因为 $HIPS_P$ 凝胶所用的交联剂是 PEDGE，比 EDGE 交联剂多 8 个乙氧链，分子量比较大，链比较长，加热容易收缩，但是 LCST 以下再溶胀时会比较困难，因为交联剂链比较长，溶胀伸缩时阻力会比较大，所以需要更长的时间使高分子链由坍塌恢复至溶胀状态。$HIPS_D$ 凝胶再溶胀速率与 $HIPS_E$ 凝胶接近，也保持比较高的再溶胀速率，是因为乙烯砜链比较短，加热时容易收缩，温度较低时能很好很快地伸展，恢复到原来的平衡状态。乙烯砜在水中溶解性非常好，反应活性比较高，是羟基很好的交联剂，反应条件比较温和，交联剂利用率高，基本上是在原位交联，所以形成 $HIPS_D$ 凝胶的交联密度比较大，凝胶从加热收缩状态转移至室温的水中起始时也保持比较高的保水率。

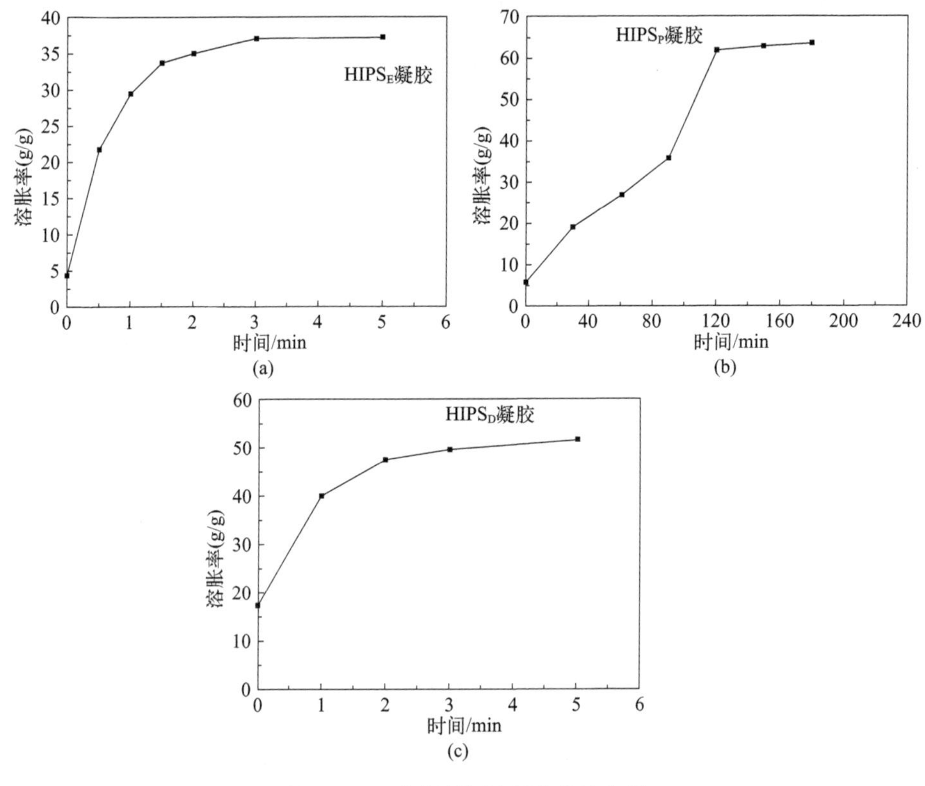

图 5-7　三种交联凝胶再溶胀动力学

5.1.2.4　$HIPS_E$ 凝胶的退溶胀-再溶胀循环动力学

凝胶溶胀的可重复性在许多应用中也是非常重要的，有的具有快速响应性能的温度响应凝胶，由于其网络结构疏松、机械强度低，退溶胀-再溶胀循环会引起网络的不可逆坍塌，从而不能重复使用。本节合成的三种凝胶都具有收缩溶胀可逆性，均能重复使用，但因为 $HIPS_P$ 凝胶再溶胀速率比较慢，$HIPS_D$ 凝胶失水后还保持比较高的保水率，而 $HIPS_E$ 凝胶退溶胀和再溶胀速率都比较快，并且也能保持比较高的溶胀率，所以选用 $HIPS_E$ 凝胶测定其退溶胀和再溶胀重复性。图 5-8 为 $HIPS_E$ 凝胶收缩溶胀循环动力学和脉动加热曲线。由图可看出，凝胶样品在 16min 内经历了 4 次退溶胀-再溶胀的循环。凝胶从 20℃去离子水中转移到 50℃的水中达到平衡时，$HIPS_E$ 凝胶的溶胀率在 2min 内从 34 降到 8.8，并且再次溶胀时又由 8.8 升至 33.5，这表明 $HIPS_E$ 凝胶在 4min 内完成了体积变化为原来的1/4又复原的一个循环。经历四次循环，凝胶20℃的平均溶胀率为33.5±0.5，50℃的平均溶胀率为8.5±0.2，误差较小，这表明$HIPS_E$凝胶具有很好的收缩溶胀可逆性。$HIPS_E$凝胶快速的响应速率和良好的可逆性都应归功于$HIPS_E$凝胶的多孔结构。

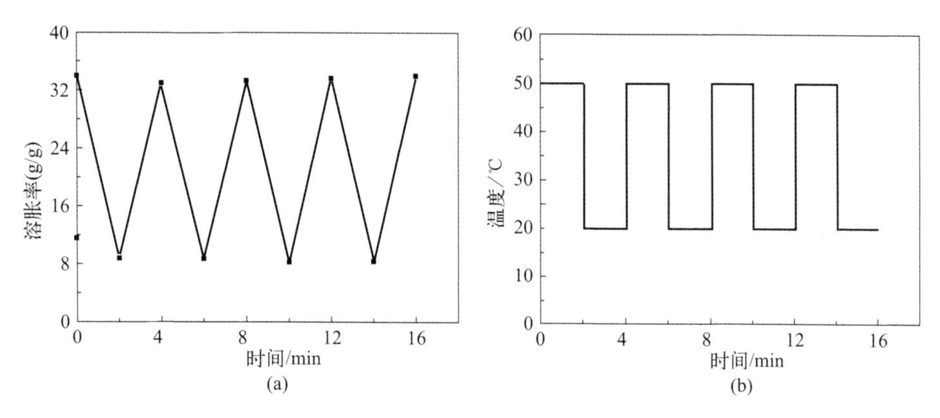

图 5-8　$HIPS_E$凝胶收缩溶胀循环动力学和脉动加热曲线

（时间间隔 2min, 温度在 50℃和 20℃之间转变）

5.1.2.5　取代度对$HIPS_E$凝胶溶胀行为的影响

以上三种凝胶的合成全部采用HIPS-3（MS=1.55, LCST=42℃）为原料，因为原料易制备，纯化比较容易，而且交联反应易于控制，所得凝胶溶胀率较大，而且有一定的弹性和强度（溶胀率与凝胶弹性和强度是成反比的，溶胀率越大，凝胶吸水量越多，凝胶强度越弱）。为研究取代度对凝胶溶胀行为的影响，选取了四个不同取代度的HIPS为样品（MS=1.20，MS=1.55，MS=1.72，MS=2.38），用EDGE作为交联剂，以同样的方法（沉淀聚合）制备不同的$HIPS_E$凝胶，并研究其溶胀行为之间的差异，如图5-9所示。

图5-9（a）给出了不同取代度HIPS制得的$HIPS_E$凝胶溶胀率随温度的变化，可以看出所有凝胶随着温度升高溶胀率降低，$HIPS_{E(MS=1.20)}$凝胶10℃时溶胀率约为60，70℃溶胀率降为5，凝胶溶胀率大约在45℃时发生突变，所以凝胶LCST约为45℃。$HIPS_{E(MS=1.55)}$凝胶前面已经讨论过。$HIPS_{E(MS=1.72)}$凝胶10℃时溶胀率为33，60℃溶胀率降为5，突变温度约为32℃。$HIPS_{E(MS=2.38)}$凝胶10℃时溶胀率为30，60℃溶胀率降为2，突变温度约为28℃。四种凝胶随着原料HIPS取代度的增加，同等条件下所得凝胶溶胀率是减小的，也就是HIPS取代度越低，LCST越高，所得凝胶溶胀率越大。这可能是因为随着取代度的增加，高分子链上疏水基团异丙基增加，会使凝胶疏水性增强，亲水性减弱，宏观上体现为凝胶吸水量下降，溶胀率变小。

图 5-9（b）给出了不同取代度 HIPS 制得的 $HIPS_E$ 凝胶退溶胀动力学，可以看出除 $HIPS_{E(MS=1.20)}$ 凝胶，其他凝胶基本上 1min 就失去了大部分水，2min 即能达到溶胀平衡。$HIPS_{E(MS=1.20)}$ 凝胶 50℃加热 2min 后，溶胀率减小一半，由 60 降为 27，5min 达到溶胀平衡，此时凝胶溶胀率为 14。这是因为 HIPS（MS=1.20）样品 LCST 比较高（约为 48℃），在四个样品中 LCST 最高，所以在 50℃水中加热时，因为和其 LCST 比较接近，所以需要更长的时间达到平衡。但是凝胶最后还保持比较高的溶胀率，这可能是因为取代度低，比较容易交联，形成了更多的大孔结构，相比其他凝胶有更高的溶胀率，加热收缩后水有部分滞留在孔中，还能保持比其他凝胶较大的体积。另外，整体来说，四种凝胶都具有非常快的响应速率，至多 5min 即失去大部分水。

图 5-9（c）给出了不同取代度 HIPS 制得的 $HIPS_E$ 凝胶再溶胀动力学，由图得知四种凝胶都具有比较好的再溶胀速率，平均 3min 都能达到再溶胀平衡。$HIPS_{E(MS=1.20)}$ 凝胶 1min 溶胀率就从 13.8 升至原来的 4 倍（SR=54）；$HIPS_{E(MS=1.55)}$ 凝胶 1min 溶胀率由起始的 5 变为原来的 6 倍（SR=30），溶胀 5min 后变为原

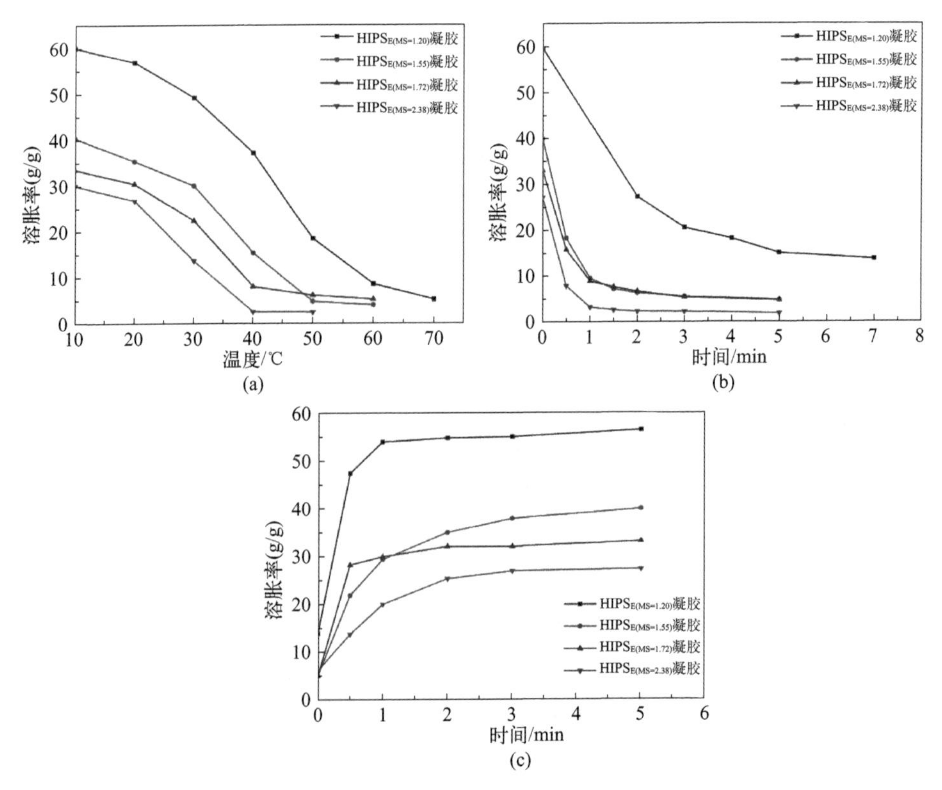

图 5-9　取代度对 $HIPS_E$ 凝胶溶胀行为的影响

(a) 溶胀率；(b) 退溶胀动力学；(c) 再溶胀动力学

来的 8 倍（SR=40）；$HIPS_{E(MS=1.72)}$ 凝胶 1min 凝胶溶胀率也由起始的 5 变为原来的 6 倍（SR=30）；$HIPS_{E(MS=2.38)}$ 凝胶 3min 溶胀率由起始的 6 变为原来的 4.5 倍（SR=27）。

四种凝胶都具有比较好的退溶胀速率和再溶胀速率，这说明采用 EDGE 作为交联剂，LCST 以上沉淀聚合方法制备的 HIPS 凝胶都具有很好的响应速率，且响应速率只和交联剂的种类和交联方法有关，与 HIPS 取代度的大小无关。综合比较图 5-9，可得出取代度对 HIPS 的影响是决定 HIPS 的 LCST 的高低，取代度越高，LCST 越低；但对 HIPS 凝胶的影响则是影响凝胶的溶胀率，取代度越高，溶胀率越小，因为取代度的大小决定着凝胶体系中疏水基团异丙基的个数，疏水基团越多，凝胶亲水性越差。

5.1.2.6 NaCl 对凝胶溶胀行为的影响

考虑到实际应用中盐对凝胶溶胀率的影响，研究了不同 NaCl 浓度对凝胶溶胀率的影响。将相同质量的干凝胶放入烧杯中，加入相同体积不同浓度的 NaCl 水溶液，室温（10℃）浸泡 24h。图 5-10 为四种不同取代度 $HIPS_E$ 水凝胶在不同离子强度 NaCl 水溶液中溶胀率的变化曲线，可看出 NaCl 的存在对每种凝胶的溶胀率都没有很大的影响，当 NaCl 浓度达到 0.4mol/L 时，四种凝胶溶胀率都和初始时去离子水中的溶胀率差别不大。这说明合成的 $HIPS_E$ 凝胶对盐不敏感，这可能是因为合成的多孔凝胶吸水溶胀主要是靠孔对流产生，凝胶合成后结构比较稳定，孔结构不易破坏，形成比较紧凑的三维网络结构。另外 HIPS 上没有阴阳离子基团，和 NaCl 不存在离子间相互作用，所以不会影响凝胶的溶胀率。

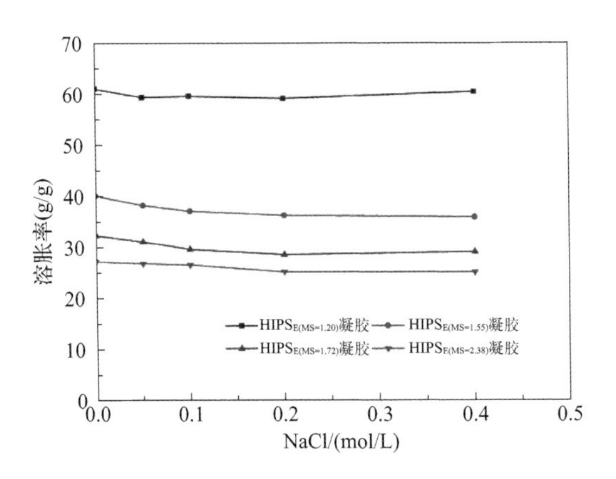

图 5-10　NaCl 对 $HIPS_E$ 凝胶溶胀率影响

水凝胶对温度的响应快慢也是衡量凝胶性质的一个重要因素，所以研究了

NaCl 的加入对凝胶退溶胀和再溶胀动力学的影响（室温，10℃浸泡），如图 5-11 所示。由图可看出 NaCl 的加入对凝胶收缩和溶胀曲线有微弱影响，但对总的收缩溶胀时间影响不大，还是表现为 1min 失去大部分水，3min 基本吸附了大部分水，5min 后达到溶胀平衡，所以 NaCl 的存在对凝胶的温度响应性的影响不大，凝胶仍表现为比较快的响应性，这可能还是因为凝胶形成了三维的网络结构，且 HIPS 中不含离子基团。

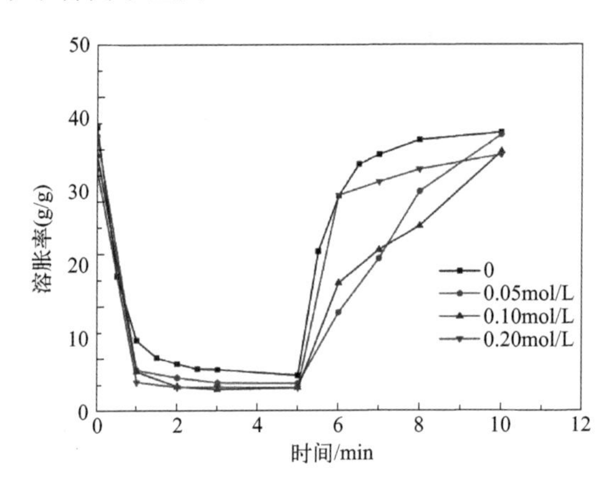

图 5-11　NaCl 对 $HIPS_E$ 凝胶退溶胀和再溶胀动力学影响

5.1.2.7　凝胶在不同有机溶剂中的溶胀率

选择五种极性不同的溶剂（水、乙醇、丁醇、异丙醇、丙酮），将相同质量的干凝胶放入烧杯中，加入相同质量的溶剂，用封口膜封住烧杯口，室温下浸泡 24h。再分别选择不同取代度 HIPS 制备的 $HIPS_E$ 凝胶，观察不同凝胶在不同溶剂中的溶胀率，结果分别列入表 5-3。

表 5-3　不同取代度 $HIPS_E$ 凝胶在不同有机溶剂中的溶胀率

凝胶样品	水	乙醇	丁醇	异丙醇	丙酮
$HIPS_{E(MS=1.20)}$ 凝胶	61.0	13.5	6.5	3.5	3.0
$HIPS_{E(MS=1.55)}$ 凝胶	40.0	16.2	9.0	7.0	3.1
$HIPS_{E(MS=1.72)}$ 凝胶	32.4	17.6	9.2	8.7	3.2
$HIPS_{E(MS=2.38)}$ 凝胶	27.3	13.1	11.5	10.4	5.7

由表 5-3 可知，四种凝胶在溶剂中的溶胀率以水中溶胀率最大，其次是乙醇，在丙酮中溶胀率最小，基本上不溶胀。除丁醇之外随着极性降低溶胀率减小，可能是与凝胶亲溶剂性和溶剂分子大小有关，也和凝胶与溶剂之间的作用力有关，作用越强，亲和力越强；至于丁醇极性比较小，黏度比较大，但溶胀

率比异丙醇和丙酮高，这可能是因为凝胶对黏度较大的油性溶剂有一定的吸附性，表现为亲油性。另外，四种凝胶在水中的溶胀率随着 HIPS 取代度的增加减小，这可能是因为随着 HIPS 取代度增加，疏水基团异丙基增加，位阻增加，不易于交联，且亲极性溶剂能力下降，但是亲弱极性溶剂能力有所提高，因此随着 HIPS 取代度增加，所得凝胶在丁醇、异丙醇和丙酮中的溶胀率开始增加。

5.2 烷基淀粉 / 海藻酸钠（HIPS/SA）复合凝胶的合成与应用

本节将天然生物质淀粉和海藻酸钠进行改性，再利用交联反应合成温度响应型淀粉 / 海藻酸钠复合水凝胶，以期实现对重金属离子的有效吸附和快速解吸[21,24,39-42]。该复合凝胶具有如下优势：

① 原料选用无毒、生物相容性和生物降解性优良的蜡质玉米淀粉和海藻酸钠。一方面，蜡质玉米淀粉易于改性，将蜡质玉米淀粉进行烷基化改性的操作方便快捷，改性方法简单易成，反应条件也不苛刻；另一方面，海藻酸钠中含有大量的羧基，有利于和重金属离子结合。

② 水凝胶吸水溶胀，具有很强的吸水性和保水性，利于对重金属离子的吸附。并且，水凝胶不溶于水，易于从水中分离。此外，水凝胶具有三维网络结构，可以提供较大的吸附表面积。

③ 水凝胶在酸性条件下可以实现吸附的重金属离子的脱附，再经过碱中和之后可以将水凝胶吸附剂再生，使得水凝胶可以重复利用，并且天然多糖基水凝胶具有生物降解性，不会产生二次污染。

④ 利用水凝胶的温度响应性能实现金属离子在洗脱液（稀盐酸）中的快速解吸，可以减少洗脱液的浪费，节约资源，降低污染。

5.2.1 HIPS/SA 复合凝胶的合成及性能研究

5.2.1.1 HIPS/SA 复合凝胶的合成和表征方法

（1）HIPS/SA 复合凝胶的合成　首先将 HIPS[n(IPGE)∶n(AGU)=2.5] 和海藻酸钠（SA）溶解在去离子水中，分别得到 6.5%（质量分数，下同）的 HIPS 溶液和 4.0% SA 溶液。将 2g 6.5% 的 HIPS 溶液和 2g 4.0% SA 溶液在 25mL 烧杯中混合，加入 300μL 40% NaOH 溶液并搅拌均匀，然后在冰水中用超声处理 30min。将 270μL 的乙二醇二缩水甘油醚（EDGE）和 900μL 的 1% 氯化钙（$CaCl_2$）加入混合溶液中，搅拌均匀，然后在冰水里超声 30min，将烧杯转移到 60℃的水浴中反应 3h。反应结束后，将烧杯中的水倒出加入去离子水（常温），溶胀一段时间，然后在高温下加热，凝胶收缩，溶液变浑浊。倒出烧杯中的水，再加入去离子水溶胀，重复以上步骤，直到水溶液透明，说明未反应的小分子基本被去除，然后将凝胶再在去离子水中溶胀 2 ～ 3 天，中间反复换水以完全除去未反应物，最终得到 HIPS/SA 复合水凝胶。

（2）HIPS/SA 复合凝胶的性能测试方法　将 20℃时达到吸水平衡的水凝胶用湿滤纸擦去表面水分放入冰柜中冷冻 12h，将在 50℃收缩的水凝胶擦去表面的水后，立即转移到液氮中速冻，以保证收缩水凝胶的结构不被破坏，然后用冷冻干燥机将凝胶冷干。从干燥凝胶上取出小部分，然后在凝胶表面上进行喷金处理，用扫描电镜在 10kV 加速电压下观察水凝胶形貌。用全自动比表面积分析仪在 77K 下记录凝胶的 N_2 吸附-脱附过程。用在线红外光谱仪在 400 ～ 4000cm^{-1} 波长范围内测定 SA 和 HIPS/SA 凝胶的 ATR-IR 衰减全反射傅里叶变换红外光谱。所有样品在测试前均需要冷冻干燥。

用重量法评价 HIPS/SA 水凝胶的溶胀行为。将 0.15g 的干燥水凝胶以 2.5℃ /h 的加热速率置于 0 ～ 50℃的去离子水中，以达到溶胀平衡。称重前，应先用滤纸除去表面的水。溶胀率曲线的斜率出现显著变化的点被认为是凝胶的 VPTT。

将 0.15g 干燥水凝胶样品浸入装有 20℃去离子水的烧杯中 24h，以保证水凝胶达到溶胀平衡，称量凝胶的质量。然后将水凝胶移至 50℃的去离子水中，每 0.5min 称重一次水凝胶，直到水凝胶的质量没有明显变化为止，测定凝胶的退溶胀行为将收缩的水凝胶转移到 20℃水浴中，每 0.5min 称重一次，直到水凝胶的质量无明显变化为止，测定凝胶的再溶胀行为。

将 0.15g 水凝胶放入 50℃的水浴中收缩 2min 后，称量凝胶质量，再将收缩后的水凝胶放入 20℃的水浴中溶胀 2min 后，称量凝胶的质量，重复以上步骤 5 次，测定溶胶的溶胀-收缩行为。要注意在每次称量前都要用滤纸擦拭水凝胶去除凝胶表面的水，然后称重。通过式（5.2）计算水凝胶的溶胀率（SR）。

5.2.1.2　HIPS/SA 凝胶的制备

在碱性条件下，用 EDGE 和 $CaCl_2$ 混合交联剂制备 HIPS/SA 凝胶的反应过程如图 5-12 所示，该过程是 HIPS 通过 EDGE 化学交联形成网络结构，海藻酸钠通过 $CaCl_2$ 溶液离子交联形成网络结构，两种网络结构互相贯穿形成互穿网络结构，最终制备成 HIPS/SA 凝胶。

5.2.1.3　HIPS 浓度对 HIPS/SA 凝胶溶胀率的影响

从图 5-13 可得，随着 HIPS 溶液浓度的增加，HIPS/SA 凝胶的溶胀率呈先升高后降低的趋势；当 HIPS 浓度达到 6.5%（质量分数，下同）时，HIPS/SA 凝胶的溶胀率达到最大值 43.45；随着 HIPS 浓度继续增加，凝胶的溶胀率开始逐渐下降。这是因为在 HIPS 浓度达到 6.5% 前，随着 HIPS 浓度增加，参与交联反应的羟基数目增多，易于形成交联网络，形成利于吸水的孔结构。而随着 HIPS 浓度的进一步增加，交联密度过大，凝胶的吸水能力降低，最终使得凝胶的溶胀率下降。

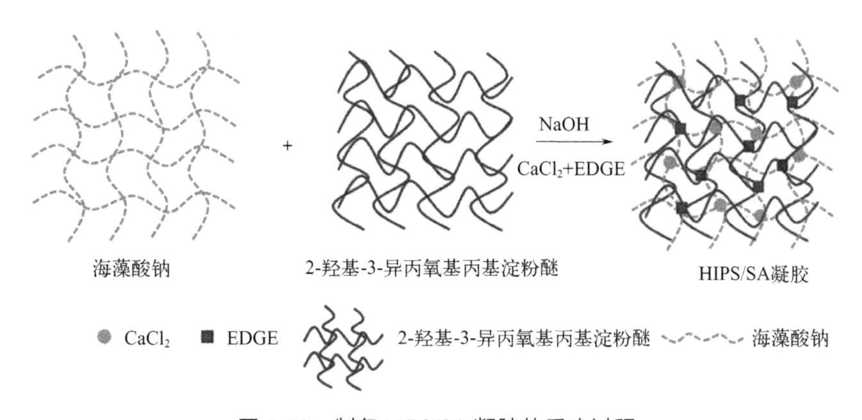

图 5-12　制备 HIPS/SA 凝胶的反应过程

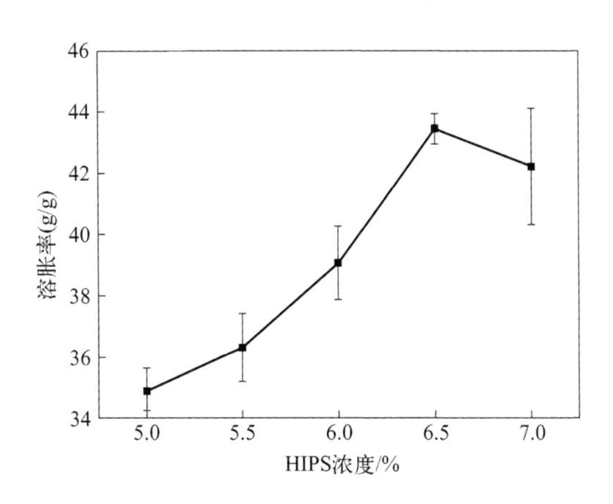

图 5-13　HIPS 浓度对 HIPS/SA 凝胶溶胀率的影响

5.2.1.4　海藻酸钠浓度对 HIPS/SA 凝胶溶胀率的影响

图 5-14 是 HIPS/SA 凝胶溶胀率随 SA 浓度的变化曲线。从图 5-14 可得，随着 SA 溶液浓度的增加，HIPS/SA 凝胶的溶胀率呈先升高后降低的趋势；当

HIPS 浓度达到 4.0%（质量分数，下同）时，HIPS/SA 凝胶的溶胀率达到最大值 43.21；随着 HIPS 浓度继续增加，凝胶的溶胀率迅速下降。这是因为在 HIPS 浓度达到 4.0% 前，随着 SA 浓度增加，更多的 SA 分子链交联形成网络结构，有利于提高凝胶的交联密度，提高凝胶中亲水基团的数量，凝胶的溶胀率逐渐增加。而随着 SA 浓度的进一步增加，因为 SA 内部氢键相互作用大，SA 溶液浓度略微上升，就会使 SA 溶液的黏度大幅度增大，合成的凝胶交联密度过大，凝胶的溶胀率迅速下降。

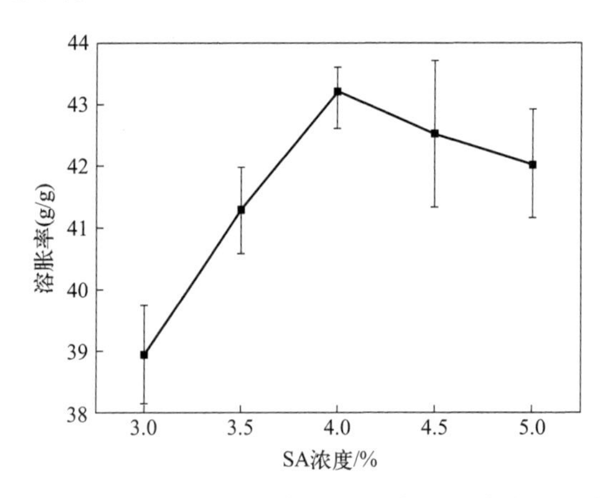

图 5-14　海藻酸钠浓度对 HIPS/SA 凝胶溶胀率的影响

5.2.1.5　碱用量对 HIPS/SA 凝胶溶胀率的影响

从图 5-15 可以看出，随着碱用量从 240μL 增加到 330μL，凝胶的溶胀率逐渐增加，在碱用量为 330μL 时，凝胶的溶胀率达到最大值，为 43.69。随着 NaOH 用量继续增加，凝胶的溶胀率开始下降。这主要是因为随着 NaOH 用

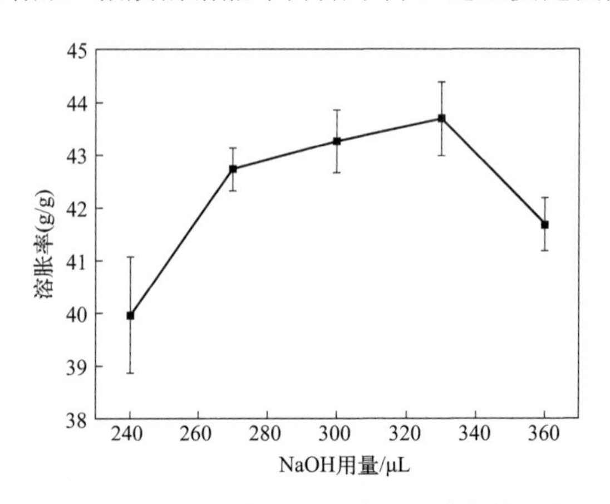

图 5-15　碱用量对 HIPS/SA 凝胶溶胀率的影响

量增加，在碱的催化下，HIPS 和 SA 表面的氧负离子增多，有利于反应的进行，促进凝胶成形，提高凝胶的溶胀率。而随着 NaOH 用量继续增加，过多的 NaOH 会使得 EDGE 中的环氧环开环，引发副反应，降低凝胶的交联密度，从而降低凝胶的溶胀率。

5.2.1.6　EDGE 用量对 HIPS/SA 凝胶溶胀率的影响

图 5-16 是 HIPS/SA 凝胶溶胀率随着 EDGE 用量的变化规律。从图 5-16 可以看出，随着 EDGE 用量从 240μL 逐渐增加到 300μL，凝胶的溶胀率逐渐增加，并在 300μL 达到最大值 44.10。这主要是因为随着交联剂 EDGE 用量的增加，参与交联反应的 EDGE 数量增多，单位体积内的 EDGE 分布也增多，因而更容易形成交联网络。随着交联剂量进一步增加，凝胶的溶胀率逐渐减小，这主要是因为交联剂 EDGE 用量增加，交联密度过大，三维网络结构过密，凝胶孔道的数量增多，孔径变小，凝胶的溶胀率降低。并且添加过量交联剂制得的凝胶，硬度变强，弹性变大，也说明凝胶网络变得更加紧密。

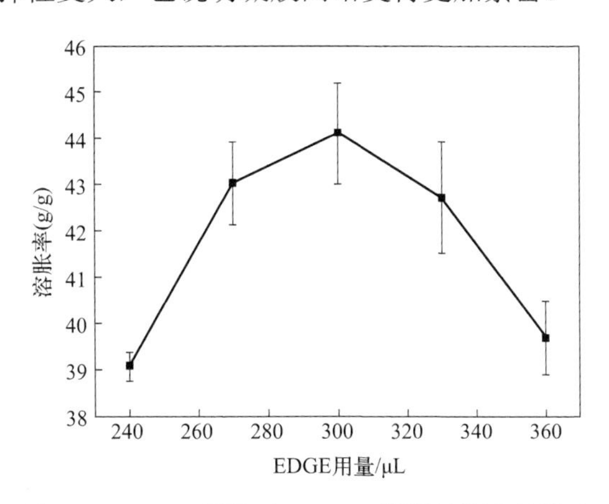

图 5-16　EDGE 用量对 HIPS/SA 凝胶溶胀率的影响

5.2.1.7　反应温度对 HIPS/SA 凝胶溶胀率的影响

图 5-17 是凝胶溶胀率随温度变化的规律。从图 5-17 可得，凝胶的溶胀率随着温度的增加而增加，在温度达到 55℃时达到最大值，为 43.97。随着温度继续增加，凝胶的溶胀率出现下降趋势。这可能是因为随着温度增加，促进了 HIPS 和海藻酸钠交联形成网络结构，凝胶的网络密度逐渐增加，保水性能增加，因此凝胶的溶胀率逐渐增加。而随着温度继续增加，凝胶的网络密度进一步增加，网络结构变得十分紧密，并且高温下利于 SA 的降解，影响凝胶的吸水性能，降低凝胶的溶胀率。

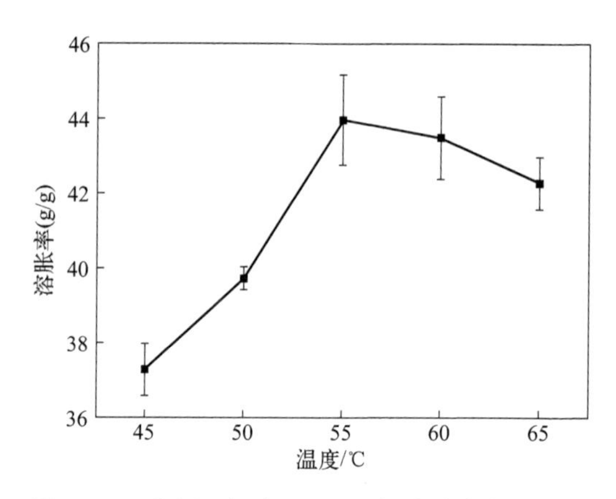

图 5-17　反应温度对 HIPS/SA 凝胶溶胀率的影响

5.2.1.8　反应条件影响 HIPS/SA 凝胶溶胀率的正交实验

为了确定 HIPS/SA 凝胶制备的最佳反应条件，以溶胀率为指标，设计了 HIPS 浓度、SA 浓度、NaOH 用量、EDGE 用量、反应温度、反应时间的 6 因素 5 水平 L_{25}（5^6）的正交实验，正交实验因素水平设计如表 5-4 所示，实验结果如表 5-5 所示。

表 5-4　正交实验因素水平

水平	因素					
	A HIPS 浓度 /%	B SA 浓度 /%	C NaOH 用量 /μL	D EDGE 用量 /μL	E 反应温度 /℃	F 反应时间 /h
1	5.0	3.0	240	240	45	2.0
2	5.5	3.5	270	270	50	2.5
3	6.0	4.0	300	300	55	3.0
4	6.5	4.5	330	330	60	3.5
5	7.0	5.0	360	360	65	4.0

由表 5-5 可得，反应条件对 HIPS/SA 凝胶溶胀率的影响大小顺序为：反应温度＞反应时间＞ NaOH 用量＞ HIPS 浓度＞ SA 浓度＞ EDGE 用量。正交实验的最佳组合为 A4B4C3D3E3F3，即 HIPS 浓度为 6.5%，SA 浓度为 4.5%，NaOH 用量为 300μL，EDGE 用量为 300μL，反应温度为 55℃，反应时间为 3h。在最佳条件下进行验证实验，凝胶溶胀率可以达到 44.20，这说明最佳条件适合于制备 HIPS/SA 凝胶。

表 5-5　正交实验结果

序号	A HIPS 浓度 /%	B SA 浓度 /%	C NaOH 用量 /μL	D EDGE 用量 /μL	E 反应温度 /℃	F 反应时间 /h	溶胀率 (g/g)
1	1	1	1	1	1	1	35.48
2	1	2	2	2	2	2	36.82
3	1	3	3	3	3	3	43.01
4	1	4	4	4	4	4	39.51
5	1	5	5	5	5	5	38.95
6	2	1	2	3	4	5	39.84
7	2	2	3	4	5	1	40.21
8	2	3	4	5	1	2	37.69
9	2	4	5	1	2	3	41.45
10	2	5	1	2	3	4	39.34
11	3	1	3	5	2	4	40.29
12	3	2	4	1	3	5	39.62
13	3	3	5	2	4	1	37.92
14	3	4	1	3	5	2	40.98
15	3	5	2	4	1	3	39.42
16	4	1	4	2	5	3	41.23
17	4	2	5	3	1	4	40.58
18	4	3	1	4	2	5	39.26
19	4	4	2	5	3	1	42.48
20	4	5	3	1	4	2	39.75
21	5	1	5	4	3	2	40.31
22	5	2	1	5	4	3	40.11
23	5	3	2	1	5	4	38.96
24	5	4	3	2	1	5	41.51
25	5	5	4	3	2	1	39.55
K_1	193.77	197.15	195.17	195.26	194.68	195.64	
K_2	198.53	197.34	197.52	196.82	197.37	195.55	
K_3	198.23	196.84	204.77	203.96	204.76	205.22	
K_4	203.30	205.93	197.60	198.71	197.13	198.68	
K_5	200.44	197.01	199.21	199.52	200.33	199.18	
R	9.53	9.09	9.60	8.70	10.08	9.67	

5.2.1.9 HIPS/SA 凝胶的结构表征

利用最佳条件制备温度响应型 HIPS/SA 凝胶，并对凝胶进行表征，图 5-18 为 SA、HIPS 和 HIPS/SA 凝胶的 ATR-IR 红外光谱。由于—COO—中C═O 的拉伸振动，SA 在 1594cm^{-1} 处出现吸收峰。由于 O—H 拉伸振动、C—H 弯曲振动和 C—O—C 不对称拉伸，HIPS/SA 凝胶分别在 3366cm^{-1}、2927cm^{-1} 和 1016cm^{-1} 处出现吸收峰，由于 C═O 拉伸振动和 CH_2 摇摆振动，HIPS/SA 凝胶在 1628cm^{-1} 和 1371cm^{-1} 处出现吸收峰，这些都表明 HIPS/SA 凝胶中包含 HIPS 和 SA 相应的结构特征，HIPS 和 SA 分子链成功构成互穿网络结构，HIPS/SA 凝胶成功制成。

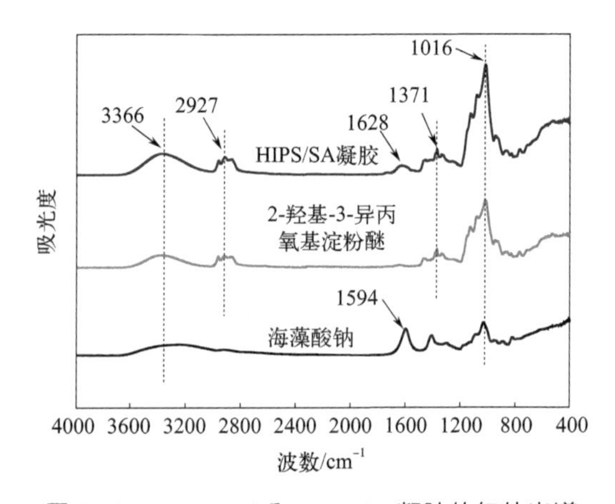

图 5-18 SA、HIPS 和 HIPS/SA 凝胶的红外光谱

HIPS/SA 凝胶具有良好的温度响应性能。图 5-19（a）和图 5-19（b）分别为 HIPS/SA 凝胶在 20℃时溶胀和在 50℃收缩的电镜照片及数码照片。HIPS/SA 凝胶表现出典型的温度响应特性，HIPS/SA 凝胶的体积随着温度的升高发生显著的变化。20℃时，凝胶呈现出多孔网络，大孔数量较多；50℃时，凝胶孔洞收缩，水凝胶表面变得相对光滑。

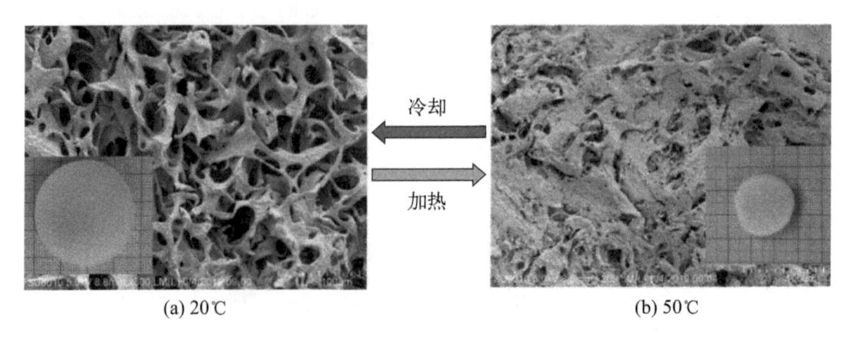

图 5-19 HIPS/SA 凝胶在 20℃和 50℃的 SEM 图片和凝胶照片

通过 N_2 吸附-脱附实验研究了凝胶的多孔特性，结果如图 5-20 和表 5-6 所示。HIPS/SA 凝胶的比表面积（S_{BET}）为 2.785m^2/g。HIPS/SA 水凝胶样品的 N_2 吸附-脱附等温线与 H3 型滞回线相似，表现出Ⅱ型吸附-脱附等温线和大孔结构，表明 HIPS/SA 凝胶具有作为吸附剂的潜力。

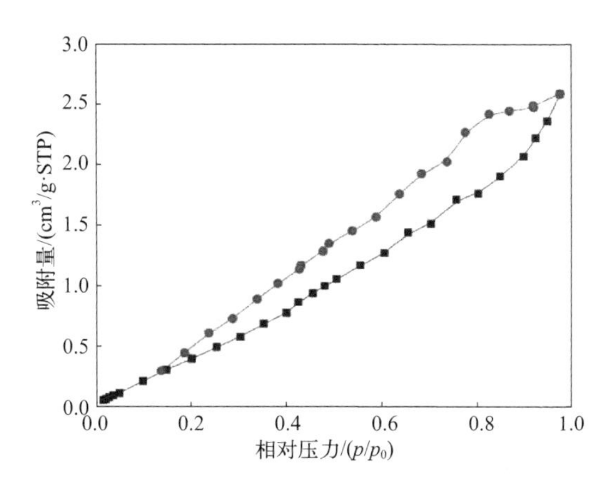

图 5-20　HIPS/SA 凝胶的 N_2 吸附-脱附等温线

表 5-6　HIPS/SA 凝胶的孔结构

样品	$S_{BET}/(m^2/g)$	$S_{ext}/(m^2/g)$	$V_t/(cm^3/g)$	D_m/nm
HIPS/SA 凝胶	2.785	2.785	4.002×10^{-3}	3.315

注：S_{BET}—比表面积；S_{ext}—外表面积；V_t—总孔隙体积；D_m—最大孔直径。

5.2.2 HIPS/SA 复合凝胶的温度响应性能研究

5.2.2.1 盐浓度对温度响应性能的影响

如图 5-21（a）所示，HIPS/SA 水凝胶的溶胀率在 VPTT 附近明显下降，水凝胶的体积急剧缩小。这是因为当温度升至 VPTT 时，水分子与 HIPS 分子链之间的氢键作用减弱，HIPS 疏水链之间的疏水相互作用占主导地位，HIPS 中的疏水链塌陷，导致水从水凝胶结构中排出并收缩孔径。

电解质是人体一种必需的成分，因此研究无机盐如何影响水凝胶的溶胀率具有重要意义。如图 5-21（b）所示，HIPS/SA 凝胶溶胀率在浸入 NaCl 溶液后急剧下降，在 20℃时，随着 NaCl 浓度从 0 增加 20g/L，水凝胶的溶胀率从 40.40 降低到 18.09。水凝胶的 VPTT 从 34.9℃降低至 19.9℃。以下两种不同的机理可以用来解释这些现象：①脱水机理，由于 NaCl 与水之间的强水合作用，疏水链和水分子之间的氢键因添加 NaCl 而被破坏。②表面张力机制，NaCl 浓度的增加导致聚合物链与水分子之间的表面张力增强，从而导致疏水基团 / 水界面之间的自由能增加以及水凝胶的脱水。

5.2.2.2 小分子溶剂对温度响应性能的影响

甲醇、乙醇、异丙醇等有机溶剂会影响聚合物与水的相互作用，有机溶剂对水凝胶 VPTT 的影响对于研究 HIPS/SA 水凝胶的性能具有重要意义。类似于 NaCl，加入甲醇、乙醇和异丙醇使水凝胶的溶胀率降低。如图 5-21（c）所示，很显然，水凝胶的 VPTT 随有机溶剂浓度的增加而降低，例如，随着甲醇、乙醇和异丙醇浓度从 0 增加到 50%（体积分数，下同），水凝胶的 VPTT 从 34.9℃分别降至 31.3℃、30.8℃和 30.2℃。此外，不同的醇对 VPTT 的影响大小顺序：异丙醇＞乙醇＞甲醇，碳原子链越长的醇分子使得 VPTT 下降幅度越大。以下原因可以解释醇对溶胀率和 VPTT 的影响：①醇的极性遵循“水＞甲醇＞乙醇＞异丙醇”的顺序，导致溶胀率降低。②水溶液中的醇分子诱导聚合物链发生坍塌，HIPS/SA 水凝胶的亲水部分被醇分子屏蔽并阻碍其与水分子形成氢键，从而导致 VPTT 降低。③随着醇浓度的增加，醇 / 水配合物的形成

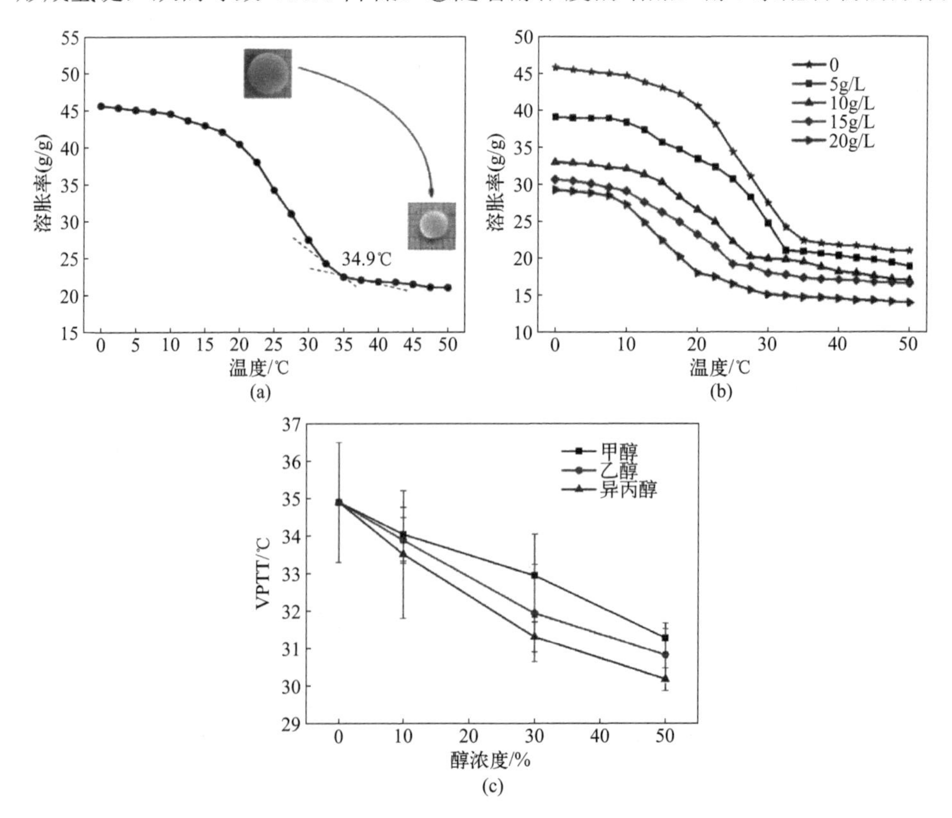

图 5-21 HIPS/SA 凝胶的 VPTT（a）及盐（b）和醇（c）对 HIPS/SA 凝胶 VPTT 的影响

需要水凝胶水化结构中更多的水参与，因此 VPTT 随着醇浓度的增加而降低。

5.2.2.3　复合凝胶的溶胀动力学

溶胀动力学是评估水凝胶是否适合实际应用的关键指标。如图 5-22（a）所示，水凝胶在 50℃下只需 1min 就损失了大部分水，并在 2min 内达到了溶胀平衡，这意味着水凝胶具有快速的响应速度，并在很短的时间内损失了大部分水。

再溶胀行为曲线如图 5-22（b）所示，水凝胶在约 3min 内达到溶胀平衡。有趣的是，经过 3min 的溶胀，水凝胶溶胀率仅为 44.72，但溶胀率在溶胀前为 45.45，溶胀率有所下降。这是因为加热引发的链间缔合需要额外的能量才能在冷却过程中破坏链间氢键，从而导致溶胀率较低。

HIPS/SA 凝胶溶胀-收缩过程的可逆性是其可以在工业中应用的重要特性。从图 5-22（c）可以看出，HIPS/SA 凝胶具有较高的溶胀率，这意味着在凝胶结构中可以保留更多的水分，为凝胶在重金属吸附应用中提供潜在的价值。此

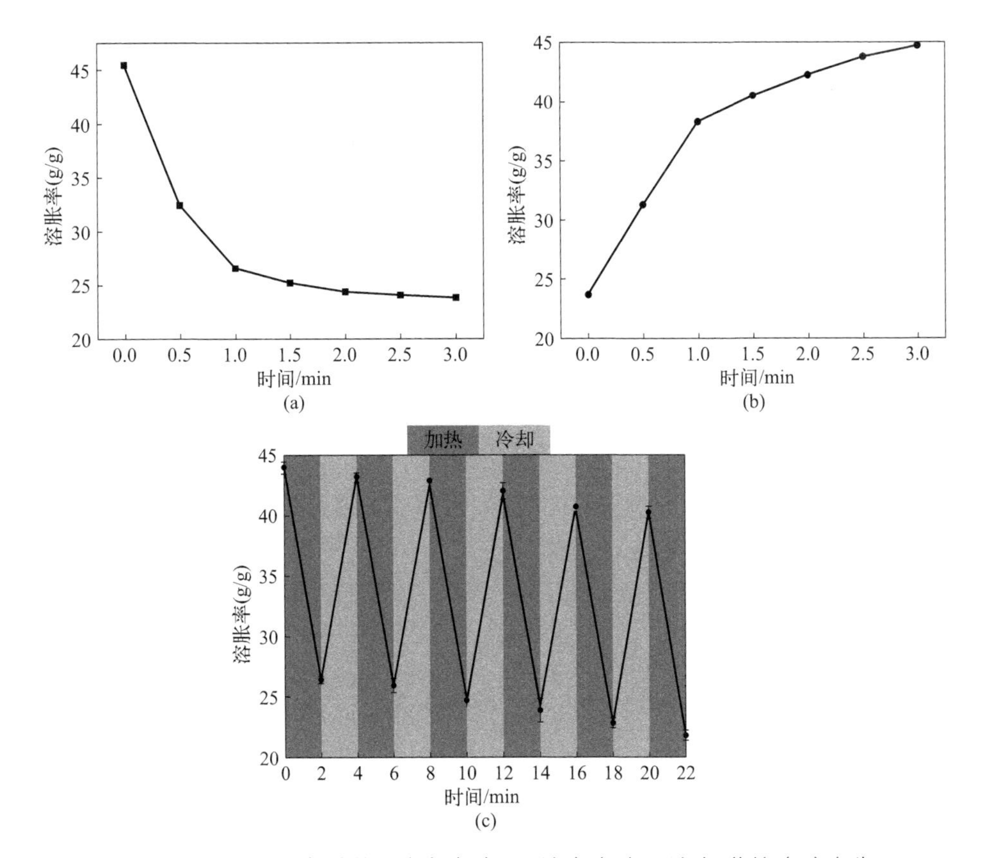

图 5-22　HIPS/SA 凝胶的退溶胀（a）、再溶胀（b）和溶胀-收缩（c）行为

外，HIPS/SA 凝胶的溶胀率在加热和冷却 5 个循环后降低较少，20℃下的溶胀率从 43.97 降低到 40.24，说明 HIPS/SA 凝胶具有可逆和稳定的温度响应性能，为 HIPS/SA 凝胶的高效回收提供了前提。

5.2.3 HIPS/SA 复合凝胶对重金属离子的吸附性能研究

5.2.3.1 HIPS/SA 凝胶吸附重金属离子研究方法

（1）溶液配制　①称取一定量的 $CuSO_4 \cdot 5H_2O$ 固体溶于去离子水中，配制成不同浓度的 Cu^{2+} 溶液。②称取一定量的 $Pb(NO_3)_2$ 固体及一定量的硝酸定容于 250mL 容量瓶中，配制成不同浓度的 Pb^{2+} 溶液。③称取一定量的铜标准溶液，溶于一定量的去离子水中（铜标准溶液∶水 =1∶199），配制成 5mg/L 的铜标准溶液。④称取 0.2g 新亚铜试剂（2,9-二甲基-1,10-菲罗啉）溶于 100mL 甲醇中，配制成 0.2%（质量浓度）新亚铜溶液，新亚铜试剂遇 Cu^{2+} 呈黄色。⑤称取 150g 柠檬酸钠（$C_8H_5Na_3O_7 \cdot 2H_2O$）, 溶解于 400mL 去离子水中，配制成 37.5%（质量浓度）柠檬酸钠溶液。⑥将 60.3g 无水乙酸钠溶于适量的去离子水中，再加入 36% 乙酸 13mL，在 500mL 容量瓶中定容，混匀，配制得乙酸钠-乙酸缓冲溶液。⑦称取 3.72g 乙二胺四乙酸二钠溶于适量的去离子水中，再定容于 1L 容量瓶中，配制 0.01mol/L 的络合滴定剂。⑧称取 0.2g 二甲酚橙溶于适量的去离子水中，再定容于 100mL 容量瓶中，配制成 0.2% 的指示剂。二甲酚橙在 pH<6.3 时呈亮黄色，在 pH>6.3 时呈红色。当 pH 在 5 ～ 6 时，二甲酚橙遇 Pb^{2+} 生成紫红色络合物，使用 EDTA 滴定到终点，二甲酚橙游离出来呈亮黄色，因此控制溶液 pH 在 5 ～ 6，便于判断滴定是否到达终点。

（2）标准曲线的绘制　准确吸取 0、0.5mL、1.0mL、2.0mL、3.0mL、5.0mL 铜标准溶液于 25mL 比色管中，加水至 15.0mL，加入 1.5mL 盐酸羟胺溶液和 3mL 柠檬酸钠溶液，混匀，加入 3mL 乙酸钠-乙酸缓冲溶液，混匀，再加入 1.5mL 新亚铜溶液，加水至标线，充分混匀静置 5min，以水为参比，用 50mm 比色皿于波长 457nm 处测定吸光度。

根据标准曲线，得出待测铜溶液中铜离子浓度的计算公式：

$$c(Cu^{2+},\ mg/L)=(A-A_0-a)/(b \cdot V) \tag{5.3}$$

式中，A 为样品吸光度值；A_0 为空白吸光度值；a 为回归方程截距；b 为回归方程斜率；V 为样品体积，mL。

（3）HIPS/SA 凝胶吸附重金属离子的吸附容量　将 40mL 一定浓度的 Cu^{2+} 或 Pb^{2+} 溶液加入 100mL 锥形瓶中，再称取一定量的干凝胶放入装有 Cu^{2+} 或 Pb^{2+} 溶液的锥形瓶中，用 0.1mol/L HCl 和 NaOH 调节溶液的 pH，然后将锥形瓶放置于全温振荡培养箱中，并以 200r/min 在 20℃下振荡 48h 以达到吸附平衡。

用 2,9-二甲基-1,10-菲罗啉直接分光光度法和 EDTA 滴定法测定吸附平衡后溶液中 Cu^{2+} 和 Pb^{2+} 的浓度，EDTA 滴定法测定 Pb^{2+} 的浓度时，要用乙酸钠-乙酸缓冲溶液调节溶液的 pH 值在 5 ～ 6 之间。Cu^{2+} 和 Pb^{2+} 的吸附容量计算公式如下：

$$q_e=(c_0-c_e)\times V/m \tag{5.4}$$

式中，q_e 为吸附剂达到吸附平衡时对 Cu^{2+} 或 Pb^{2+} 的吸附能力，mg/g；c_0 和 c_e 分别为 Cu^{2+} 或 Pb^{2+} 的初始浓度和最终浓度，mg/L；V 为 Cu^{2+} 或 Pb^{2+} 溶液的体积，L；m 为干凝胶的质量，g。

（4）pH 对 HIPS/SA 凝胶吸附重金属离子的影响　用 0.1mol/L HCl 和 NaOH 调节 Cu^{2+} 和 Pb^{2+} 溶液（100mg/L）的 pH 值，得到 pH=1.5、2.5、3.5、4.5、5.5 的 Cu^{2+} 或 Pb^{2+} 溶液，然后称取干凝胶 150mg，放入装有 40mL 不同 pH 的 Cu^{2+} 或 Pb^{2+} 溶液的锥形瓶中，然后将锥形瓶放置于全温振荡培养箱，并以 200r/min 在 20℃下振荡 48h 以达到吸附平衡。用 2,9-二甲基-1,10-菲罗啉直接分光光度法和 EDTA 滴定法测定吸附平衡后溶液中 Cu^{2+} 和 Pb^{2+} 的浓度，根据式（5.4）计算凝胶对金属离子的吸附容量，得到pH对HIPS/SA凝胶吸附重金属离子的影响规律。

（5）重金属离子浓度对 HIPS/SA 凝胶吸附重金属离子的影响　配置一系列不同浓度（25mg/L、50mg/L、75mg/L、100mg/L、125mg/L、150mg/L、200mg/L、250mg/L）的 Cu^{2+} 和 Pb^{2+} 溶液，用 0.1mol/L HCl 和 NaOH 调节 Cu^{2+} 和 Pb^{2+} 溶液的 pH 至 5.5，然后称取干凝胶 150mg，放入装有 40mL 不同浓度 Cu^{2+} 或 Pb^{2+} 溶液的锥形瓶中，然后将锥形瓶放置于全温振荡培养箱，并以 200r/min 在 20℃下振荡 48h 以达到吸附平衡。用 2,9-二甲基-1,10-菲罗啉直接分光光度法和 EDTA 滴定法测定吸附平衡后溶液中 Cu^{2+} 和 Pb^{2+} 的浓度，根据式（5.4）计算凝胶对金属离子的吸附容量，得到重金属离子浓度对 HIPS/SA 凝胶吸附重金属离子的影响规律。

（6）HIPS/SA 凝胶吸附重金属离子的吸附动力学　配置 100mg/L 的 Cu^{2+} 和 Pb^{2+} 溶液，用 0.1mol/L HCl 和 NaOH 调节 Cu^{2+} 和 Pb^{2+} 溶液的 pH 值，使 pH=5.5。称取干凝胶 150mg，放入装有 40mL Cu^{2+} 溶液的锥形瓶中；称取干凝胶 1875mg，放入装有 500mL Pb^{2+} 溶液的锥形瓶中。然后将锥形瓶放置于全温振荡培养箱，并以 200r/min 在 20℃下振荡。每隔一段时间取样，并用 2,9-二甲基-1,10-菲罗啉直接分光光度法和 EDTA 滴定法测定溶液中 Cu^{2+} 和 Pb^{2+} 的浓度，根据式（5.4）计算凝胶对金属离子的吸附容量，得到 HIPS/SA 凝胶吸附重金属离子的吸附动力学规律。

（7）HIPS/SA 凝胶的再生和循环利用　为研究已经吸附 Cu^{2+} 或 Pb^{2+} 凝胶的解吸效率，将在 100mg/L 重金属溶液中达到吸附平衡的凝胶在 15mL 0.1mol/L

HCl 溶液中解吸 0 ～ 2h（HIPS/SA 水凝胶在解吸前应在 35℃下收缩）。解吸效率计算公式如下：

$$E=(C_d \times V/m)/q_1 \times 100\% \quad (5.5)$$

式中，C_d 为脱附后 HCl 溶液中 Cu^{2+} 或 Pb^{2+} 的浓度，mg/L；V 为 HCl 溶液的体积，L；m 为干吸附剂的质量，g；q_1 为 100mg/L Cu^{2+} 或 Pb^{2+} 溶液的平衡吸附容量，mg/g。

在 0.1mol/L HCl 中解吸 48h 后，用 0.1mol/L NaOH 溶液再生 HIPS/SA 凝胶，再用去离子水反复清洗使凝胶达到中性，干燥后用于下一轮吸附实验。重复吸附-脱附过程 5 次，研究 HIPS/SA 凝胶的循环利用效果。

5.2.3.2 pH 对 HIPS/SA 凝胶吸附重金属离子的影响

重金属溶液的 pH 值是影响吸附过程的一个重要因素，因为它会影响溶液中 Cu^{2+} 和 Pb^{2+} 的存在形态和吸附剂的理化性质，当 pH>6 时，重金属离子会从溶液中沉淀出来，对实验结果产生影响，因此主要研究 pH 在 1 ～ 6 时对 HIPS/SA 凝胶吸附能力的影响。溶液的 pH 对 HIPS/SA 凝胶吸附 Cu^{2+} 和 Pb^{2+} 的影响如图 5-23 所示。当 pH 值低于 2.5 时，HIPS/SA 凝胶的吸附能力较差，对两种重金属离子的吸附量较低。吸附能力差可能是由于溶液中存在大量的 H^+，与 Cu^{2+} 或 Pb^{2+} 竞争凝胶上的结合位点；当 pH 过低时，HIPS/SA 凝胶中的羧基会发生质子化，使—COO^- 变成—COOH，不利于对 Cu^{2+} 或 Pb^{2+} 的吸附。随着溶液 pH 值从 2.5 增加到 3.5，溶液中 H^+ 的数量减少，H^+ 与 Cu^{2+} 或 Pb^{2+} 的竞争减弱，HIPS/SA 凝胶上吸附的 Cu^{2+} 或 Pb^{2+} 逐渐增加。另一方面，当 pH 值升高后，—COOH 可电离成—COO^-，与 Cu^{2+} 或 Pb^{2+} 产生静电吸引，从而大大提高了 HIPS/SA 凝胶对重金属离子的吸附量。随着 pH 值的进一步增加，HIPS/SA 凝胶的吸附量缓慢增加，这可能是因为在 pH 较高时，Cu^{2+} 或 Pb^{2+} 会从溶

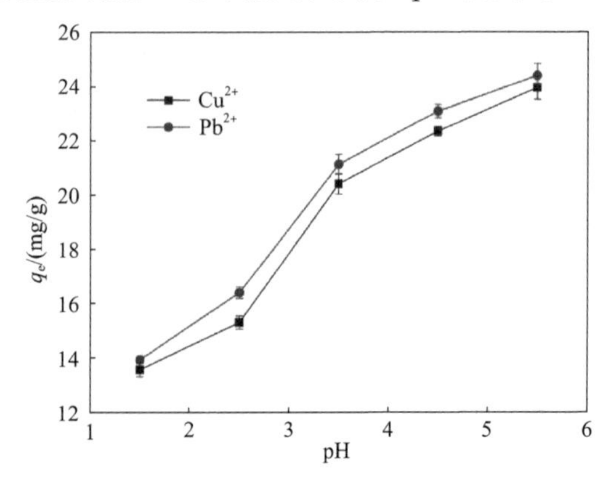

图 5-23　pH 对 HIPS/SA 凝胶吸附 Cu^{2+} 和 Pb^{2+} 的影响

液中沉淀析出造成的。从图 5-23 中还可以看出，HIPS/SA 水凝胶对 Pb^{2+} 的吸附能力要略高于对 Cu^{2+} 的吸附能力，其原理在下一节详细解释。例如，在溶液 pH=5.5 时，HIPS/SA 水凝胶对 Pb^{2+} 和 Cu^{2+} 的吸附能力分别为 24.42mg/g 和 23.98mg/g。

5.2.3.3　重金属离子浓度对 HIPS/SA 凝胶吸附重金属离子的影响

HIPS/SA 凝胶在初始浓度为 25 ～ 250mg/L 的 Pb^{2+} 和 Cu^{2+} 溶液中的吸附能力如图 5-24 所示。在金属离子浓度较低时（c_0<100mg/L），HIPS/SA 凝胶对两种重金属离子的吸附能力迅速增强，之后随着 Pb^{2+} 和 Cu^{2+} 溶液浓度的增加，HIPS/SA 凝胶的吸附能力缓慢增加。在 Pb^{2+} 和 Cu^{2+} 溶液浓度较低时，HIPS/SA 凝胶的吸附容量快速增加是由于凝胶能提供足够的结合位点。然而，随着 Pb^{2+} 和 Cu^{2+} 溶液浓度逐渐增加，由于 HIPS/SA 凝胶的结合位点有限，并且已经被吸附的 Pb^{2+} 或 Cu^{2+} 会阻碍游离的金属离子被凝胶吸附，从而导致吸附容量增加变缓。

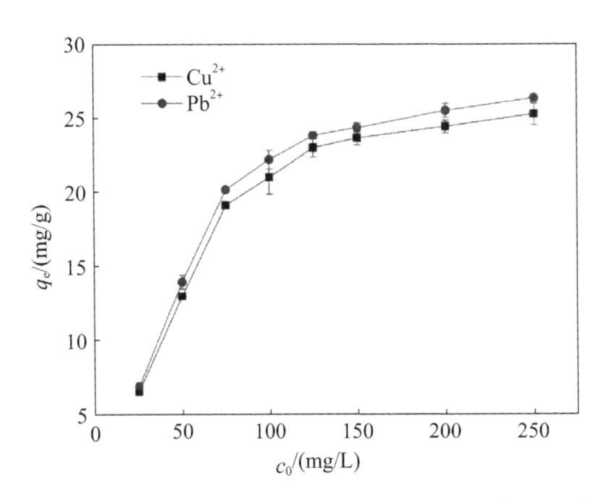

图 5-24　重金属离子浓度对 HIPS/SA 凝胶吸附 Cu^{2+} 和 Pb^{2+} 的影响

HIPS/SA 水凝胶对 Pb^{2+} 的吸附容量要略高于对 Cu^{2+} 的吸附容量，这主要是因为：①海藻酸钠对二价离子的亲和力大小：Pb^{2+}>Cu^{2+}；② Pb^{2+} 和 Cu^{2+} 的电负性不同，Pb^{2+}(2.2) > Cu^{2+} (1.9)；③ Pb^{2+} 和 Cu^{2+} 的荷质比不同，Pb^{2+} (103) > Cu^{2+}(32)。以上原因导致两种重金属离子与 HIPS/SA 凝胶中官能团的结合能力不同，电负性较大的金属离子对凝胶表面有更强的吸引力。Pb^{2+} 的电负性强于 Cu^{2+}，因此 HIPS/SA 凝胶上的羧基优先结合 Pb^{2+}。

5.2.3.4　HIPS/SA 凝胶吸附重金属离子的吸附等温线

为了更好地了解 HIPS/SA 水凝胶的聚合物网络与 Cu^{2+} 或 Pb^{2+} 的相互作

用，使用 Langmuir 和 Freundlich 吸附等温模型分析水凝胶吸附重金属的过程。Langmuir 模型主要用于描述单层吸附，而 Freundlich 模型则主要用于描述基于多相吸附表面或吸附位点能量不均等的非单层吸附。Langmuir 和 Freundlich 模型的线性方程如下：

$$c_e/q_e=(1/q_{max})c_e+1/(K_L \cdot q_{max}) \tag{5.6}$$

$$\lg q_e=(1/n) \cdot \lg c_e+\lg K_F \tag{5.7}$$

式中，c_e 是吸附平衡状态时溶液中 Cu^{2+} 或 Pb^{2+} 浓度，mg/L；q_e 为吸附平衡状态时凝胶吸附 Cu^{2+} 或 Pb^{2+} 的吸附容量，mg/g；q_{max} 是凝胶对 Cu^{2+} 或 Pb^{2+} 的最大吸附容量，mg/g；$1/n$ 是 Freundlich 模型的经验参数；K_L 是 Langmuir 常数，L/mg；K_F 是 Freundlich 常数，mg^{1-n} L^n/g。

图 5-25 是 Langmuir 和 Freundlich 模型的拟合曲线，两种等温模型的实验参数如表 5-7 所示。从图 5-25 可以明显看出 HIPS/SA 凝胶吸附两种重金属离子的实验数据与 Langmuir 模型的拟合关系更好。更进一步，从表 5-7 可得，初始浓度在 25 ～ 250mg/L 范围内，HIPS/SA 凝胶吸附两种重金属离子 Langmuir 模型的相关系数（R^2）均为 0.999，要大于用 Freundlich 等温模型拟合的相关系数（Pb^{2+} 的 R^2 为 0.687，Cu^{2+} 的 R^2 为 0.747），这说明 HIPS/SA 水凝胶对 Cu^{2+} 或 Pb^{2+} 的吸附都更符合 Langmuir 模型，可以据此研究吸附剂在不同浓度重金属溶液中的吸附容量。另外，通过 Langmuir 模型计算可得，HIPS/SA 凝胶对 Pb^{2+} 和 Cu^{2+} 的最大吸附容量分别为 26.44mg/g 和 25.81mg/g，说明凝胶在保证温度响应性能的前提下，仍具有不错的吸附性能。

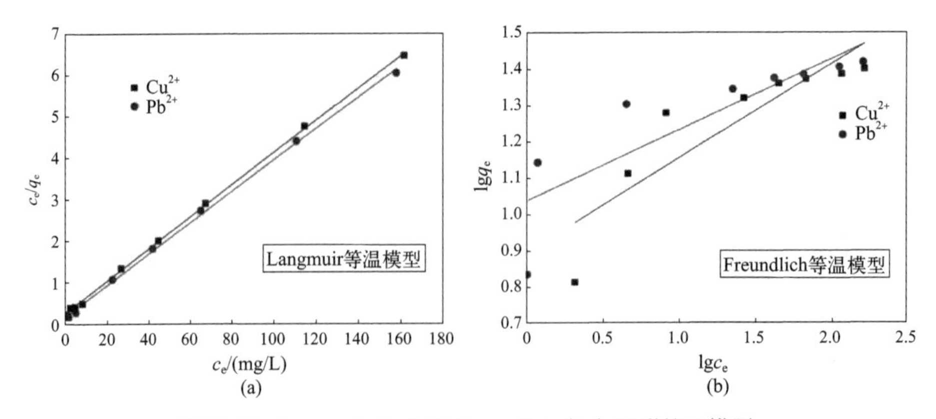

图 5-25　Langmuir（a）和 Freundlich（b）吸附等温模型

分离因子 R_L 反映了 Langmuir 模型的内在特征，计算公式如下：

$$R_L=1/(1+K_L \cdot c_0) \tag{5.8}$$

式中，c_0 为金属离子的初始浓度，mg/L；K_L 为 Langmuir 常数，L/mg。

当 $0<R_L<1$ 时，重金属离子可以被吸附剂吸附，表示吸附体系对吸附是有利的，是优惠吸附；当 $R_L>1$ 时，不利于吸附，是非优惠吸附；当 $R_L=1$ 时，吸附是线性的并且是可逆吸附；当 $R_L=0$ 时，吸附是不可逆的。从表 5-7 的数据可得，HIPS/SA 凝胶对两种重金属离子吸附的分离因子 R_L 均在 0 ～ 1 之间，说明凝胶易于吸附溶液中的 Cu^{2+} 或 Pb^{2+}，是优惠吸附。同样从表 5-7 中还可以得到，Freundlich 等温模型的 n 值是大于 2 的，也表明 HIPS/SA 凝胶对 Cu^{2+} 或 Pb^{2+} 具有良好的吸附性能，并且吸附过程可以顺利发生。

表 5-7　Langmuir 和 Freundlich 吸附等温模型的参数

重金属离子种类	Langmuir 等温模型				Freundlich 等温模型		
	R^2	q_{max}/(mg/g)	K_L/(L/mg)	R_L	R^2	n	K_F/(mg^{1-n} L^n/g)
Pb^{2+}	0.999	26.44	0.315	0.013 ～ 0.113	0.687	5.117	10.94
Cu^{2+}	0.999	25.81	0.188	0.021 ～ 0.175	0.747	3.854	7.906

5.2.3.5　HIPS/SA 凝胶吸附重金属离子的吸附动力学

研究凝胶的吸附容量随时间的变化对于研究凝胶的吸附行为十分重要。由图 5-26 可知，HIPS/SA 凝胶的吸附过程很快就进行完全，在 120min 后吸附容量趋于平衡。此外，HIPS/SA 凝胶对 Pb^{2+} 的平衡吸附量要略高于对 Cu^{2+} 的平衡吸附量。

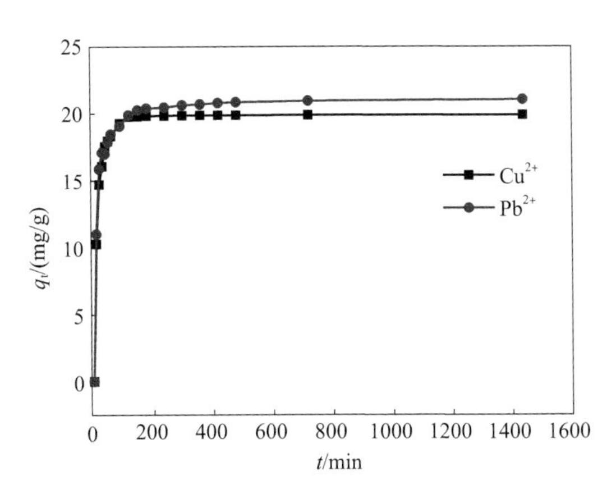

图 5-26　HIPS/SA 凝胶对两种重金属吸附容量随时间的变化

采用准一级动力学模型和准二级动力学模型评价 HIPS/SA 水凝胶吸附 Cu^{2+} 和 Pb^{2+} 的实验数据，准一级和准二级模型的线性方程：

$$\ln(q_e-q_t)=\ln q_e-k_1t \tag{5.9}$$

$$t/q_t=1/(k_2 \cdot q_e^2)+t/q_e \tag{5.10}$$

式中，q_e 和 q_t 分别为平衡时和 t 时刻的吸附容量，mg/g；k_1 为准一级速率常数，min^{-1}；k_2 为准二级速率常数，g/(mg • min)。

由图 5-27 可知，实验数据和准二级模型拟合关系更好，相关性更高。从表 5-8 可得，HIPS/SA 凝胶吸附两种重金属离子准二级动力学模型的相关系数（R^2）均为 1.000，要大于准一级动力学模型的相关系数（Pb^{2+} 的 R^2 为 0.968，Cu^{2+} 的 R^2 为 0.957），这说明 HIPS/SA 凝胶对 Cu^{2+} 或 Pb^{2+} 的吸附动力学都更符合准二级动力学模型。并且从表 5-8 还可得，通过拟合得到的准二级动力学方程计算出的 $q_{e,c}$（对 Pb^{2+} 的吸附容量 21.24mg/g，对 Cu^{2+} 的吸附容量 20.06mg/g）都与实验得到的 $q_{e,e}$（对 Pb^{2+} 的吸附容量 22.17mg/g，对 Cu^{2+} 的吸附容量 20.96mg/g）接近，而通过准一级动力学计算得到的平衡吸附量远小于实际测量值，说明准一级动力学模型不适于描述 HIPS/SA 凝胶吸附 Cu^{2+} 或 Pb^{2+} 的过程。综上所述，HIPS/SA 凝胶对 Cu^{2+} 或 Pb^{2+} 的吸附过程更符合准二级动力学模型，吸附速率由化学吸附控制。

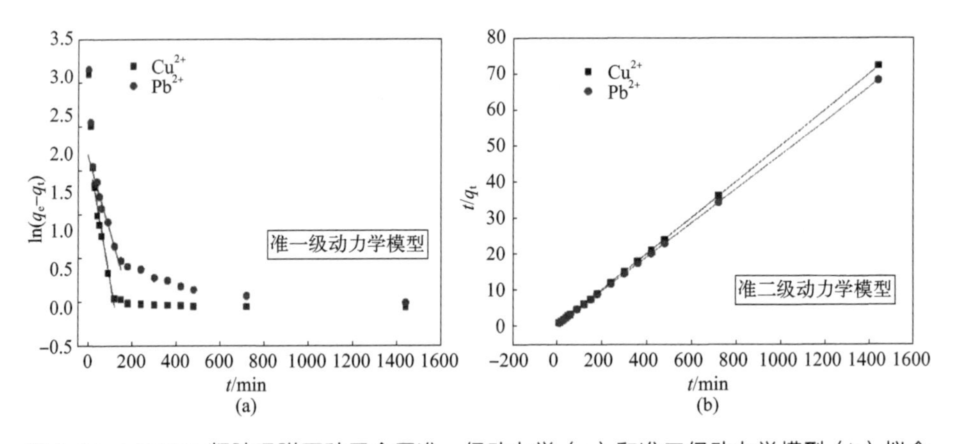

图 5-27　HIPS/SA 凝胶吸附两种重金属准一级动力学（a）和准二级动力学模型（b）拟合

表 5-8　准一级和准二级动力学模型的参数

重金属离子种类	$q_{e,e}$/(mg/g)	准一级动力学模型			准二级动力学模型		
		$q_{e,c}$/(mg/g)	k_1/min^{-1}	R^2	$q_{e,c}$/(mg/g)	k_2/［(g/(mg • min)］	R^2
Pb^{2+}	22.17	7.135	0.010	0.968	21.24	0.006	1.000
Cu^{2+}	20.96	7.342	0.017	0.957	20.06	0.013	1.000

5.2.3.6　HIPS/SA 凝胶的再生和循环利用

吸附剂的解吸通常需要大量的洗脱液，但是这样会造成资源的过度浪费，有造成二次污染的可能。以 HIPS/SA 凝胶吸附 Cu^{2+} 为例，研究 HIPS/SA 凝胶如何利用温度响应性能实现快速解吸。将已经达到吸附平衡的 HIPS/SA 凝胶加热至 35℃，使凝胶收缩排出水分，减小 HIPS/SA 凝胶体积，然后将缩水后的 HIPS/SA 凝胶浸泡在极少量的稀盐酸中洗脱（解吸过程如图 5-28 所示）。

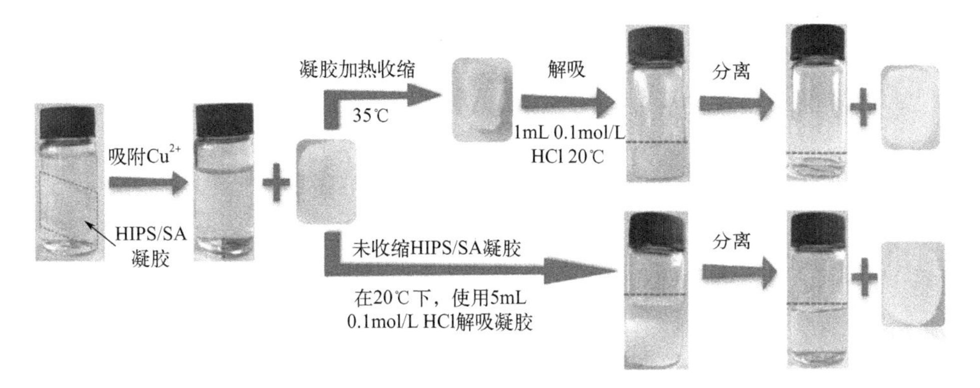

图 5-28　HIPS/SA 凝胶解吸 Cu^{2+} 流程（凝胶未收缩和收缩后的解吸过程）

已吸附 Pb^{2+} 或 Cu^{2+} 的 HIPS/SA 凝胶的解吸效率如表 5-9 所示，HIPS/SA 凝胶在解吸时表现出高效的解吸效率，可以在较短的时间内实现已吸附重金属离子的解吸，并且解吸效率可以达到 90% 以上。可能的原因是，一方面，HIPS/SA 凝胶溶胀会吸收大量的水，凝胶加热收缩会将吸收的水分排出，将凝胶在 20℃浸入盐酸溶液，凝胶会吸收大量的 HCl，有利于 HCl 扩散到凝胶网络结构中。另一方面，HIPS/SA 水凝胶在 20℃时浸入 HCl 溶液中，由于凝胶孔洞中水分被排出，凝胶内外会形成较大的浓度梯度体系，有利于 HCl 在凝胶内的扩散，最终将结合的重金属离子洗脱出来。

表 5-9　解吸效率随时间的变化

时间 /min		5	10	20	30	60	120
解吸效率 /%	Pb^{2+}	49.21	64.42	73.09	83.47	91.05	95.65
	Cu^{2+}	47.90	62.04	70.21	79.64	90.96	92.21

在实际应用中，吸附剂的回收利用具有重要的实际价值，因此进行了吸附-脱附循环实验来检验吸附剂的循环再生性能。如图 5-29 所示，经过 5 次循环后，HIPS/SA 水凝胶对 Pb^{2+} 的吸附能力从 21.06mg/g 下降到 16.03mg/g，HIPS/SA 水凝胶对 Cu^{2+} 的吸附能力 19.83mg/g 下降到 15.23mg/g。HIPS/SA 凝胶的吸附能力略有下降，这表明 HIPS/SA 凝胶具有较优异的再生性能，在废水处理方面有较大的潜力，适合重金属离子的去除。

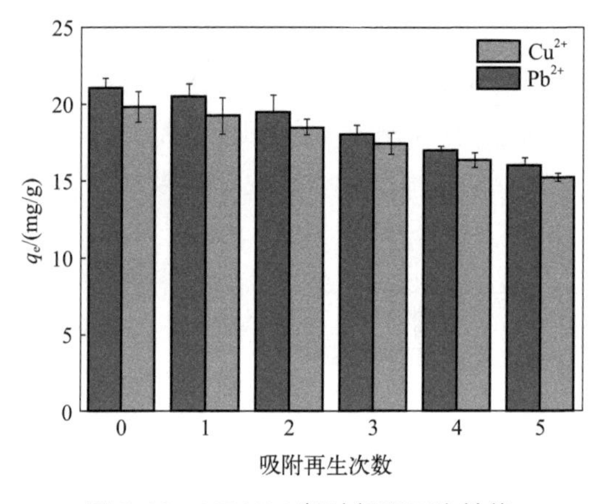

图 5-29　HIPS/SA 凝胶循环再生性能

5.3
烷基淀粉 / 羧甲基淀粉钠（HIPS/CMS）复合凝胶的合成与应用

本节以具有环境友好性的生物基材料为原料，制备应用于重金属吸附领域的温度响应型复合凝胶，具体设计思路如下：

① 使用具有良好生物相容性的蜡质玉米淀粉和羧甲基淀粉钠作为原料，对水凝胶吸附剂的生产非常有利。一方面，以淀粉为原料的凝胶吸附剂可以通过表面接枝和共混其他材料来改性，改性过后的凝胶也增加了吸附性能并且提高了适用性。另一方面，羧甲基淀粉钠含有大量的羧基，引入特定官能团有利于凝胶更好地与重金属离子结合，这增加了水凝胶的吸附效率，使其更有效地吸附废水中的重金属。

② 水凝胶由于其内部的网络结构，可以更好地为重金属提供更多的吸附位点，使其在吸附废水中的重金属方面非常有效。水凝胶还具有很强的吸水和保水性能，三维网络结构中有大量的水分子结合点，可以形成致密的水合层，这种水合层可以增强吸附效果，有利于对重金属离子的吸附。此外，凝胶表面通常带有一定的电荷，可以与重金属离子形成静电作用力，这一特点使水凝胶在去除废水中的重金属方面具有很高的效率。

③ 水凝胶吸附剂在酸性条件下对吸附的重金属离子的解吸能力是非常优异的，水凝胶在碱中和后可以循环利用。另外，一些生物基水凝胶还可以通过加热、冷冻干燥等方式将吸附到的污染物质排出，然后重新进行吸附。生物基水凝胶可以通过循环利用的方式实现资源的循环。天然多糖基水凝胶是可以生

物降解的，水凝胶在环境中会被分解成水、二氧化碳等天然物质，不会产生二次污染。

5.3.1 HIPS/CMS 复合凝胶的合成及性能研究

5.3.1.1 HIPS/CMS 复合凝胶的合成和表征方法

（1）HIPS/CMS 复合凝胶的合成　首先，用去离子水溶解物质的量的比为 *n*(IPGE)∶*n*(AGU)=2.5 的 HIPS 和羧甲基淀粉钠（CMS），分别制得浓度为 18% 的 HIPS 溶液和浓度为 7% 的 CMS 溶液。在 25mL 的玻璃试管中，将 0.5g 浓度为 18% 的 HIPS 溶液与 0.5g 浓度为 7% 的 CMS 溶液混合，然后添加 50μL 40% 的 NaOH 溶液作为引发剂，搅拌均匀后，将其浸入冰水中进行 30min 的超声波处理使反应物质完全融合。继续向所述混合溶液中添加 200μL 的 EDGE 和 225μL 的 $CaCl_2$，进行充分搅拌，再将其浸入冰水中进行 30min 的超声波处理，使后续反应物质完全混合均匀呈透明状态，将试管加盖试管塞后移至 60℃的水浴中反应 3h。待反应结束后，通过加入去离子水使凝胶溶胀，在高温下使凝胶收缩，其间不断更换去离子水直至溶液透明，最终得到 HIPS/CMS 复合凝胶。

（2）HIPS/CMS 复合凝胶的表征和性能测试方法　同 5.2.2.1 HIPS/SA 复合凝胶的性能测试方法。

5.3.1.2 HIPS/CMS 凝胶的制备

如图 5-30 所示，采用羧甲基淀粉钠和 2-羟基-3-异丙氧基丙基淀粉醚在碱（NaOH）的作用下，采用双重交联的方法，即通过交联剂 EDGE 对 HIPS 进行化学交联，并利用 $CaCl_2$ 对羧甲基淀粉钠进行离子交联，从而形成两种不同的网络结构。这些网络结构被结合在一起，制备了 HIPS/CMS 凝胶。形成了一种高度有序的结构，其结构稳定性和强度都得到了显著提升。

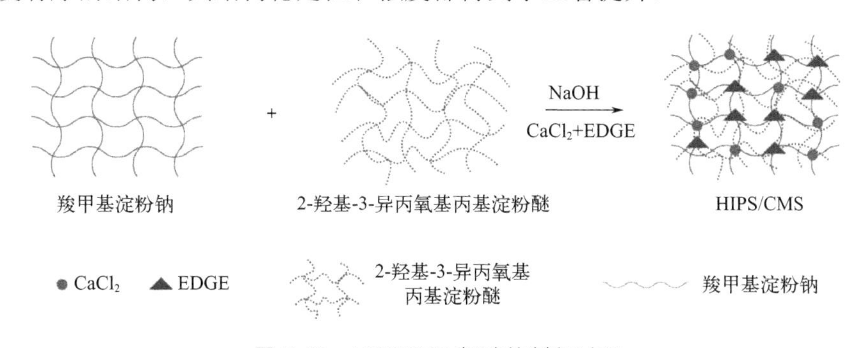

图 5-30　HIPS/CMS 凝胶的制备过程

5.3.1.3 HIPS 浓度对 HIPS/CMS 凝胶溶胀率的影响

制备 HIPS/CMS 凝胶时，CMS 浓度 7%，碱用量 50μL，$CaCl_2$ 用量为 225μL，EDGE 用量 225μL，反应时间 3h，改变 HIPS 浓度。由图 5-31 可知，随着 HIPS 溶液浓度的增加，HIPS/CMS 凝胶的溶胀率也随之增加，直至 HIPS 浓度达到 18% 时，HIPS/CMS 凝胶的溶胀率达到最大，最大值为 59.59，随着 HIPS 浓度继续增加，凝胶的溶胀率也逐渐下降。随着 HIPS 浓度不断提高，可以更有效地相互作用，形成更稳定的网络，可以更好地保留水分，导致凝胶溶胀率升高。然而随着 HIPS 浓度的进一步增加，凝胶交联密度过大，孔隙率降低，导致凝胶的溶胀率下降。因此，合成 HIPS/CMS 凝胶的较佳 HIPS 浓度为 18%。

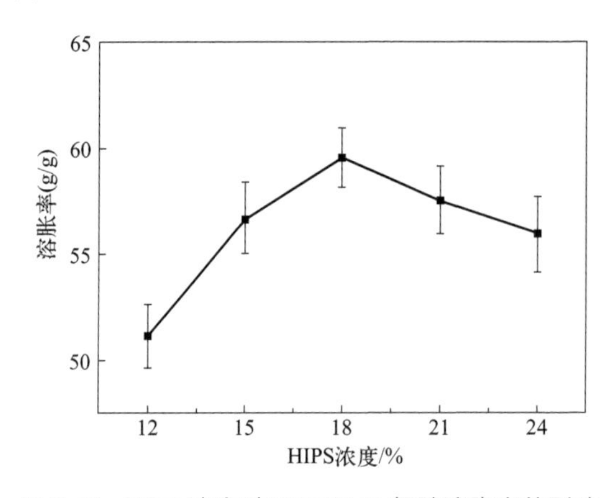

图 5-31 HIPS 浓度对 HIPS/CMS 凝胶溶胀率的影响

5.3.1.4 CMS 浓度对 HIPS/CMS 凝胶溶胀率的影响

制备 HIPS/CMS 凝胶时，HIPS 质量浓度 18%，碱用量 50μL，$CaCl_2$ 用量为 225μL，EDGE 用量 225μL，反应时间 3h，改变 CMS 浓度。由图 5-32 可知，随着 CMS 溶液浓度从 6% 增加到 7%，凝胶的溶胀率也是持续升高的，直至 CMS 浓度达到 7% 时，溶胀率达到最大，最大值为 56.42，CMS 的加入使凝胶的溶胀率呈现先增加后减小的趋势。这是由于 CMS 浓度的增加，导致更多的 CMS 参与反应，使凝胶膨胀，形成网络结构，增加了凝胶的表面积，导致凝胶的溶胀率增加。然而，更高的 CMS浓度，会导致体系中黏度明显增加，让凝胶形成更加紧凑的结构，合成的凝胶交联密度过大，凝胶的溶胀率下降。因此，合成 HIPS/CMS 凝胶的较佳 CMS 浓度为 7%。

5.3.1.5 NaOH 用量对 HIPS/CMS 凝胶溶胀率的影响

制备 HIPS/CMS 凝胶时，HIPS 质量浓度 18%，CMS 浓度 7%，$CaCl_2$ 用量

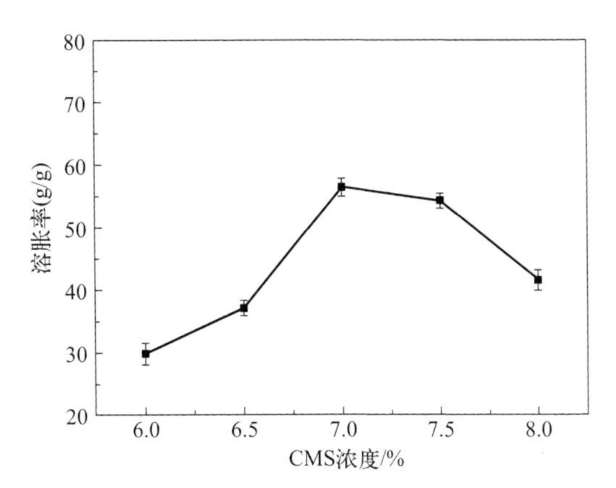

图 5-32　CMS 浓度对 HIPS/CMS 凝胶溶胀率的影响

为 225μL，EDGE 用量 225μL，反应时间 3h，改变 NaOH 的用量。由图 5-33 可知，随着 NaOH 用量的逐渐增加，凝胶的溶胀率也是持续升高的，当碱用量为 50μL 时，凝胶的溶胀率达到最大，最大值为 57.38。而后继续升高的 NaOH 导致凝胶的溶胀率逐渐下降，NaOH 的加入使凝胶的溶胀率呈现先增加后减小的趋势。这是因为在碱性催化作用下，凝胶表面富集大量的氧负离子，使凝胶带负电，从而从周围的溶液中吸引更多带正电的离子，这可以导致凝胶内渗透压的增加，使其膨胀，因此提高凝胶的溶胀率。随着溶液中 NaOH 浓度的继续增加，过量的 NaOH 将导致凝胶交联断裂，这可能导致凝胶失去其结构的完整性，从而导致溶胀率下降。因此，合成 HIPS/CMS 凝胶的较佳碱用量为 50μL。

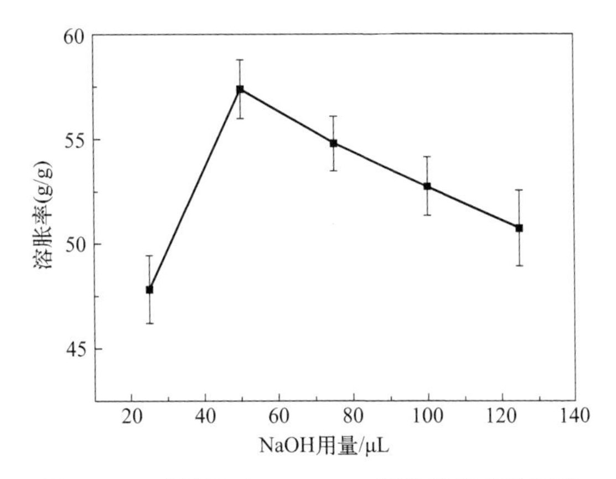

图 5-33　碱用量对 HIPS/CMS 凝胶溶胀率的影响

5.3.1.6　$CaCl_2$ 用量对 HIPS/CMS 凝胶溶胀率的影响

制备 HIPS/CMS 凝胶时，HIPS 质量浓度 18%，CMS 浓度 7%，碱用量 50μL，EDGE 用量 225μL，反应时间 3h，改变 $CaCl_2$ 用量。由图 5-34 可知，随着 $CaCl_2$

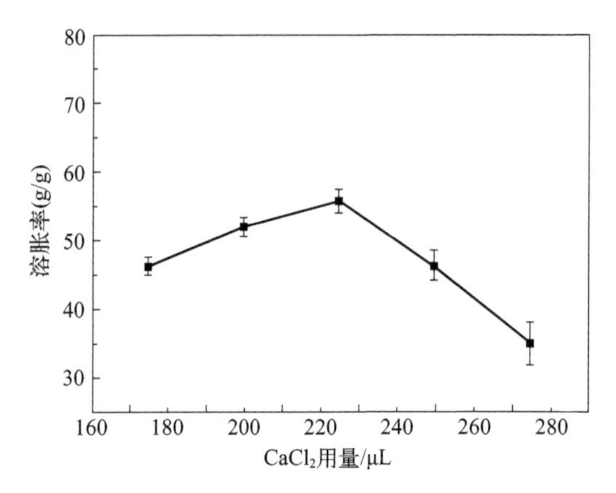

图 5-34 $CaCl_2$ 用量对 HIPS/CMS 凝胶溶胀率的影响

用量的逐渐增加，凝胶的溶胀率也呈不断上升的趋势，当 $CaCl_2$ 用量达到 225μL 时，溶胀率达到最大，最大值为 55.73。而后继续升高的 $CaCl_2$ 浓度导致凝胶的溶胀率逐渐下降，$CaCl_2$ 的加入使凝胶的溶胀率呈现先增加后减小的趋势。这是因为 $CaCl_2$ 可以与凝胶网络中的聚合物链相互作用，Ca^{2+} 可以取代通常与凝胶网络中带负电荷的聚合物链相关的 Na^+。$CaCl_2$ 的加入可以与凝胶相互作用形成交联结构，使凝胶更加坚硬，形成更致密的结构，使凝胶保水能力提高，溶胀率也随之增加。而随着 $CaCl_2$ 的继续增加，导致聚合物链之间形成更紧密的交联，减少水分子可渗透的空间，并减小了比表面积，这对凝胶的吸水性能产生了负面影响，从而降低了凝胶的膨胀率。因此，合成 HIPS/CMS 凝胶的较佳 $CaCl_2$ 用量为 225μL。

5.3.1.7 EDGE 用量对 HIPS/CMS 凝胶溶胀率的影响

制备 HIPS/CMS 凝胶时，HIPS 质量浓度 18%，CMS 浓度 7%，碱用量 50μL，$CaCl_2$ 用量为 225μL，反应时间 3h，改变 EDGE 用量。由图 5-35 可知，当 EDGE 用量从 170μL 升至 225μL 时，凝胶的溶胀率也随之增大，并在 225μL 达到最大值 60.14。这是由于在交联过程中加入 EDGE 的量越多，其在聚合物中的分配越多，从而促进了聚合物网络结构的构建。随着交联剂 EDGE 用量的继续增加，交联密度也相应提高，使其形成更加紧密的三维网状结构，孔道增加，形成更小的孔径，从而使溶胀率下降。加入过多的交联剂后，所得到的凝胶具有较高的强度和较高的弹性，且具有较强的网络结构。因此，合成 HIPS/CMS 凝胶的较佳 EDGE 用量为 225μL。

5.3.1.8 反应时间对 HIPS/CMS 凝胶溶胀率的影响

制备 HIPS/CMS 凝胶时，HIPS 质量浓度 18%，CMS 浓度 7%，碱用量 50μL，

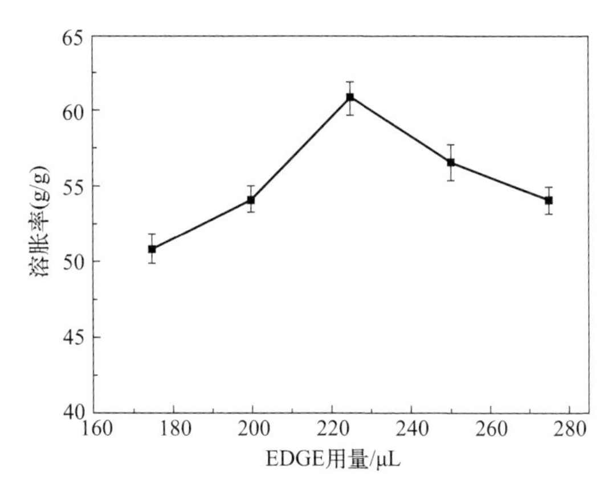

图 5-35　EDGE 对 HIPS/CMS 凝胶溶胀率的影响

$CaCl_2$ 用量为 225μL，EDGE 用量 225μL，改变反应时间。如图 5-36 可知，HIPS/CMS 凝胶的溶胀速率随反应时间的增长表现出了先增大然后趋于稳定的趋势。HIPS/CMS 凝胶的溶胀率随反应时间由 2h 增至 3h 而增大，3h 时达最高，为 57.38。而在 3h 后，凝胶的溶胀率基本稳定。这是由于在较长的反应过程中，开始时较多的 HIPS 和 CMS 参与到反应中，导致凝胶的交联度和溶胀率增加。随着反应的推进，反应结束后凝胶溶胀率为确定值，并保持不变。因此，合成 HIPS/CMS 凝胶的较佳反应时间为 3h。

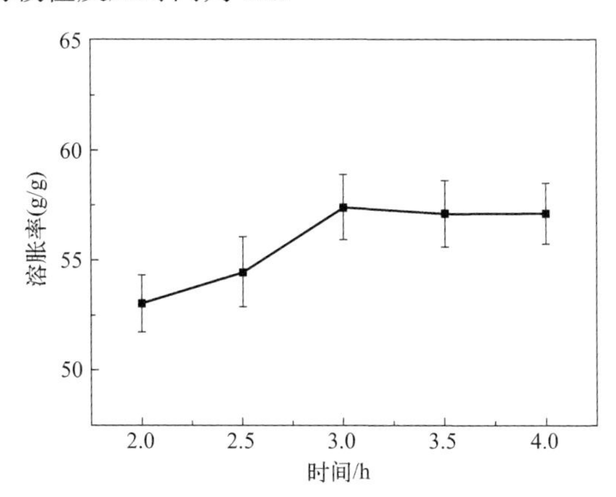

图 5-36　反应时间对 HIPS/CMS 凝胶溶胀率的影响

5.3.1.9　正交实验

根据 HIPS/CMS 凝胶的结构特点，结合该复合凝胶设计理论挑选出重要的影响因素，设计正交实验。选出的 6 个因素分别为 HIPS 浓度、CMS 浓度、NaOH 用量、$CaCl_2$ 用量、EDGE 用量、反应时间，对这 6 个因素都取 3 个不同的水平，设计 L_{18}（3^6）的正交实验，如表 5-10 所示。

表 5-10 影响因素及水平范围

水平	A HIPS 浓度 /%	B CMS 浓度 /%	C NaOH 用量 /μL	D $CaCl_2$ 用量 /μL	E EDGE 用量 /μL	F 反应时间 /h
1	15	6.5	25	200	200	2.5
2	18	7.0	50	225	225	3.0
3	21	7.5	75	250	250	3.5

根据表 5-11 的正交实验数据，通过极差分析得出影响因素的大小顺序，依次为：HIPS 浓度 >$CaCl_2$ 用量 >CMS 浓度 >EDGE 用量 > 反应时间 >NaOH 用量。最佳组合为 A2B2C1D2E2F2，即当 HIPS 浓度为 18%，CMS 浓度为 7%，

表 5-11 正交实验结果

序号	A HIPS 浓度 /%	B CMS 浓度 /%	C NaOH 用量 /μL	D $CaCl_2$ 用量 /μL	E EDGE 用量 /μL	F 反应时间 /h	溶胀率 （g/g）
1	1	1	1	1	1	1	44.95
2	1	2	2	2	2	2	43.00
3	1	3	3	3	3	3	31.76
4	2	1	1	2	3	3	60.53
5	2	2	2	3	1	1	45.74
6	2	3	3	1	2	2	45.85
7	3	1	2	3	2	3	41.13
8	3	2	3	1	3	1	39.08
9	3	3	1	2	1	2	51.88
10	1	1	3	2	2	1	41.72
11	1	2	1	3	3	2	50.35
12	1	3	2	1	1	3	41.53
13	2	1	3	1	3	2	45.60
14	2	2	1	2	1	3	42.67
15	2	3	2	3	2	1	50.18
16	3	1	2	3	1	2	33.14
17	3	2	3	1	2	3	51.32
18	3	3	1	2	3	1	37.30
K_1	42.218	44.512	51.535	43.708	43.318	43.162	
K_2	48.428	45.360	42.383	46.183	45.533	44.970	
K_3	42.308	43.083	39.037	42.050	44.103	44.823	
R	6.210	2.277	0.962	4.133	2.215	1.808	

NaOH 用量为 25μL，$CaCl_2$ 用量为 225μL，EDGE 用量为 225μL，反应时间为 3h，制备的 HIPS/CMS 复合凝胶表现出最佳的温度敏感性，经过验证实验得出，该条件下凝胶溶胀率可达到 69.53。

5.3.1.10 HIPS/CMS 凝胶的结构表征

为证明 HIPS/CMS 复合材料的成功制备，分别对 HIPS、CMS、HIPS/CMS 进行红外分析。如图 5-37 所示，由于羧基的拉伸振动，HIPS/CMS 凝胶在 $1645cm^{-1}$ 处显示出一个突出的不对称振动吸收峰。$3367cm^{-1}$、$2928cm^{-1}$ 和 $1016cm^{-1}$ 处出现的吸收峰分别对应 O—H 的平面弯曲振动、C—H 的弯曲振动和 C—O—C 在多糖中的伸缩振动，这些观察结果表明，HIPS/CMS 凝胶中包含 HIPS 和 CMS 相应的结构特征，由此证明已成功合成 HIPS/CMS 复合材料。

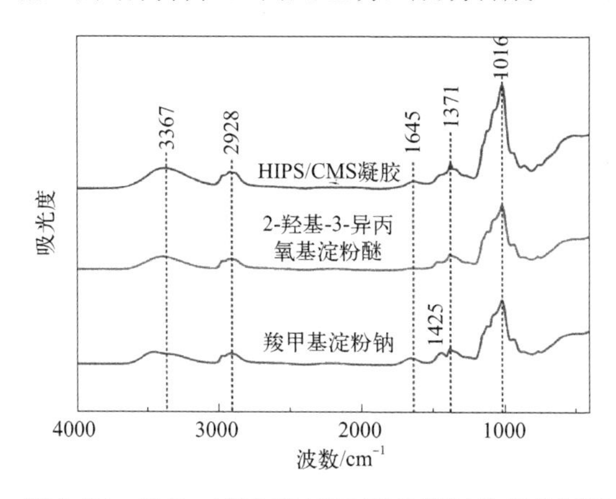

图 5-37　CMS、HIPS 和 HIPS/CMS 凝胶的红外光谱

由图 5-38 所示，在 20℃的温度下，凝胶表现为多孔网络结构，凝胶内部有较多的大孔结构［图 5-38（a）］；当温度升高到 50℃时，凝胶孔洞缩小，水凝胶表面看起来相对均匀［图 5-38（b）］。HIPS/CMS 凝胶的体积会随着温度

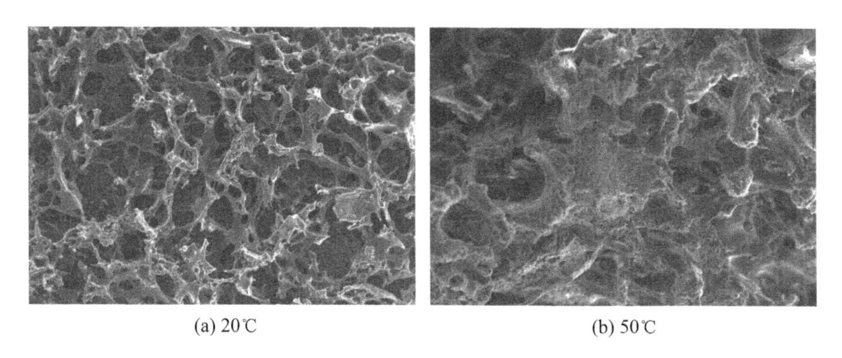

图 5-38　HIPS/CMS 凝胶在 20℃和 50℃的 SEM 图片

的改变而发生变化，当温度升高时，凝胶孔洞收缩，比表面积减小，凝胶表面变得光滑，排出体内的水分子，凝胶体积也随之收缩；当温度降低时，凝胶具有大量孔洞，呈现多孔网络结构，比表面积增大，吸收溶液，凝胶体积随之溶胀。

5.3.2 HIPS/CMS 复合凝胶温度响应性能研究

5.3.2.1 盐浓度和小分子溶剂对温度响应性能的影响

如图 5-39（a）所示，HIPS/CMS 凝胶表现出明显的温度响应性能。随着温度的升高，HIPS/CMS 凝胶的溶胀率缓慢下降，且在温度为 20 ～ 37℃之间下降幅度最大。当温度较低时，HIPS/CMS 凝胶呈高度吸水的溶胀状态。当温度超过 36℃时，凝胶体积急剧减小呈收缩状态，溶胀率显著降低。这是由于在温度高于 VPTT 时，水分子与 HIPS 分子链之间的氢键作用被削弱，导致疏水作用占据优势，HIPS 凝胶中的疏水链发生坍塌，导致水从凝胶结构中流出，并使孔径缩小。图中的拐点所对应的温度为 35.7℃，即为所制备的 HIPS/CMS 凝胶的 VPTT。

由于电解质是机体所必需的物质，研究无机盐对凝胶 VPTT 的影响是非常必要的。由图 5-39（b）可知，HIPS/CMS 凝胶溶胀率随着 NaCl 浓度的升高而降低，当 NaCl 浓度从 0 增加到 20g/L 时，HIPS/CMS 凝胶的溶胀率从 62.0 降低至 42.1，降低了 19.9。除此之外，盐对 VPTT 也有一定的影响，HIPS/CMS 凝胶的 VPTT 也随着 NaCl 浓度的升高而降低，当 NaCl 浓度从 0 增加到 20g/L 时，HIPS/CMS 凝胶的 VPTT 从 35.7℃降低至 28.7℃，降低了 7.0℃。NaCl 浓度对 HIPS/CMS 凝胶 VPTT 的影响可以从以下角度进行分析：渗透压是由溶液中的溶质分子施加的一种压力，它抑制水分子穿过半透膜。水凝胶中，盐的存在会产生渗透压，抑制凝胶的溶胀，同时这种渗透压也会影响水凝胶的 VPTT。水凝胶通常由带电的聚合物链组成，由于聚合物链之间的静电相互作用，在水中相互排斥使得凝胶体积增大。然而，在高浓度的盐中，溶液中的离子会影响聚合物链之间的静电相互作用，从而影响凝胶的溶胀效果与 VPTT。

有机溶剂和无机盐一样，都会影响聚合物与水之间的相互作用。加入有机小分子使水凝胶的溶胀率降低。由图 5-39（c）可知，当有机小分子浓度从 0 增加到 50% 时，异丙醇体系中 HIPS/CMS 凝胶的 VPTT 从 35.7℃降低到 30.2℃，降低了约 5.5℃，乙醇体系中 HIPS/CMS 凝胶的 VPTT 从 35.7℃降低到 30.7℃，降低了约 5.0℃，甲醇体系中 HIPS/CMS 凝胶的 VPTT 从 35.7℃降低到 32.0℃，降低了约 3.7℃。HIPS/CMS 凝胶的 VPTT 都随着有机小分子浓度的升高而降低，并且对 HIPS/CMS 凝胶 VPTT 的影响异丙醇＞乙醇＞甲醇，与碳原子链长度大小顺序相同。有机小分子对 HIPS/CMS 凝胶 VPTT 的影响可以归因于它们与形成水凝胶网络的聚合物链的相互作用能力。醇分子和水凝胶网络之间的相互作用是通过氢键发生的，当醇分子进入到水中时，水凝胶的聚合物链会收缩，亲水基团会被醇包裹。这种涂层阻止水凝胶与水分子形成氢键，最终影响其 VPTT。

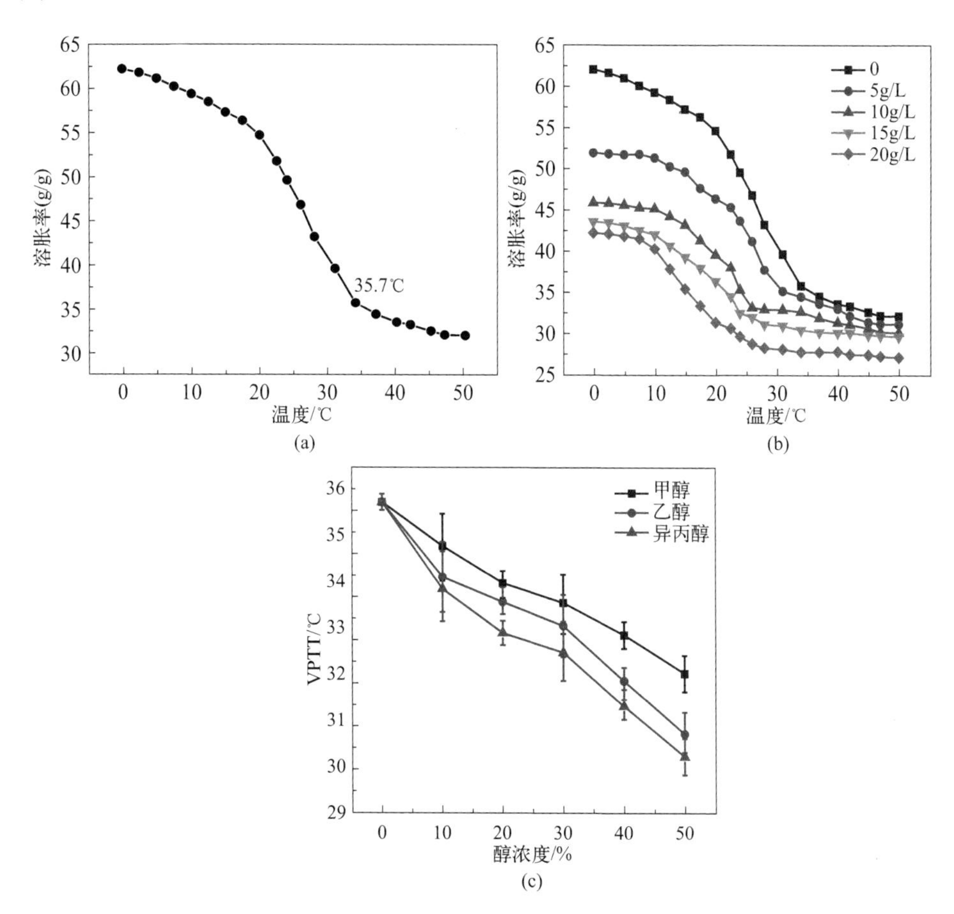

图 5-39　HIPS/CMS 凝胶的 VPTT（a）及无机盐（b）和醇溶液（c）对 HIPS/CMS 凝胶 VPTT 的影响

5.3.2.2　复合凝胶的溶胀动力学研究

能够迅速达到吸附平衡的水凝胶可以促进目标分子或离子更快和更有效的吸收，因此水凝胶达到吸附平衡的速度是评估其是否适合实际应用的一个关键参数。从图 5-40（a）可以看出，在 50℃下，HIPS/CMS 凝胶仅 1min 就失去了大量水分，2min 后达到溶胀平衡，说明该水凝胶对温度十分敏感，具有较快的反应速度，可以在极少的时间里失去大量水分。由图 5-40（b）可以看出，HIPS/CMS 凝胶在 3min 左右可以达到溶胀平衡，由加热引起的链间结合需要更多的能量来破坏分子间的氢键，这导致溶解度平衡的轻微减弱。

从图 5-40（c）可以看出，HIPS/CMS 凝胶的高溶胀率表明它有能力吸收更多的溶液，使其成为水污染控制应用中吸附重金属的宝贵材料。值得一提的是，HIPS/CMS 凝胶在 5 次升温和降温过程中，溶胀率并没有明显的下降，20℃下的溶胀率从 55.5 降低到 53.5，降低了 2。表明 HIPS/CMS 凝胶具有循环使用的可逆性，是实现 HIPS/CMS 凝胶高效再生的必要条件。

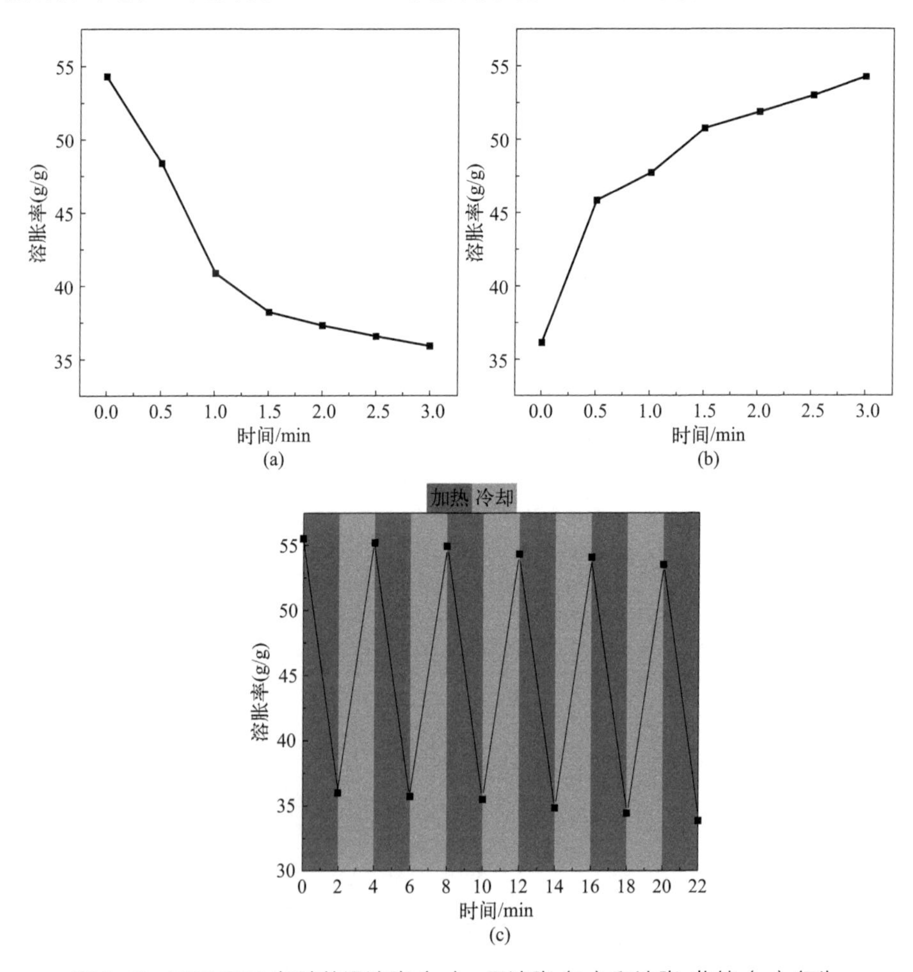

图 5-40　HIPS/CMS 凝胶的退溶胀（a）、再溶胀（b）和溶胀-收缩（c）行为

5.3.3 HIPS/CMS 复合凝胶对重金属离子的吸附性能研究

5.3.3.1 HIPS/CMS 凝胶吸附重金属离子研究方法

同 5.2.3.1　HIPS/SA 凝胶吸附重金属离子研究方法。

5.3.3.2 重金属离子浓度对 HIPS/CMS 凝胶吸附重金属离子能力的影响

凝胶对重金属的吸附会受到重金属离子浓度的影响。如图 5-41 所示，当重金属离子浓度小于 100mg/L 时，HIPS/CMS 凝胶对 Cu^{2+} 和 Pb^{2+} 的吸附量随着重金属离子浓度的增加而迅速增加，这是因为凝胶表面大量可用的吸附位点没有被占据，所以金属离子与这些位点结合的机会较高。然而，当重金属离子的浓度持续升高时，HIPS/CMS 凝胶对 Cu^{2+} 和 Pb^{2+} 的吸附量随着重金属离子浓度的增加而缓慢增加，这是由于凝胶表面的可用吸附位点变得有限，对结合位点的竞争变得更加激烈，降低了与金属离子结合的概率，并可能导致凝胶表面的吸附位点饱和，凝胶的整体吸附能力下降。

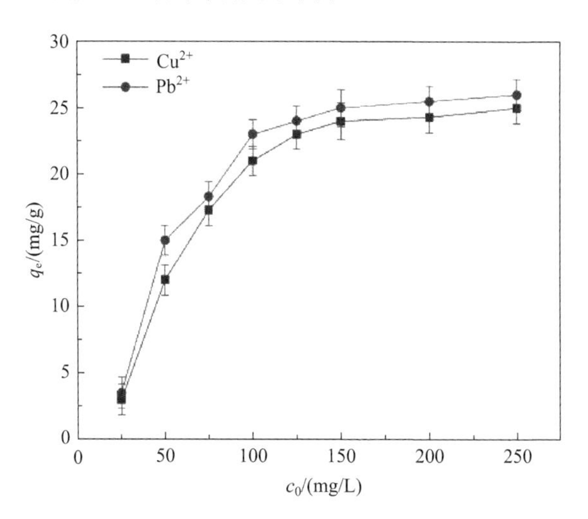

图 5-41　重金属离子浓度对 HIPS/CMS 凝胶吸附 Cu^{2+} 和 Pb^{2+} 的影响

5.3.3.3 pH 对 HIPS/CMS 凝胶吸附重金属离子能力的影响

凝胶对重金属的吸附会受到 pH 的影响，因为吸附剂和溶液中重金属离子的化学性质都受到 pH 的影响，导致 Cu^{2+} 和 Pb^{2+} 在溶液中的存在形式发生变化，吸附剂的物理化学性质发生改变。在 pH 值过高的情况下，重金属离子往往会从溶液中沉淀出来，影响吸附过程的整体效率，从而影响吸附量。如图 5-42 所示，当 pH 值小于 2.5 时，HIPS/CMS 凝胶对 Cu^{2+} 和 Pb^{2+} 的吸附量都很低，这是因为在较低 pH 值时，H^{+} 的浓度高，会通过竞争可用的吸附位点来干扰重金属离子在吸附剂表面的吸附，从而降低凝胶的吸附效率。当 pH 值从 2.5 增加到 3.5 时，HIPS/CMS 凝胶对 Cu^{2+} 和 Pb^{2+} 的吸附量都随着 pH 的升高而呈现迅速增加的状态，这是因为 H^{+} 的浓度降低，竞争减少，HIPS/CMS 凝胶可以吸附到更多的重金属离子。而且吸附剂在高的 pH 值下带负电，使它们在吸附带正电的重金属离子时更有效。当 pH 值继续升高，HIPS/CMS 凝胶对 Cu^{2+} 和 Pb^{2+} 的吸附量随着 pH 值的升高呈现缓慢增加的状态，这是由于 pH 值的升高也促进了重金属离子的沉淀析出，降低了溶液中重金属离子的浓度。在任何时候，HIPS/CMS 凝胶对 Pb^{2+} 的吸附能力比对 Cu^{2+} 的吸附能力强。例如在 pH=5.5 时，HIPS/CMS 凝胶对 Pb^{2+} 的吸附容量为 25.8mg/g，Cu^{2+} 的吸附容量为 24.9mg/g，这种规律与 CMS 对二价离子的亲和力大小的规律一致。

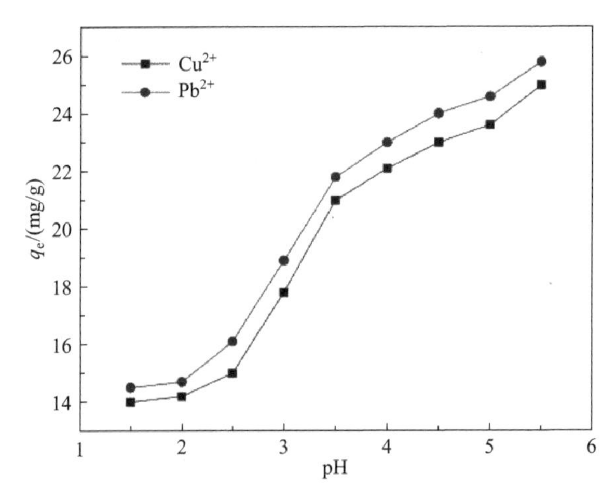

图 5-42　pH 对 HIPS/CMS 凝胶吸附 Cu^{2+} 和 Pb^{2+} 的影响

5.3.3.4　HIPS/CMS 凝胶吸附重金属离子的吸附等温线

图 5-43 为 Langmuir 和 Freundlich 吸附等温模型的拟合曲线，通过对 HIPS/CMS 复合凝胶等温吸附模型的研究能够更好地解释其与重金属离子之间的相互作用。由图 5-43 可以看出，HIPS/CMS 复合凝胶对 Cu^{2+} 和 Pb^{2+} 的吸附量随着其浓度的增加而增大，直至达到饱和吸附量，此外 HIPS/CMS 复合凝胶对 Pb^{2+} 的吸附能力大于 Cu^{2+}。表 5-12 为 Langmuir 和 Freundlich 吸附等温模型的响应参数，Langmuir 模型的相关系数（R^2）比 Freundlich 模型更大且更趋近于 1，所以表明凝胶对 Cu^{2+} 和 Pb^{2+} 的吸附都更符合 Langmuir 模型，HIPS/CMS 凝胶对 Cu^{2+} 和 Pb^{2+} 的吸附过程是单分子层化学吸附。

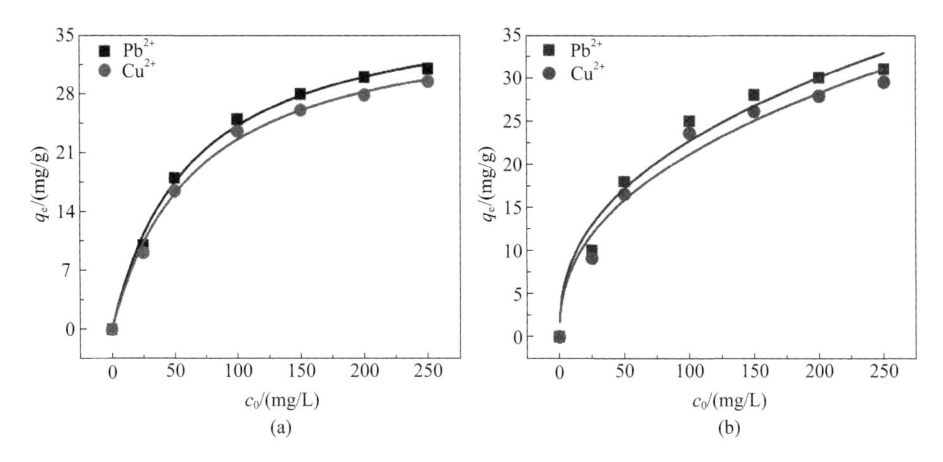

图 5-43　HIPS/CMS 凝胶吸附 Cu^{2+} 和 Pb^{2+} 的 Langmuir 模型（a）及 Freundlich 模型（b）

表 5-12　HIPS/CMS 凝胶吸附 Cu^{2+} 和 Pb^{2+} 的 Langmuir 和 Freundlich 模型参数

重金属离子	Langmuir 等温模型				Freundlich 等温模型		
	R^2	q_{max}/(mg/g)	K_L/(L/mg)	R_L	R^2	n	K_F/(mg^{1-n} L^n/g)
Pb^{2+}	0.992	39.50	0.016	0.385	0.940	2.475	3.53
Cu^{2+}	0.991	37.71	0.015	0.401	0.943	2.398	3.10

5.3.3.5　HIPS/CMS 凝胶吸附重金属离子的吸附动力学

从图 5-44 可以得出 HIPS/CMS 凝胶对 Cu^{2+} 和 Pb^{2+} 的吸附动力学，表 5-13 是吸附动力学参数。结果表明，两种吸附模型均有良好的线性关系，准二级动

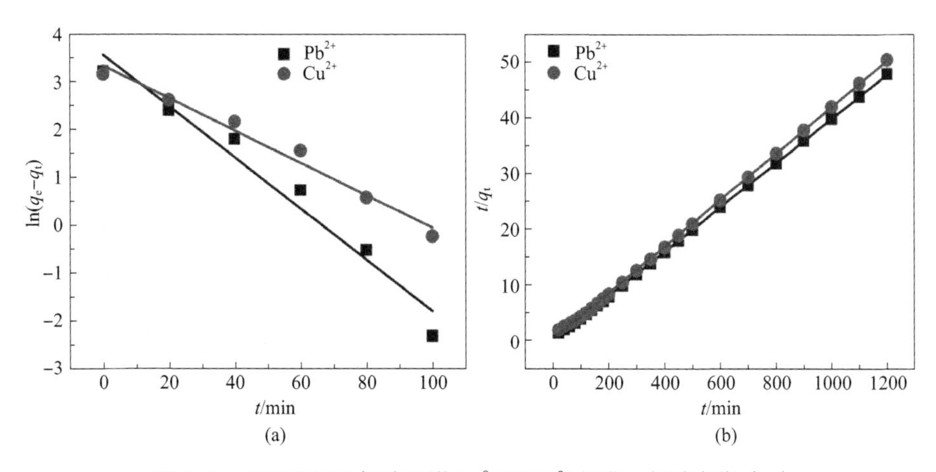

图 5-44　HIPS/CMS 凝胶吸附 Cu^{2+} 和 Pb^{2+} 的准一级动力学（a）
及准二级动力学模型（b）拟合

表 5-13　HIPS/CMS 凝胶吸附 Cu^{2+} 和 Pb^{2+} 的准一级和准二级动力学模型参数

重金属离子	$q_{e,e}$/(mg/g)	准一级动力学模型			准二级动力学模型		
		$q_{e,c}$/(mg/g)	k_1/min^{-1}	R^2	$q_{e,c}$/(mg/g)	k_2/［g/(mg · min)］	R^2
Pb^{2+}	25.1	35.51	0.054	0.965	25.22	0.011	0.999
Cu^{2+}	23.8	28.27	0.034	0.980	24.03	0.006	1.000

力学模型拟合的相关系数（R^2）比准一级动力学模型更大且更趋近于 1，准二级动力学模型比准一级动力学模型更能恰当地表示 HIPS/CMS 凝胶对 Cu^{2+} 和 Pb^{2+} 的吸附过程和吸附机理。

5.3.3.6　HIPS/CMS 凝胶的循环利用

回收凝胶的循环再利用不仅可以减少废物和污染的产生，节约资源，减少对环境的破坏，而且可提高凝胶的利用率，还可以在工业应用中节约生产成本。因此，在实际的生产应用中，对吸附剂进行回收再利用是非常有实用价值的。如图 5-45 所示，HIPS/CMS 凝胶对 Pb^{2+} 的吸附量在经历 5 次循环之后从 21.9mg/g 下降到 16.2mg/g，下降了 5.7mg/g；HIPS/CMS 凝胶对 Cu^{2+} 的吸附量在经历 5 次循环之后从 21.2mg/g 下降到 14.6mg/g，下降了 6.6mg/g。HIPS/CMS 凝胶的吸附能力在 5 次循环后有少许下降，但依然有吸附重金属离子的能力，可以应用于废水处理，吸附重金属离子。HIPS/CMS 凝胶的吸附能力在循环后有所下降可以从以下角度进行分析：反复的吸附和解吸循环会导致凝胶结构发生形变，减少了凝胶内部空隙和表面积；由于物理化学环境发生变化，反复的吸附和解吸循环会导致凝胶表面活性位点减少；吸附剂重复使用时，部分吸附位点已经吸附了一些重金属，后续循环中可提供的吸附位点减少。

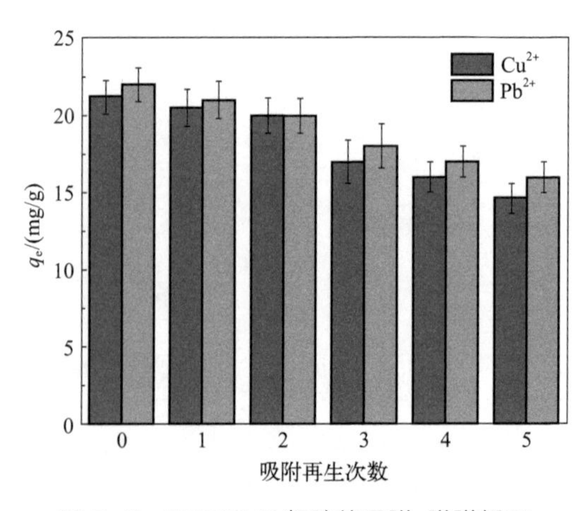

图 5-45　HIPS/CMS 凝胶的吸附-脱附循环

5.4 温度 /pH 双响应烷基羧甲基淀粉凝胶的合成及性能研究

5.4.1　2-羟基-3-丁氧基丙基羧甲基淀粉（HBPCMS）的合成及性能研究

5.4.1.1　HBPCMS 的合成

（1）合成方法　在 100mL 三口瓶中加入 2-羟基-3-丁氧基丙基降解淀粉 0.05mol，20mL 异丙醇及一定量的固体氢氧化钠，搅拌碱化反应 30min。冰水浴冷却下，缓慢滴加 15mL 含一定量氯乙酸的异丙醇溶液［$n(ClCH_2COOH)$∶$n(NaOH)=1$∶2.06］，滴加完毕搅拌反应 30min。然后升温到 60℃，在 60℃下反应 5h。反应完毕，冷却到室温，用冰乙酸中和至 pH 值约为 8（酚酞刚好变为无色），产物用含水甲醇 50%（质量分数）洗涤数次。红外灯下干燥过夜，称重，得产物 2-羟基-3-丁氧基丙基羧甲基降解淀粉。

产物精制：取少量样品，装入透析袋中，在 1L 的烧杯中透析 48h。取出液体旋蒸，然后冷冻干燥。

（2）HBPCMS 的合成原理　利用氯乙酸作为亲水化试剂，以氢氧化钠作为催化剂，对 HBPS 进行羧甲基化，改变氯乙酸用量合成了不同羧甲基取代度的 2-羟基-3-丁氧基丙基羧甲基降解淀粉，反应过程如图 5-46 所示。

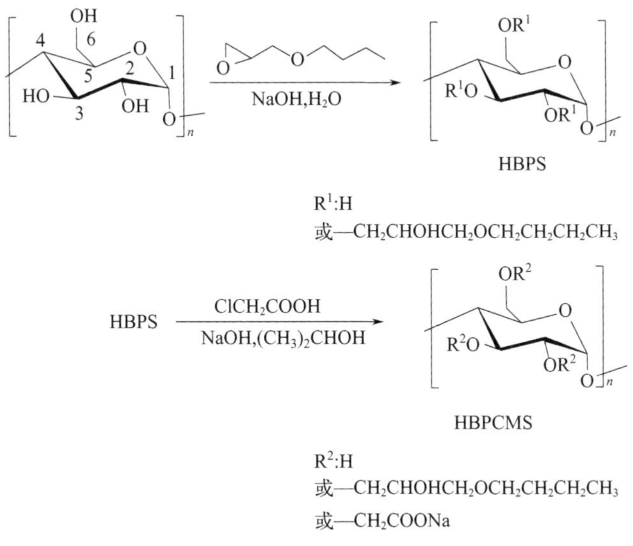

$NaOH, H_2O$

HBPS

R^1:H
或—$CH_2CHOHCH_2OCH_2CH_2CH_2CH_3$

HBPS $\xrightarrow[NaOH,(CH_3)_2CHOH]{ClCH_2COOH}$ HBPCMS

R^2:H
或—$CH_2CHOHCH_2OCH_2CH_2CH_2CH_3$
或—CH_2COONa

图 5-46　HBPCMS 合成反应

（3）HBPCMS 淀粉中羧甲基取代度的测定方法——Cu 盐沉淀法　在中性条件下 HBPCMS 的 LCST 小于室温，室温下不溶于水，当变成钠盐形式时 LCST 升高，室温下溶于水，所以首先用 NaOH 中和 HBPCMS 得到 Na-HBPCMS。由透光率随 pH 的变化曲线及电位-电导率滴定曲线可知，当 pH 为 11 时，淀粉可以溶于水，并且羧甲基完全转化为羧甲基钠盐的形式。所以向 HBPCMS 溶液中加入一定量的 NaOH 使溶液的 pH 为 11。中和之后，用丙酮析出，抽滤后在 80℃烘箱中烘干，研磨。

称取 0.2g 样品于小烧杯中，加入一定量的水使其完全溶解，转移至 250mL 容量瓶中，准确移取 50mL 过量的 0.05mol/L $CuSO_4$ 溶液于容量瓶中，定容，摇匀。定置 30min。中和之后过滤，移取 100mL 滤液，0.1%PAN 乙醇溶液为指示剂，过量的 $CuSO_4$ 用 0.05mol/L EDTA 滴定，当溶液由蓝色变蓝绿色时，表示过量的 $CuSO_4$ 被中和完全，停止滴定，记录 EDTA 用量。同样方法做空白实验（不加样品）。

每个样品重复三次，用 EDTA 的平均体积计算—CH_2COONa 的量 $n_{—CH_2COONa}$ 的计算方法如下：

$$n_{—CH_2COONa} = (V_S - V_b)c \times 2 \times 2.5 \tag{5.11}$$

式中，V_S 为中和滤液所用 EDTA 的体积；V_b 为空白实验所用 EDTA 的体积；c 为 EDTA 的浓度；2 为中和的 Cu^{2+} 所用的—CH_2COONa 和 EDTA 的分子量的比；2.5 为配制溶液体积 250mL 和测试所用溶液体积 100mL 的比。

取代度的计算方法：

$$MS = \frac{162 \times n_{—CH_2COONa}}{m_{ds} - 80 \times n_{—CH_2COONa}} \tag{5.12}$$

式中，$n_{—CH_2COONa}$ 为—CH_2COONa 的物质的量，mol；m_{ds} 为称样量，g；162 为葡萄糖单元环的摩尔质量，g/mol；80 为 AGU 相对于每个—CH_2COONa 基团净增加的质量，g/mol。

5.4.1.2　HBPCMS 结构表征

（1）红外光谱表征　图 5-47 为原淀粉、HBPS 及 HBPCMS 的红外光谱。$3440cm^{-1}$ 左右处吸收峰归属于—OH 的伸缩振动；2790 ～ $2930cm^{-1}$ 吸收峰归属于 C—H 伸缩振动；$1640cm^{-1}$、$1460cm^{-1}$、$1367cm^{-1}$ 归属于 C—H 弯曲振动；1020 ～ $1160cm^{-1}$ 的宽强峰为 C—O—C 的振动。$575cm^{-1}$、$760cm^{-1}$、$850cm^{-1}$ 处为淀粉的特征吸收峰。由图中可以看出，与原淀粉相比较，$2980cm^{-1}$ 处为疏水烷基链的 CH_3 伸缩振动峰。$1730cm^{-1}$ 处 COOH 中羰基的伸缩振动峰，以及 2700 ～ $2800cm^{-1}$ 处 COOH 之间的氢键使羟基伸缩振动峰向低频方向移动后

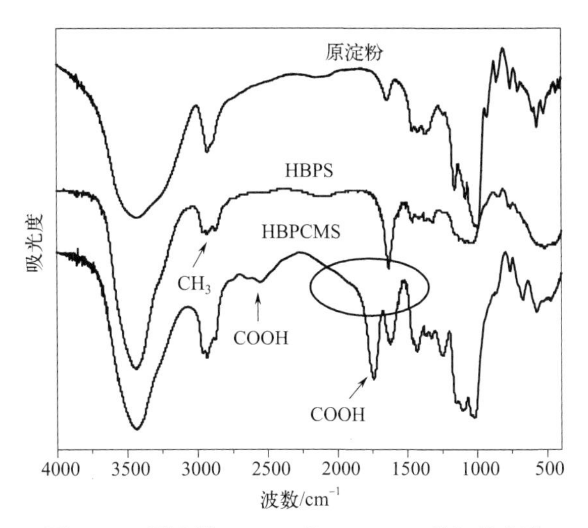

图 5-47　原淀粉、HBPS 和 HBPCMS 的红外光谱

的峰，可作为羧酸的重要标志。

（2）^{1}H-NMR 表征　图 5-48 为原淀粉、HBPS 及 HBPCMS 的 ^{1}H-NMR 谱图，AGU 上 H1 的峰在降解后分为 α、β 两种，H1-α 出现在 5.4，受 2-O 位置发生取代

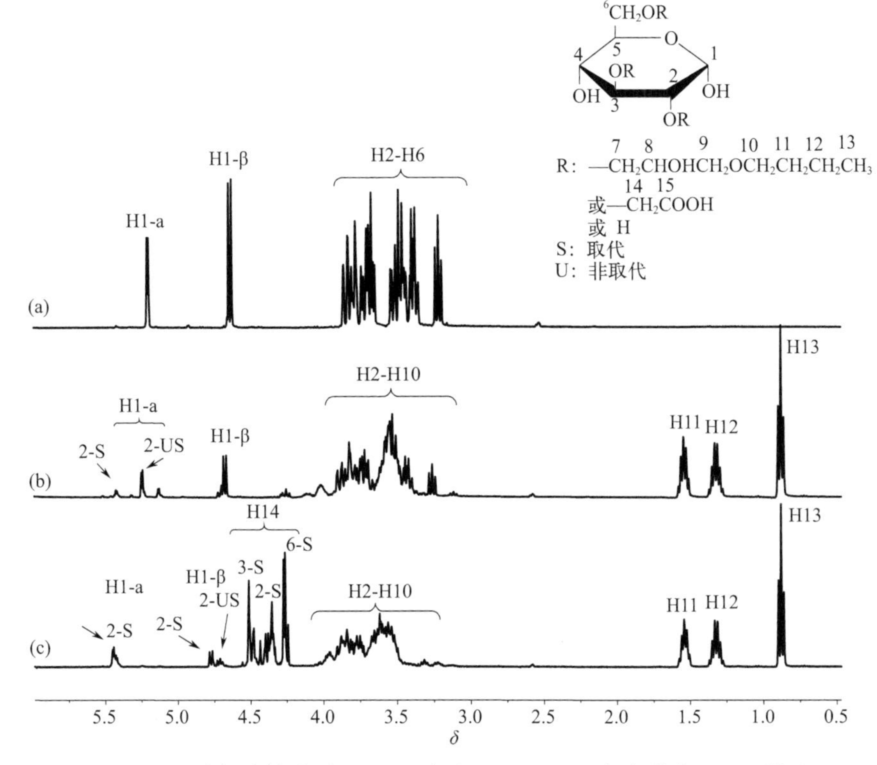

图 5-48　降解淀粉（a）、HBPS（b）及 HBPCMS（c）的 ^{1}H-NMR 谱图

反应的影响，HBPS及HBPCMS的H1-α部分峰出现在5.3，向低场移动约0.2；H1-β的峰也因为取代位置的影响出现裂分。AGU上其他的H出现在3.0～3.8的范围，2.5为DMSO的溶剂峰，取代基上H7～H10包含的8个H也处在3.0～3.8的范围，H11的峰出现在1.4，H12的峰出现在1.2处，H13的峰出现在0.75处。HBPCMS中CH_2COO^-上的两个氢出现在4.0～4.5。从^{1}H-NMR谱图中可以看出醚化反应的成功。

5.4.1.3 HBPCMHS的pH响应性能

HBPCMS中含有COO^-基团，通过调节HBPCMS水溶液的pH值可以改变分子链之间的氢键结合。在碱性条件下，形成COO^-，具有电荷的排斥，使得HBPCMS具有很好的水溶性；在酸性条件下，形成COOH基团，形成分子内或分子间的氢键，如图5-49所示。图5-50为HBPCMS在不同pH值条件下的溶解状态。从图中可以看出，随着pH值的减小，溶液逐渐变浑浊。图5-51为HBPCMS水溶液在不同pH值条件下透光率的变化趋势，从图中可以看出HBPCMS在pH=3～4的时候发生突变。在pH值较高的条件下，溶液透明，当pH值较低时，分子间形成氢键，发生交联，使产物析出，溶液变浑浊。因此HBPCMS具有pH响应性能。

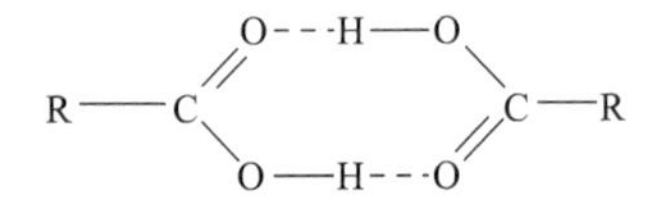

图5-49　在酸性条件下HBPCMS分子内氢键示意

图5-50　在不同pH值条件下HBPCMS水溶液的溶解状态

5.4.1.4 HBPCMHS的温度响应性能

对HBPCMS的温敏性能进行了研究，结果见表5-14。从研究结果可以看出，在引入羧甲基后产物LCST的范围变大（LCST值可在31.6～63.5℃内发生变化）。LCST值不仅取决于疏水链的取代度MS_{HB}，而且还取决于亲水基的取代度MS_{CM}。LCST可以通过改变高分子链上的亲水亲油平衡来调控，亲水基

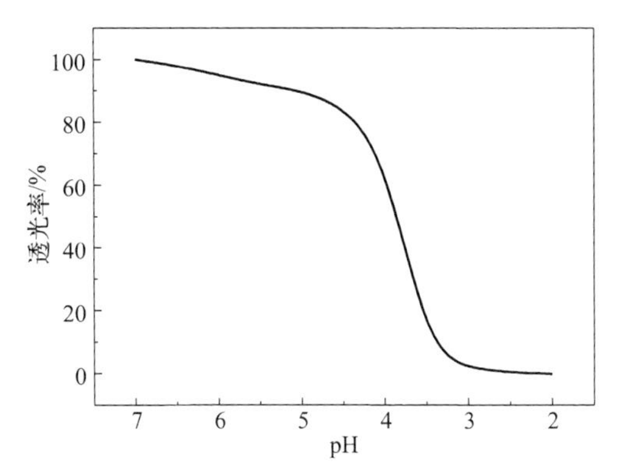

图 5-51 HBPCMS 水溶液透光率随 pH 的变化

越多，LCST 值越大，反之，疏水基越多，LCST 值越小。LCST 在更大范围内调控能使温度响应材料的应用范围得到更大的扩展。

表 5-14 HBPCMS 的 LCST 值（pH=7）

样品	MS_{HB}	MS_{CM}	LCST/℃
HBPCMS-1	0.18	0.18	—
HBPCMS-2	0.35	0.63	63.5
HBPCMS-3	0.51	0.74	43.5
HBPCMS-4	0.68	0.87	31.6
HBPCMS-5	0.96	1.78	—

5.4.1.5 pH 对 HBPCMS 的 LCST 的影响

HBPCMS 中含有 COO^-基团，通过调节 pH 值可以调控其电离度，电离度的改变不仅影响 HBPCMS 的氢键作用力，而且还可以改变 HBPCMS 分子的亲水性。因此，在不同 pH 值条件下的 HBPCMS 溶液，其分子内氢键、亲水 / 亲油平衡将发生改变，表现为 LCST 值随 pH 值变化而变化。使用 0.1mol/L NaCl 水溶配制不同 pH 值的缓冲溶液，并配制 1.0%（质量分数）的溶液进行测试。图 5-52 为 HBPCMS-2 在不同 pH 值条件下透光率随温度的变化，图 5-53 为 HBPCMS-2 在不同 pH 值条件下的 LCST 值。由图可以看出，产物的 LCST 值随 pH 值增大而增大。pH=5 时，LCST 为 11℃，pH=8 时，LCST 为 65℃。其主要原因在于，不同 pH 值条件下 COOH 和 COONa 的含量不一样，分子间和分子内聚集能量改变，分子内氢键和亲水性随之改变，使得 LCST 改变。另外，在 pH=8 ～ 11 的水溶液中，淀粉的 LCST 会随 COONa 取代度的增加而增加，甚至消失，在 pH=3 ～ 7 的水溶液中，淀粉的 LCST 会随 COOH 取代度的增加而减小，甚至消失。

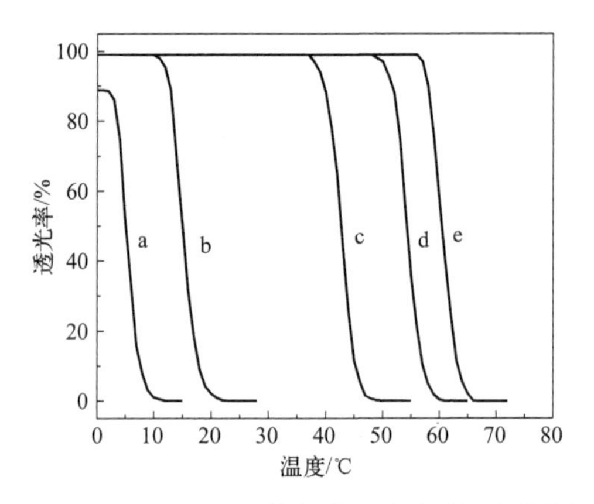

图 5-52　HBPCMS-2 在不同 pH 值条件下水溶液透光率随温度的变化

a:pH=4；b:pH=5；c:pH=6；d:pH=7；e:pH=8

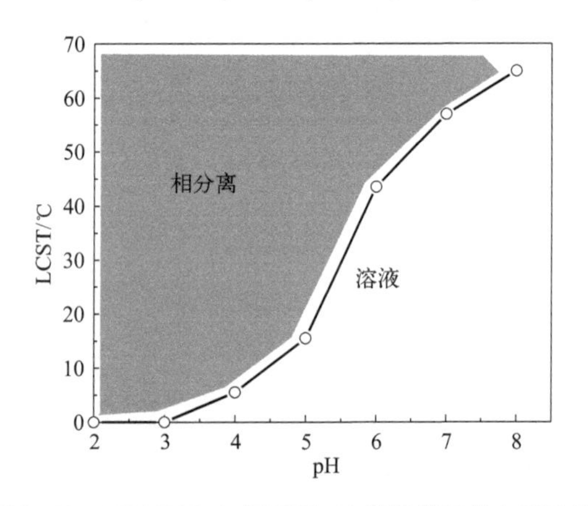

图 5-53　HBPCMS-2 在不同 pH 值条件下的 LCST 值

图 5-54 为 HBPCMS-5 在不同 pH 值条件下 1.0% 水溶液透光率随温度的变化，图 5-55 为 HBPCMS-5 在不同 pH 值条件下的 LCST 值。由于 HBCM-5 的 MS_{CM}=1.78，含较多的 COO^-基团，在碱性条件具有较高的亲水性，因此在 pH=7 ～ 11 的范围内没有 LCST。由以上结果可以看出，HBPCMS 的 LCST 值可通过调节 pH 值来调控，同时也取决于 MS_{CM} 的大小。

5.4.2　烷基羧甲基淀粉凝胶（$HBPCMS_E$）的合成及性能研究

5.4.2.1　$HBPCMS_E$ 凝胶的合成及性能测试方法

（1）$HBPCMS_E$ 凝胶的合成　称取一定量的 HBPCMS 于试管中，加入一定量、一定浓度的 NaOH 溶液使淀粉溶解，超声 20min，室温时（25℃）加入一

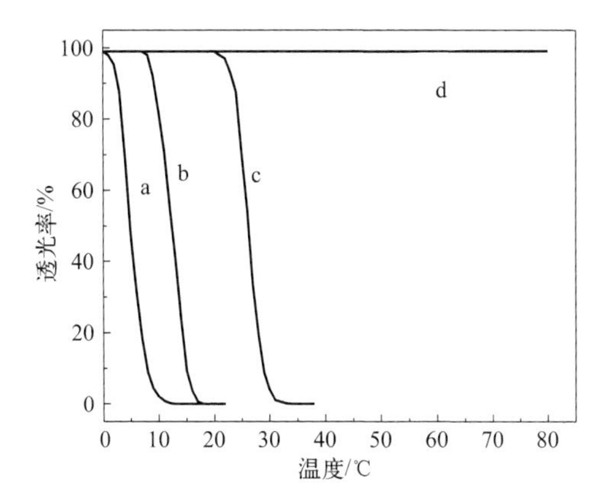

图 5-54　HBPCMS-5 在不同 pH 值条件下溶液透光率随温度的变化

a:pH=4；b:pH=5；c:pH=6；d:pH=7

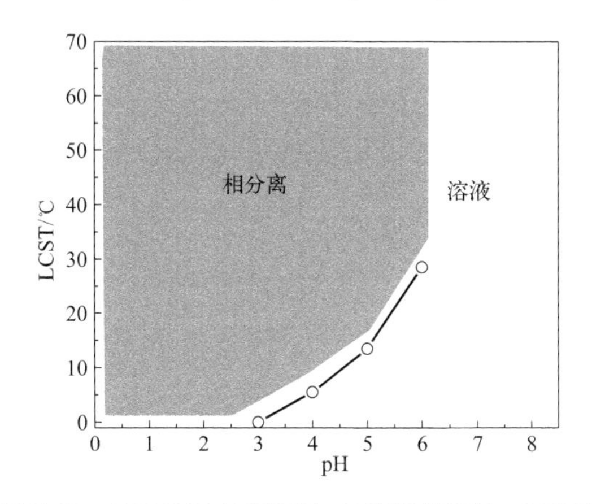

图 5-55　HBPCMS-5 在不同 pH 值条件下的 LCST 值

定量的交联剂乙二醇二缩水甘油醚（EDGE），室温时混合 1h，将试管转入温度为 60℃（LCST 以上）的水浴锅中反应 4h。反应结束后加入去离子水溶胀，再高温收缩，反复几次以除去未反应的 $HBPCMS_E$。然后取出在烧杯中继续溶胀两天，中间反复换水以完全除去未反应的单体和杂质，最终得到 $HBPCMS_E$ 凝胶。

（2）$HBPCMS_E$ 性能测试方法

① 水凝胶溶胀率的测定　在去离子水中用 HCl 和 NaOH 配制不同 pH 值的溶液，pH 值用精密 pH 计在 25℃检测。干凝胶在不同 pH 值的溶液中达到溶胀平衡后称量凝胶的质量，计算出凝胶的溶胀率，绘制溶胀率随 pH 的变化曲线。

② 温度循环测试　使凝胶在 25℃的去离子水中达到溶胀平衡，然后交替置于 55℃和 25℃的去离子水中，每隔 2h 取出凝胶，用湿滤纸擦去凝胶表面的水，称重，绘制溶胀率与时间的关系曲线。

③ pH 循环测试　使凝胶在 pH 值为 3.0 的 HCl 溶液中达到溶胀平衡，然后交替置于 pH 值为 3.0 和 pH 值为 6.5 的 HCl 溶液中，每隔 2h 取出凝胶，用湿滤纸擦去凝胶表面的水，称重，绘制溶胀率与 pH 的关系曲线。

5.4.2.2　$HBPCMS_E$ 凝胶的制备

用 EDGE 交联 HBPCMS 得到 $HBPCMS_E$ 水凝胶的反应如图 5-56 所示。NaOH 作为催化剂，首先与葡萄糖单元环上的羟基反应，羟基变成羟基负离子以后与交联剂上的环氧环反应，得到单醚。同时另一个羟基负离子进攻交联剂上的另外一个环氧基，由此得到交联的大分子网络，即得到 $HBPCMS_E$ 凝胶。

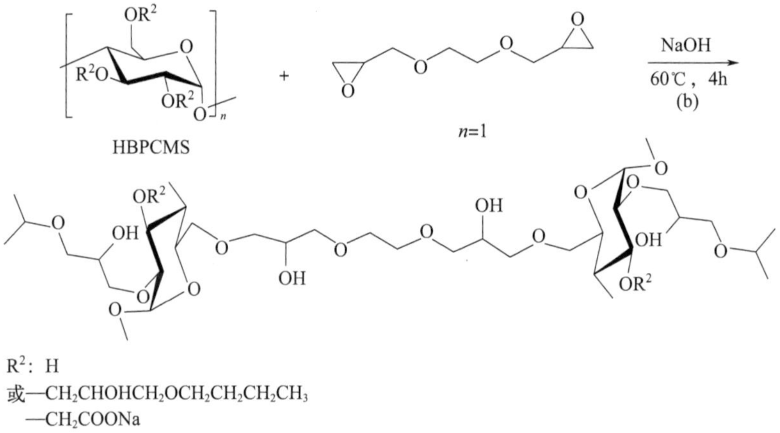

HBPCMS　+　(n=1)　NaOH, 60℃，4h (b)

R^2：H
或—$CH_2CHOHCH_2OCH_2CH_2CH_2CH_3$
—CH_2COONa

图 5-56　$HBPCMS_E$ 水凝胶交联反应

采用的方法是沉淀交联法，这种方法就是在 LCST 以上进行沉淀交联反应，反应后能够产生很多非均相的多孔结构。在低温（低于 LCST）时反应的时间越长，聚合物链在均匀的状态下交联程度越高，溶液的黏度越高，聚合物链的流动性越小（当相分离发生时，相分离的速度减小）。在 LCST 以下线性聚合物的链交联成三维网络，在相分离过程中限制了距离远的聚合物链向相邻的聚合物链移动，聚合物链不能移动得太远，因此，在 LCST 以下反应时间越长，凝胶的孔径越小。

聚合物浓度对凝胶微观结构的形成有重要的作用，由于它决定了相分离过程中富集的聚合物的量，这和凝胶的结构、孔的大小和凝胶的弹性有很大的关系。图 5-57（a）是 HBPCMS 浓度对凝胶 SR 的影响，固定 EDGE 用量为 15μL，0.1mL 30% 的 NaOH，当 HBPCMS 用量为 0.4g、浓度为 14% 时凝胶的性能最好，此时凝胶的 SR 为 122。图 5-57（b）是 EDGE 用量对凝胶 SR 的影响，固定 0.4g 的 HBPCMS，浓度为 14%，0.1mL 30% 的 NaOH，当 EDGE 用量为 15μL 时，凝胶 SR 最大，为 122，此时凝胶的弹性和硬度最好。图 5-57（c）是 NaOH 浓度对凝胶 SR 的影响，固定 0.4g 的 HBPCMS，浓度为 14%，EDGE 用量为 15μL，由图可以看出凝胶的 SR 随 NaOH 浓度的增加而增大，但是 NaOH 浓度越高，凝胶越碎，当 NaOH 浓度为 30% 时凝胶的弹性最好。

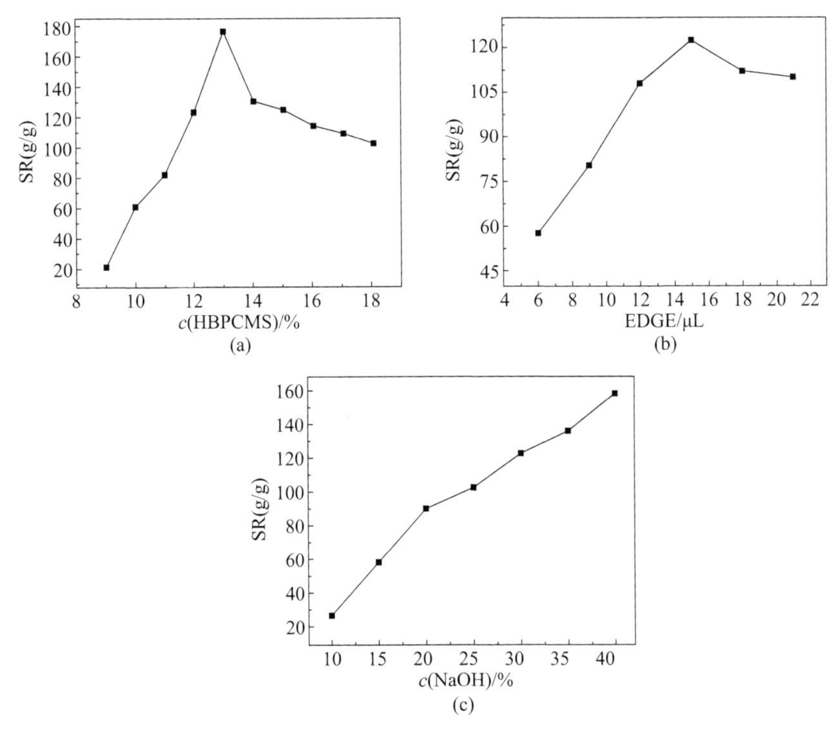

图 5-57　HBPCMS 溶液浓度 (a)、交联剂 EDGE 用量 (b) 及 NaOH 浓度（c）对 $HBPCMS_E$ 凝胶溶胀率的影响

由上述结果可以得到 $HBPCMS_E$ 水凝胶的最佳制备条件是：HBPCMS 质量 0.4g、浓度 14%，EDGE 用量为 15μL，0.1mL 30% 的 NaOH 溶液，60℃加热交联反应 4h。

5.4.2.3　$HBPCMS_E$ 凝胶的表征

图 5-58 是凝胶在 pH=2 和 pH=10 的溶液中溶胀平衡后的红外光谱图，与 HIPS/CMS 水凝胶的红外谱图类似，水凝胶在 3300 ～ 3500cm^{-1} 的宽吸收带属于淀粉链上羟基伸缩振动产生的吸收峰。在 2920cm^{-1} 和 2870cm^{-1} 附近产生的吸收峰分别属于—CH_2 的不对称和对称伸缩振动。1641cm^{-1} 是氢键的吸收峰。羧酸中羰基吸收峰在 1727cm^{-1} 处，凝胶在 pH=10 的溶液中溶胀平衡后，由于 O^-的共轭效应，羧酸负离子中羰基吸收峰向低波数 1593cm^{-1} 移动。

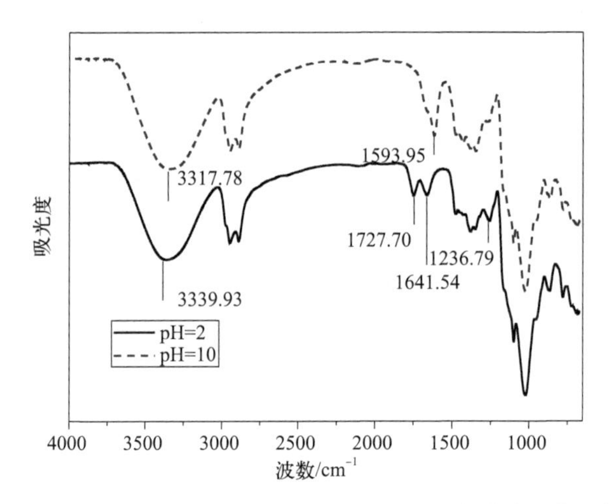

图 5-58　HBPCMS-3_E 水凝胶在 pH=2 和 pH=10 的溶液中溶胀平衡后的红外光谱

图 5-59 为在不同 pH 值的溶液中溶胀平衡后凝胶的 SEM 图片，由图可以看出，凝胶在酸性条件下孔道少且小，并且凝胶网络间有粘连，这是由于溶液的 pH 低时，凝胶内部羧基和羟基之间有氢键作用，不仅减小了孔径大小，还减少了孔道数目。在中性条件下，由于羧酸根离子间的静电排斥作用，孔径变大，因此可以清晰地观察到孔的存在。

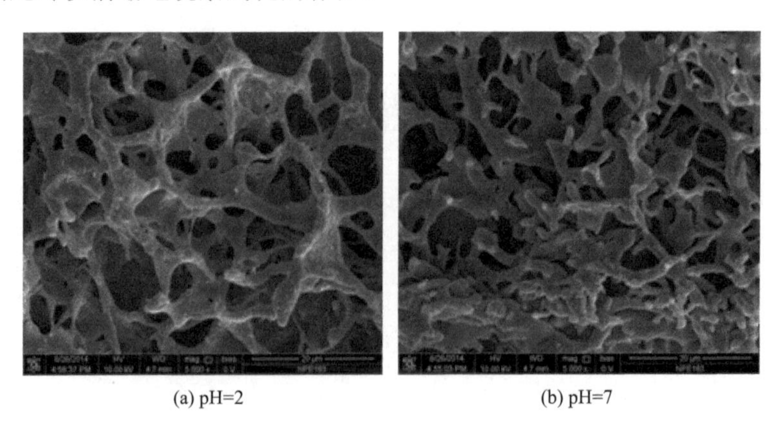

(a) pH=2　　(b) pH=7

图 5-59　$HBPCMS_E$ 水凝胶在不同 pH 条件下的 SEM 图片

5.4.2.4　$HBPCMS_E$ 凝胶的溶胀率

图 5-60 为室温下羧甲基取代度不同的水凝胶的 pH 响应性能曲线。曲线大致分为三部分：当 pH < 3.0 时，水凝胶的 SR 仅缓慢增大；在 pH 3.0 ～ 5.5 的范围内，随着溶液 pH 值的增大，水凝胶的 SR 急剧增大；当 pH>5.5 时，进一步增大溶液的 pH 值，水凝胶的 SR 变化不明显。

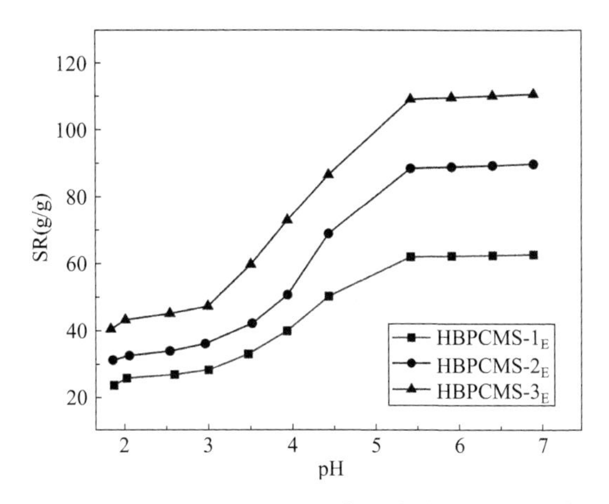

图 5-60　室温下 $HBPCMS_E$ 水凝胶的 pH 响应性能

当溶液的 pH 小于 3 时，凝胶网络中羧基与羟基之间的氢键占主导作用，凝胶网络结构致密，因此 SR 很小，并且羧甲基的取代度对凝胶的 SR 没有太大影响。在 pH 3.0 ～ 5.5 的范围内，随着 pH 值的增大，羧酸基团逐渐解离成羧酸根离子，羧酸根离子间的静电排斥作用使得凝胶网络处于一种疏松的状态，并且羧酸根负离子的水合作用远大于羟基的氢键作用，所以在这个范围内溶胀率迅速增大。溶液的 pH 高于 5.5 时，羧酸基团完全解离成羧酸根离子，因此，水凝胶的 SR 很大，并且进一步增大溶液的 pH 值对 SR 的影响很小。由图 5-60 还可以发现，当 pH>3 时，水凝胶的 SR 随 HBPCMS 中羧甲基取代度的增加而增加。

由图 5-61 可以看出，温度高时、介质的 pH 值低时凝胶的体积小，并且透光率都下降。在 pH 值为 2 的溶液中，凝胶的体积更小，凝胶变成完全不透明的白色，说明凝胶的 pH 响应行为占主导地位。

5.4.2.5　$HBPCMS_E$ 凝胶的溶胀动力学

从图 5-62 中可以看出，对于羧甲基取代度低的 $HBPCMS\text{-}1_E$ 水凝胶，溶胀率相对较低，这是由于 HBPCMS 淀粉醚中，羧甲基的取代度都较低，当溶胀介质 pH 突然增大时，羧酸根离子的量少，静电排斥作用小，所以 $HBPCMS\text{-}1_E$ 水凝胶的溶胀速率低。

随着羧甲基取代度的增大，凝胶的 SR 增大，溶胀速率也变快。当溶胀介质 pH 突然增大时，羧基在较短的时间内解离成羧酸根离子，羧甲基含量多的凝胶提供了更多水分子扩散到凝胶网络内部的通道，因此，在初始阶段水凝胶的溶胀速率很大，并且随着羧甲基取代度的增大，溶胀速率增大。但是凝胶网络中的羧基数目是一定的，随着时间的延长，水凝胶网络中羧基完全变成羧酸

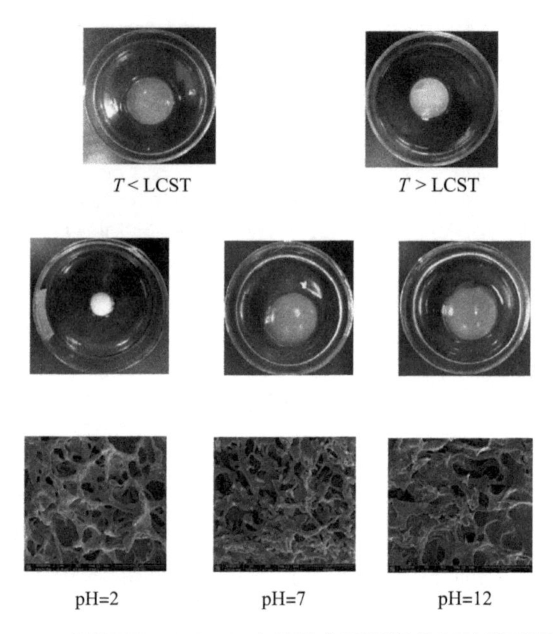

图 5-61 室温下 $HBPCMS_E$ 水凝胶在不同条件下的数码照片

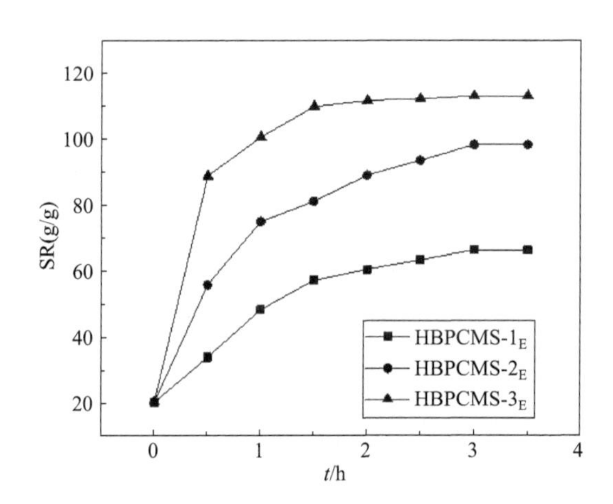

图 5-62 从 pH=3.0 的 HCl 溶液转入 pH=6.5 的 HCl 溶液中 $HBPCMS_E$ 凝胶的溶胀动力学曲线

根负离子时，凝胶的溶胀速率开始变慢。$HBPCMS\text{-}3_E$ 的溶胀率在 2h 时即不再发生明显的变化，$HBPCMS\text{-}1_E$ 在 4h 时才能够达到溶胀平衡。

5.4.2.6 $HBPCMS_E$ 水凝胶的温度和 pH 循环性

$HBPCMS_E$ 凝胶温度响应性能的可逆性如图 5-63（a）所示，环境温度在 25℃和 55℃间循环变化，可以看到随着温度的变化，凝胶可以可逆性地吸收和释放水。结果表明，凝胶的溶胀-退溶胀行为有很好的可逆性。

如图 5-63（b）所示，介质溶液的 pH 值在 3.0 和 6.5 间循环变化，凝胶在 pH 为 6.5 溶液中的溶胀率大于在 pH 为 3.0 溶液中的溶胀率。随着循环次数的增多，凝胶的在 pH 值高的介质中的 SR 逐渐减小，在 pH 值低的介质中的 SR 逐渐增大，SR 的可变化范围减小。经过 7 次循环后，凝胶在 pH 值为 6.5 的溶液中的 SR 由 106 下降到 86，在 pH 值为 3 的溶液中的 SR 由 12 增大到 23。这与新形成的交联有关，例如羧基和羟基之间反应生成新的化学键，增加了凝胶的交联密度，或者是疏水基团的相互作用。

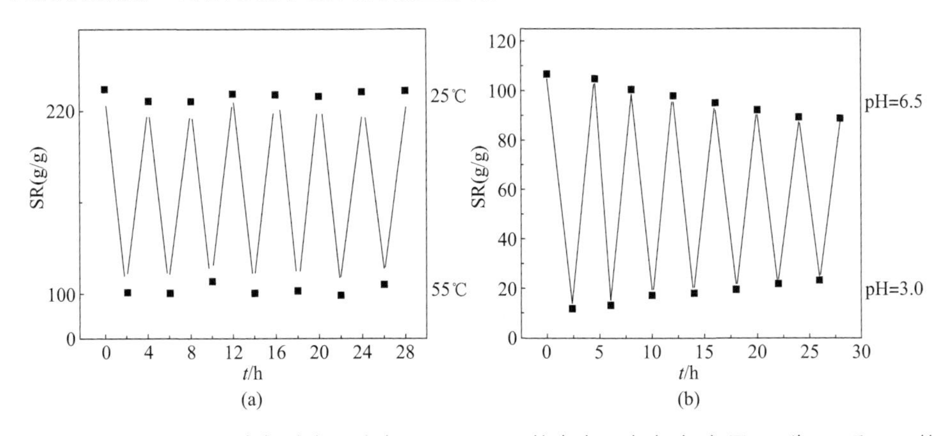

图 5-63　HBPCMS-3_E 水凝胶在温度为 25℃和 55℃的去离子水中（a）及 pH 为 3.0 和 6.5 的 HCl 溶液中（b）的循环变化的溶胀-退溶胀曲线

第6章 温度响应型烷基瓜尔胶化学品

近年来，以天然高分子为主链分别接枝不同基团制备的温度响应材料已经得到广泛的研究应用，最常见的是以淀粉、壳聚糖、纤维素为主链进行温敏改性，使其生物相容性与降解性都得到大幅度的提高。然而到目前为止却很少有以瓜尔胶（GG）为主链接枝聚合进行温敏改性的报道。瓜尔胶作为自然界中黏度最大的天然高分子多糖具有成本低、无毒、高溶解度等优点，其结构上存在着大量的羟基，在水溶液中很容易形成氢键。其甘露糖主链结构和半乳糖侧链结构，进一步增加了暴露出来的羟基的数目，使得具有氢键作用的产品与其他的亲水胶体产品有着不同的性能[43]。

本章以异丙基缩水甘油醚为醚化剂通过 Williamson 醚化反应制备了一系列不同取代度的温度响应型 2-羟基-3-异丙氧基丙基瓜尔胶醚（HIPGG）。分别考察了取代度、浓度以及无机盐对其 LCST 的影响。以尼罗红为荧光探针，研究了 HIPGG 对尼罗红增溶和温度控制释放的应用。

6.1 2-羟基-3-异丙氧基丙基瓜尔胶醚（HIPGG）合成

6.1.1 HIPGG 的合成方法

称取一定量的瓜尔胶加入 100mL 的三口烧瓶中，加入 12g 的去离子水搅拌溶解半小时直至溶解完全，加入 1g 质量分数为 40% 的 NaOH，充分碱化 1h，同时升高温度到 60℃，向三口烧瓶中加入一定量的异丙基缩水甘油醚，然后充分反应 5h，停止反应，将产品冷却至室温，将产品装入透析袋中放入去离子水中进行透析，直到电导率小于 10μS，将产品进行旋蒸，最后冷冻干燥处理，即可制备出具有一定取代度的 HIPGG。

6.1.2 HIPGG 的表征及合成条件优化

6.1.2.1 HIPGG 的表征

在以氢氧化钠为催化剂的条件下，瓜尔胶与异丙基缩水甘油醚的反应如图 6-1 所示：

由 HIPGG 的合成反应式中可以看到，瓜尔胶上的羟基在氢氧化钠催化下先反应生成氧负离子，使其亲核性增加，有利于反应的进行。随着氢氧化钠量

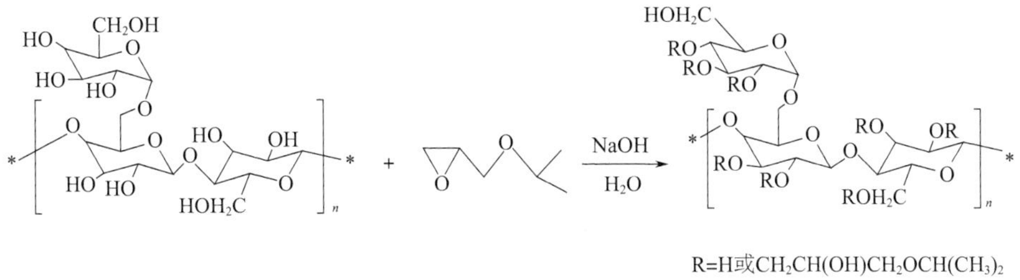

NaOH

H_2O

R=H或$CH_2CH(OH)CH_2OCH(CH_3)_2$

图 6-1　HIPGG 的合成反应

的增加，氧负离子的量增加，反应向正方向移动，反应速率增大，进而得到较大取代度的 HIPGG。HIPGG 的取代度可以采用 ^{1}H-NMR 来测定。

图 6-2 为 HIPGG 的氢核磁谱图，在 δ 1.00-1.20 处的峰为 HIPGG 的异丙基上的甲基峰，而 δ 3.40-4.20 处的峰为瓜尔胶葡萄糖单元上的质子峰（H2-H7），异丙氧基上 CH 的峰（H8）以及亚甲基的峰（H9）。δ 5.10-5.70 处的峰为瓜尔胶葡萄糖单元上 H1 的峰。HIPGG 的取代度通过式（6.1）来计算：

$$\mathrm{MS}=\frac{\left(\dfrac{I_{\mathrm{CH_3}}}{6}\right)}{I_{\mathrm{H1}}} \tag{6.1}$$

式中，$I_{\mathrm{CH_3}}$ 为 1.00 ～ 1.20 处的峰面积；I_{H1} 为 5.10 ～ 5.70 处的峰面积。

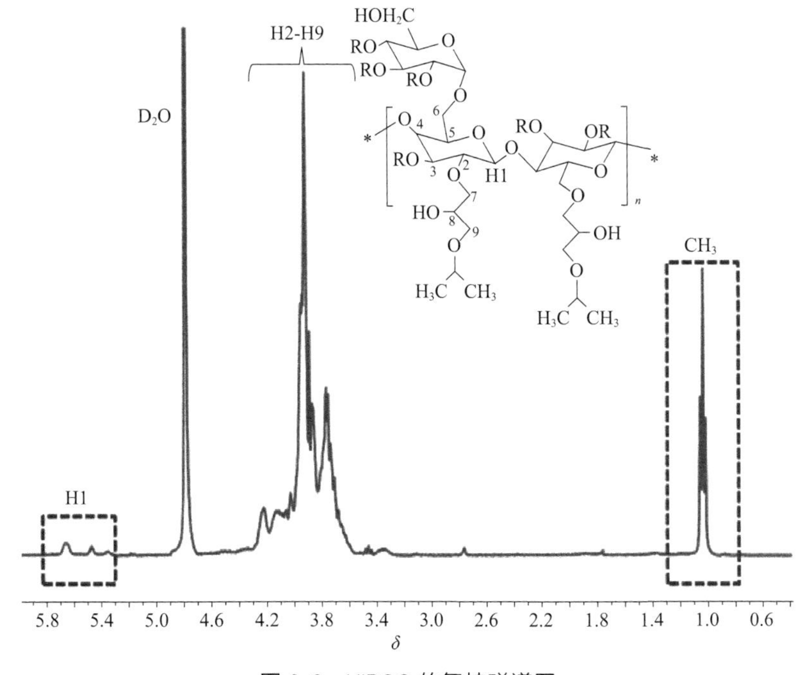

图 6-2　HIPGG 的氢核磁谱图

6.1.2.2 HIPGG 的合成条件优化

（1）正交实验　从 HIPGG 的合成反应式中可以看到，影响 HIPGG 合成的条件有水用量、NaOH（40%）用量、反应温度以及反应时间。按照其影响因素进行了正交实验，固定醚化剂用量 n(IPGE)∶n(AGU) 为 4∶1，合成 HIPGG 的正交实验因素与结果分别如表 6-1 与表 6-2 所示。

表 6-1　合成 HIPGG 的正交实验因素水平

水平	因素			
	A 水用量 $m(H_2O)$∶m(AGU)	B 碱用量 m(NaOH)∶m(AGU)	C 反应温度 /℃	D 反应时间 /h
1	5∶1	0.8∶1	60	4
2	6∶1	1.1∶1	70	5
3	7∶1	1.4∶1	50	6

表 6-2　合成 HIPGG 的正交实验结果

序号	水用量 $m(H_2O)$∶m(AGU)	碱用量 m(NaOH)∶m(AGU)	反应温度 /℃	反应时间 /h	MS
1	A1	B1	C1	D1	2.38
2	A1	B2	C2	D2	2.78
3	A1	B3	C3	D3	0.71
4	A2	B1	C2	D3	1.11
5	A2	B2	C3	D1	1.39
6	A2	B3	C1	D2	1.85
7	A3	B1	C3	D2	2.38
8	A3	B2	C1	D3	0.83
9	A3	B3	C2	D1	1.91
K_1	1.96	1.96	1.69	1.89	
K_2	1.45	1.67	1.57	2.34	
K_3	1.71	1.49	1.49	0.88	
极差	0.51	0.47	0.2	1.46	
因素主次顺序	反应时间 > 水用量 > 碱用量 > 反应温度				

通过图 6-3 可知，HIPGG 的取代度随着水用量的逐渐增加先减小后增大，随着 NaOH 用量的增加而逐渐减小，随着反应温度的升高而减小，随着反应时间的增加先增大后减小。由极差结果可知，四种因素的影响大小顺序为 D（反应时间）＞ A（水用量）＞ B（碱用量）＞ C（反应温度），基准条件为 A1、

B1、C1、D2，即水用量为 5∶1，碱用量为 0.8∶1，反应温度为 60℃，反应时间为 5h，并以此为基准条件对 HIPGG 的合成进行单因素实验。

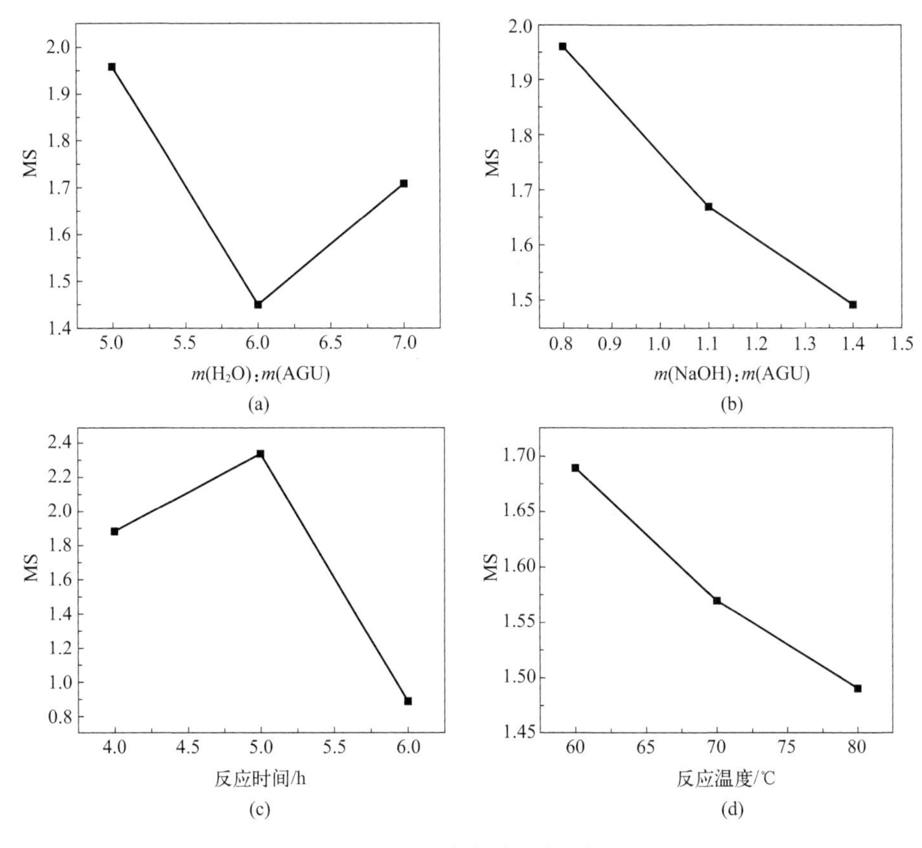

图 6-3　正交实验因素分析

（a）水用量；（b）碱用量；（c）反应时间；（d）反应温度

（2）反应时间对 HIPGG 取代度的影响　反应时间在瓜尔胶与异丙基缩水甘油醚的醚化反应过程中具有非常重要的作用，控制瓜尔胶的用量即 $m(AGU)$ 为 2g，水用量即 $m(H_2O)$∶$m(AGU)$ 为 5∶1，碱用量即 $m(NaOH)$∶$m(AGU)$ 为 0.8∶1，醚化剂用量即 $n(IPGE)$∶$n(AGU)$ 为 3∶1，反应温度为 60℃。考察了反应时间对 HIPGG 合成的取代度的影响，其结果如表 6-3 与图 6-4 所示。

由图 6-4 可以清楚地看到，所制备出的 HIPGG 的取代度随着反应时间的延长而增大，当反应时间由 4h 增加到 5h 时，反应时间增加了 1h，取代度增大了约 0.3，当反应时间达到 6h、7h 时，HIPGG 的取代度增幅变小。这主要是因为随着反应时间的延长，瓜尔胶溶解更充分，异丙基缩水甘油醚逐渐进入到瓜尔胶的内部，使得其反应效率变大，但随着时间增大到一定程度，反应已趋于

表 6-3　反应时间对 HIPGG 取代度的影响

水用量 $m(H_2O)$∶$m(AGU)$	碱用量 $m(NaOH)$∶$m(AGU)$	反应温度 /℃	反应时间 /h	MS
5∶1	0.8∶1	60	3	0.54
5∶1	0.8∶1	60	4	0.62
5∶1	0.8∶1	60	5	0.90
5∶1	0.8∶1	60	6	0.94

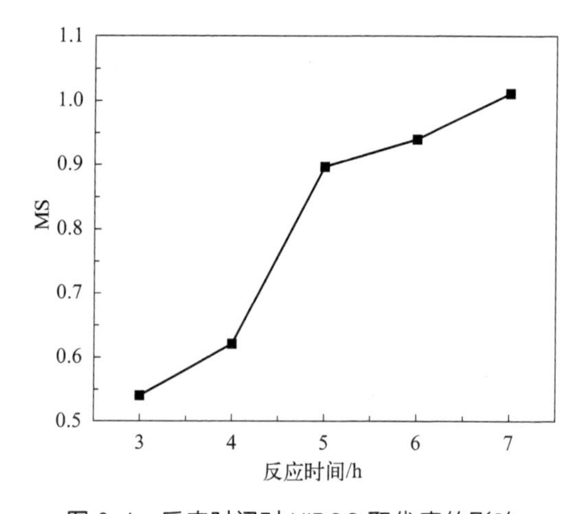

图 6-4　反应时间对 HIPGG 取代度的影响

平衡，取代度变化趋于平缓，所以选取反应时间 5h 为最佳的反应时间。

（3）水用量对 HIPGG 取代度的影响　水用量对于瓜尔胶与异丙基缩水甘油醚的反应同样起到很关键的作用，水用量不仅影响瓜尔胶的黏度以及反应体系的传质，还会影响瓜尔胶与异丙基缩水甘油醚之间的分子有效碰撞，进而影响 HIPGG 的取代度。控制瓜尔胶的用量即 $m(AGU)$ 为 2g，碱用量即 $m(NaOH)$∶$m(AGU)$ 为 0.8∶1，反应温度为 60℃，反应时间为 5h，醚化剂用量即 $n(IPGE)$∶$n(AGU)$ 为 3∶1，考察了水用量对 HIPGG 合成的取代度的影响，其结果如表 6-4 及图 6-5 所示。

表 6-4　水用量对 HIPGG 取代度的影响

水用量 $m(H_2O)$∶$m(AGU)$	碱用量 $m(NaOH)$∶$m(AGU)$	反应温度 /℃	反应时间 /h	MS
4∶1	0.8∶1	60	5	0
5∶1	0.8∶1	60	5	0.81
6∶1	0.8∶1	60	5	0.51
7∶1	0.8∶1	60	5	0.63

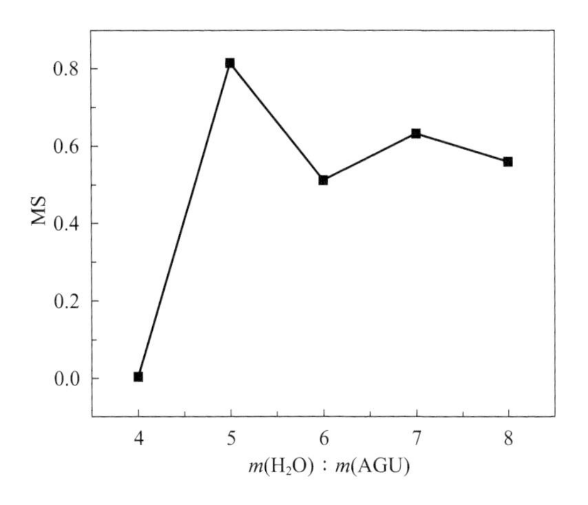

图 6-5　水用量对 HIPGG 取代度的影响

由图 6-5 可以看出，随着水用量的增加，HIPGG 的取代度先增加到 0.81，再降低到 0.56。由于瓜尔胶在冷水中的黏度很大，当水用量为 4∶1 时，瓜尔胶在水中无法完全溶解，无法实现搅拌，以至于无法进行下一步醚化反应；当水用量为 5∶1 时，HIPGG 的取代度达 0.81；当水用量继续增大时，HIPGG 的取代度则呈现下降趋势。这可能是由于随着水用量的增加，催化剂的浓度降低，分子间的有效碰撞减少，最终导致取代度降低，其次在反应过程中，存在异丙基缩水甘油醚开环的副反应，也会导致取代度降低。

（4）碱用量对 HIPGG 取代度的影响　NaOH 在醚化反应中作为催化剂，其作用为破坏瓜尔胶的结晶区，使其得到充分的溶胀，让更多的羟基活性位点暴露出来，使瓜尔胶葡萄糖单元环上的羟基反应生成氧负离子，进而与异丙基缩水甘油醚进行醚化反应。固定瓜尔胶的用量即 m(AGU) 为 2g，水用量即 $m(H_2O)$∶m(AGU) 为 5∶1，反应温度为 60℃，反应时间为 5h，醚化剂用量即 n(IPGE)∶n(AGU) 为 3∶1，考察了碱用量对 HIPGG 合成的取代度的影响，其结果如表 6-5 与图 6-6 所示。随着 NaOH 用量的增加，HIPGG 的取代度呈现先增大后减小的趋势，原因可能是随着 NaOH 用量的增加，瓜尔胶的溶胀程度逐

表 6-5　碱用量对 HIPGG 取代度的影响

水用量 $m(H_2O)$∶m(AGU)	碱用量 m(NaOH)∶m(AGU)	反应温度 /℃	反应时间 /h	MS
5∶1	0.8∶1	60	5	0.72
5∶1	1.1∶1	60	5	0.98
5∶1	1.4∶1	60	5	1.04
5∶1	1.7∶1	60	5	0.83

渐变大，其分子中有更多的氧负离子活性位点生成，极大地促进了瓜尔胶与异丙基缩水甘油醚的醚化反应的进行，当碱用量即 m(NaOH)∶m(AGU) 为 1.4∶1 时，HIPGG 的取代度达到最大值 1.04。随着 NaOH 用量的继续增加，HIPGG 的取代度则出现下降的趋势，这主要是因为反应体系里过多的碱的加入，使反应体系的副反应逐渐增加，异丙基缩水甘油醚发生开环，从而使得取代度降低。

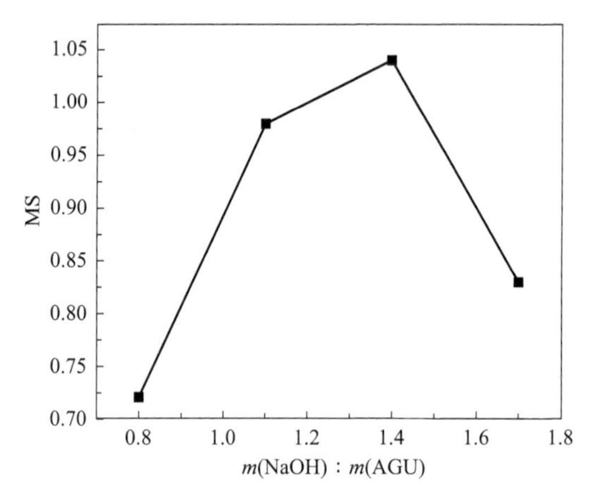

图 6-6　碱用量对 HIPGG 取代度的影响

（5）反应温度对 HIPGG 取代度的影响　反应温度的变化对醚化反应有着重要的影响：首先升高反应温度会使反应体系中的分子热运动速度加快，分子间的碰撞概率变大，使得醚化反应向正方向偏移；其次，由于瓜尔胶的葡萄糖单元上 2、3 位是顺式羟基，因而形成很牢固的氢键，升高反应体系温度，可以破坏瓜尔胶分子间的氢键，使瓜尔胶分子有更多的羟基裸露出来，进而形成更多的活性位点，使反应向正方向移动。固定瓜尔胶的用量为 2g，水用量即 $m(H_2O)$∶m(AGU) 为 5∶1，碱用量即 m(NaOH)∶m(AGU) 为 1.4∶1，反应时间为 5h，醚化剂用量即 n(IPGE)∶n(AGU) 为 3∶1，考察了反应温度对 HIPGG 合成的取代度的影响，其结果如表 6-6 与图 6-7 所示。HIPGG 的取代度随着温度的升高呈现先增大后减小的趋势。当温度由 50℃升高到 60℃时，HIPGG 取代度达到最大值 2.08，但随着温度的继续增加，HIPGG 的取代度则逐渐降低。这可能是因为温度逐渐升高，反应体系内的能量逐渐增多，使得副反应异丙基缩水甘油醚的开环反应增多，进而使得 HIPGG 的取代度降低，因此选取 60℃为最优反应温度。

本节通过对瓜尔胶与异丙基缩水甘油醚反应的正交与单因素实验的探讨，可以得出制备 2-羟基-3 异丙氧基丙基瓜尔胶醚的最优条件是水用量 $m(H_2O)$∶m(AGU) 为 5∶1，碱用量 m(NaOH)∶m(AGU) 为 1.4∶1，反应温度为 60 ℃，反应时间为 5h。参照优化后的反应条件，合成了一系列 HIPGG 产品，相关合成条件及产品 LCST 和临界胶束浓度等重要参数见表 6-7。

表 6-6　反应温度对 HIPGG 取代度的影响

水用量 $m(H_2O):m(AGU)$	碱用量 $m(NaOH):m(AGU)$	反应温度 /℃	反应时间 /h	MS
5∶1	1.4∶1	50	5	0.83
5∶1	1.4∶1	60	5	2.08
5∶1	1.4∶1	70	5	1.41
5∶1	1.4∶1	80	5	1.11

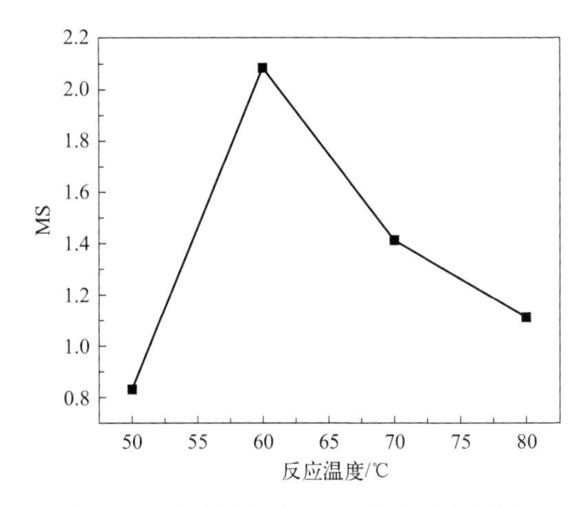

图 6-7　反应温度对 HIPGG 取代度的影响

表 6-7　HIPGG 样品取代度及相关参数

样品	$n(IPGE):n(AGU)$	MS	LCST/℃	临界胶束浓度 / (g/L)
HIPGG-1	3.0	0.98±0.02	43.7±1.7	0.108
HIPGG-2	3.5	1.19±0.03	41.2±1.2	0.071
HIPGG-3	4.0	1.42±0.04	37.1±1.0	0.051
HIPGG-4	4.5	1.63±0.01	34.1±1.4	0.046
HIPGG-5	5.0	2.01±0.05	29.6±1.1	0.031

6.2 HIPGG 的温度响应性能研究

6.2.1　HIPGG 取代度对 LCST 的影响

衡量高分子是否具有温度响应性能的一个重要参数是最低临界溶解温度，

即 LCST。以 5g/L HIPGG-3 水溶液为例，如图 6-8（a）所示，在低温时，HIPGG 水溶液呈透明状，当温度升高到 37.1℃时，透明的 HIPGG 水溶液变浑浊，而后随着温度的降低，溶液又变为透明。从图 6-8（a）可以看出，经过升温-降温循环实验后的溶液透光率值基本保持不变，也就是说，HIPGG 的水溶液具有可逆的相分离行为。图 6-8（b）是不同取代度的 HIPGG 水溶液（5g/L）透光率随温度的变化曲线，如图所示，所有不同取代度的 HIPGG 溶液均随着温度升高到 LCST 附近时，透光率急剧下降。这是因为在低温下，HIPGG 的亲水性骨架瓜尔胶与水分子形成氢键，使其溶解于水中，水溶液呈无色透明状，当温度升高到一定温度时，HIPGG 与水分子之间的氢键被破坏，而 HIPGG 的疏水性烷基链间的相互作用成为了主导作用，引起了 HIPGG 分子间的聚集，水溶液透光率下降，进而导致相分离行为的发生。此外，随着取代度的增加，LCST 也呈下降的趋势。由图 6-8（c）可知，LCST 随着取代度的增加呈线性关系下降，当取代度从 0.98 增加到 2.01，LCST 从 43.1℃下降到 29.1℃。其原因是随着温度的升高，具有较高取代度的 HIPGG 分子之间疏水缔合作用更加

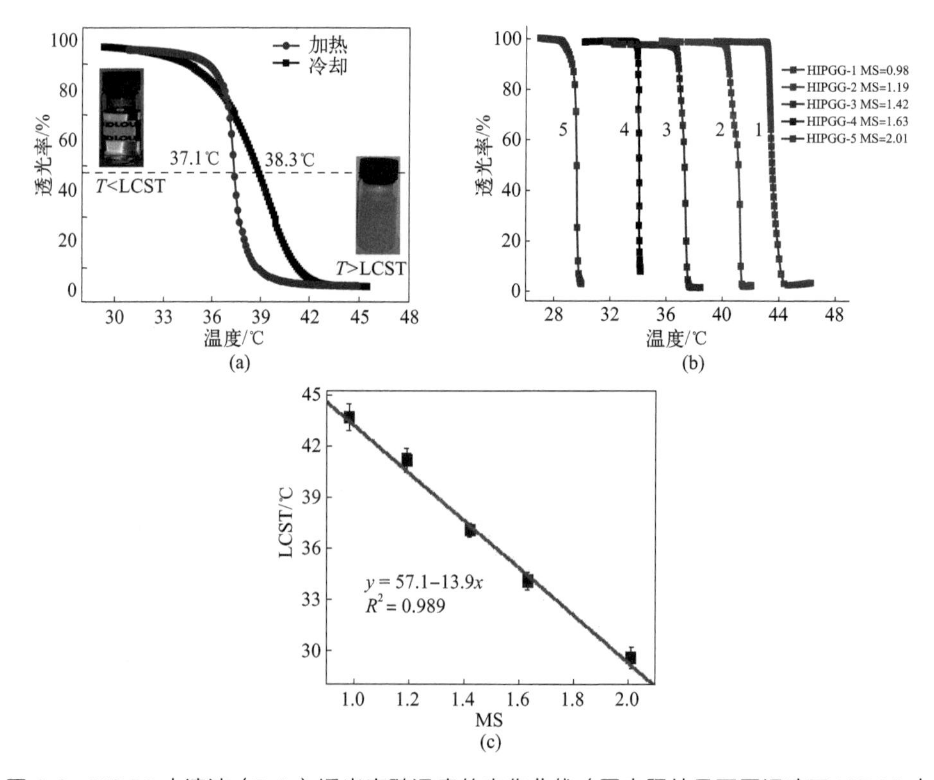

图 6-8　HIPGG 水溶液（5g/L）透光率随温度的变化曲线（图内照片是不同温度下 HIPGG 水溶液实物图）(a)，不同取代度的 HIPGG 水溶液的透光率随温度的变化曲线（b）及 HIPGG 的取代度与 LCST 的线性关系（c）

明显，导致了相分离温度的下降。值得一提的是，取代度在 0.98 ～ 2.01 范围内，HIPGG 溶液均具有较好的温度敏感性，然而当取代度小于 0.98 时，由于疏水侧链数量少，疏水性较弱，所以 HIPGG 溶液在加热过程中不具有相分离行为；取代度大于 2.01 时，由于疏水性过强，HIPGG 在水中不溶解。总之，以上的研究结果表明，HIPGG 的 LCST 可通过改变异丙基缩水甘油醚的取代度来调节。

6.2.2 HIPGG 浓度对 LCST 的影响

对于温度响应型聚合物而言，浓度是一项对 LCST 非常重要的影响因素，尤其是在药物释放领域的应用中，随着温度响应型聚合物浓度的不断减小，相对应地 LCST 值就会发生变化，其起到的效果也就会受到影响。因此研究浓度对温度响应材料 LCST 的影响就显得尤为重要。

以取代度为 1.42 的 HIPGG-3 为代表，配制了浓度分别为 10g/L、5g/L、1g/L、0.5g/L 的 HIPGG 溶液，采用控温紫外可见光谱仪检测其透光率，检测结果如图 6-9（a）所示，随着 HIPGG 浓度的降低，透光率曲线逐渐平稳。由图 6-9（b）可以看到，随着 HIPGG 溶液浓度的升高，其 LCST 值逐渐降低，当浓度低到一定程度时，其 LCST 值则基本不再变化。当浓度由 0.5g/L 升高到 10g/L 时，HIPGG 的 LCST 值由 56.1℃降低到 48℃，而 0.5g/L 与 1g/L 的 HIPGG 溶液的 LCST 值分别为 56.1℃与 56℃，基本没有变化。其原因主要是随着温度升高到 LCST 值，温度响应型聚合物 HIPGG 溶液通过结构中的疏水结构链相互聚集碰撞，从而发生相分离行为，使得 HIPGG 析出，溶液变浑浊。随着溶液中 HIPGG 浓度的逐渐降低，能够聚集的疏水结构链也减少，分子链之间的距离也

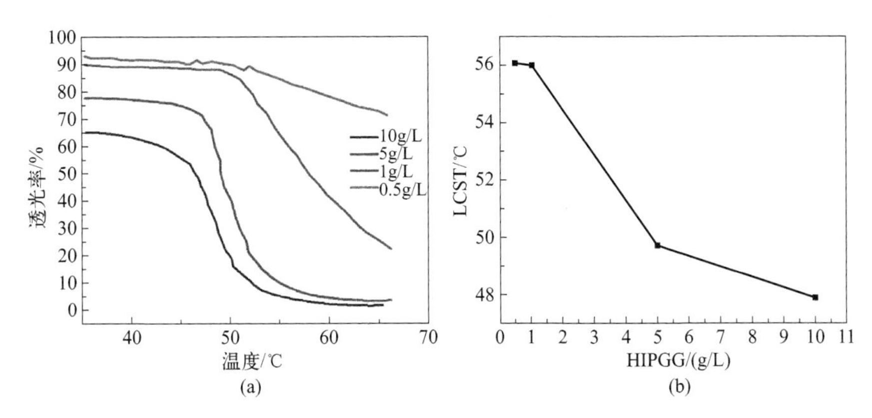

图 6-9　不同浓度的 HIPGG 溶液的透光率随温度的变化曲线（a）及 HIPGG 的浓度对 LCST 的影响（b）

就相隔较远，碰撞聚集的概率降低，从而需要从外部吸收更高的能量进行聚集析出进而发生相转变，因此随着浓度的降低，HIPGG 的 LCST 值则逐步增大。

6.2.3 电解质对 LCST 的影响

电解质的添加对 HIPGG 水溶液的相分离行为也有很重要的影响，选择 NaSCN、NaCl、Na_2CO_3 三种具有代表性的盐类研究电解质对 HIPGG 溶液温度敏感性的影响。图 6-10 是在不同浓度的 NaSCN、NaCl、Na_2CO_3 中，5g/L 的 HIPGG-3 溶液的透光率随温度的变化曲线。由图 6-10 可以看出，HIPGG-3 的 LCST 随着 NaCl 和 Na_2CO_3 的浓度从 0mol/L 增加至 0.3mol/L，其 LCST 从 37.3℃下降到 32.6℃和 24.9℃。HIPGG 之所以能溶解在水中主要是因为 HIPGG 与水之间的氢键作用，当 NaCl 或 Na_2CO_3 加入到溶液中后，减弱了 HIPGG 与水分子的氢键作用力，导致在加热过程中，水分子更易从 HIPGG 分子链上脱去，从而降低了 LCST。相反，HIPGG-3 的 LCST 随着 NaSCN 浓度的增大，呈现先上升后下降的趋势。添加的 SCN^-可与 HIPGG 分子链上的羟基产生络合作用，使 HIPGG 的溶解度增加，进而提高 LCST。

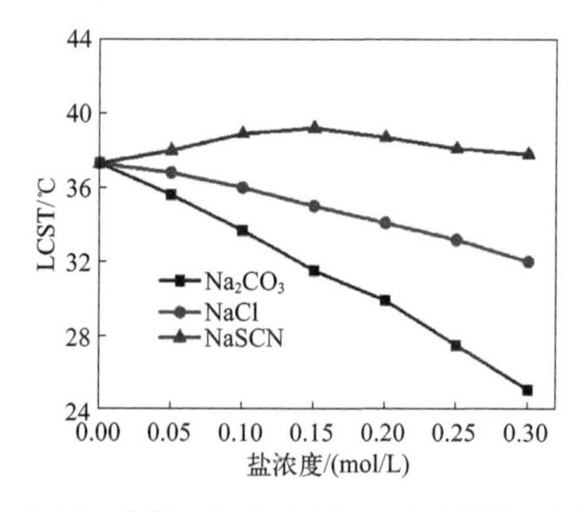

图 6-10 电解质种类和浓度对 HIPGG-3 水溶液 LCST 的影响

6.3 HIPGG 的自组装行为研究

与 PNIPAM 相似，在一定浓度下，HIPGG 分子在水中可以形成聚集体。以芘作为荧光探针，通过荧光光谱法研究了 HIPGG 聚集体的形成。芘在水溶液中的溶解度很小，然而在疏水性环境中，芘的荧光光谱发生明显变化，因此常用来测定 CMC。图 6-11（a）是不同 HIPGG-3 浓度下芘的激发光谱图，随着 HIPGG-3 的浓度从 0.0005g/L 增加到 0.7g/L，芘的荧光激发光谱强度逐渐增强。在 HIPGG-3 水溶液达到某一浓度时，芘激发光谱的最大峰强度从 334nm 红移至 338nm 处，这表明荧光探针芘所处环境的极性发生了变化，即从极性环境中转移到了弱极性或非极性的环境中，这意味着 HIPGG 聚集体的形成，使芘增溶到了 HIPGG-3 聚集体的疏水区域中。在不同 HIPGG-3 浓度下，I_{338}/I_{334} 的峰强度比值见图 6-11（b），所测得的 CMC 为 0.051g/L。此外，研究了不同取代度 HIPGG 产品的 CMC 值，从图 6-11（c）中可以看到，随着 HIPGG 取代度的增加，CMC 呈下降的趋势，取代度的增加意味着 HIPGG 分子疏水性的增强，分子之间更易发生疏水链之间的相互缔合，所以 CMC 下降。

通过 DLS 研究了 HIPGG-3 聚集体粒径随温度的变化。由图 6-11（d）可以看出，当温度从 20℃升高至 32℃时，HIPGG-3 聚集体粒径无明显的变化；当温度由 33℃升高到 37℃，聚集体粒径从 195nm 迅速增大至 378nm；随着温度

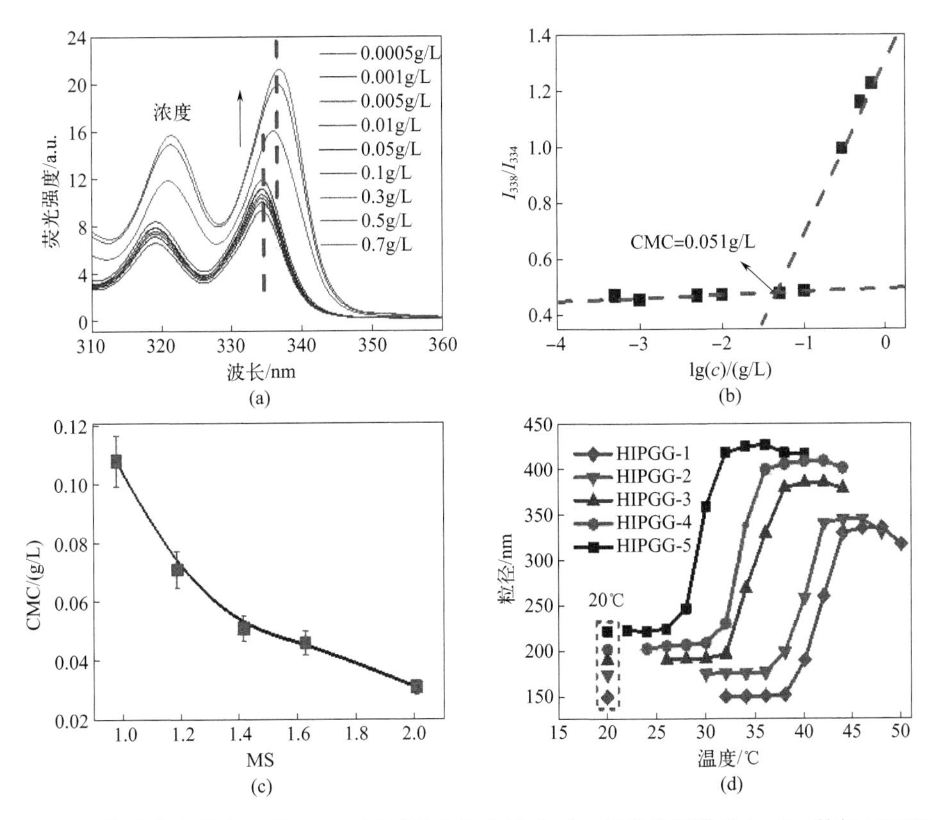

图 6-11　芘激发光谱随不同 HIPGG 浓度的变化曲线（a），芘激发光谱的 I_{338}/I_{334} 值与 HIPGG 浓度的关系曲线图（b），不同取代度的 HIPGG 产品的 CMC 值（c）及不同取代度的 HIPGG 产品的粒径随温度的变化曲线（d）

的继续升高，HIPGG-3 聚集体的粒径下降至 358nm，这是因为随着温度继续升高，聚集体自身进一步脱水、收缩，导致粒径略有下降。

6.4
HIPGG 对尼罗红的增溶和释放行为研究

分别配制浓度为 0.001g/L、0.002g/L、0.003g/L、0.004g/L、0.005g/L 的尼罗红的乙酸乙酯溶液，超声溶解半小时，根据所测试的吸光度绘制的标准曲线如图 6-12 所示，其线性拟合方程为 $Y=146.98x-0.01244$，方差为 0.999。

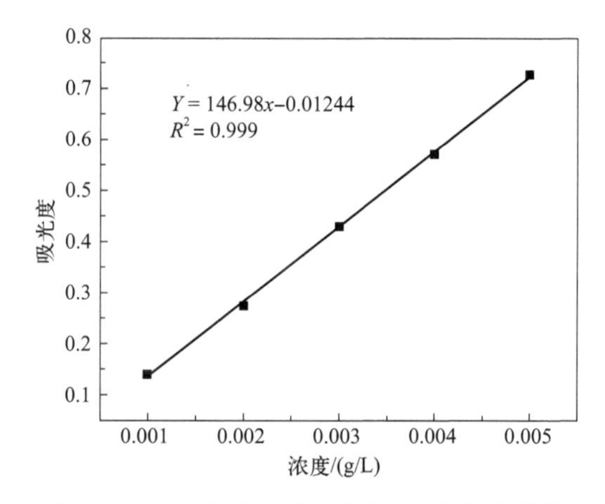

图 6-12　尼罗红在乙酸乙酯溶液中的标准曲线

使用微量进样器吸取一定量尼罗红的乙酸乙酯溶液（50mg/L）于 10mL 的容量瓶中，将乙酸乙酯吹干，加入一定浓度的 HIPGG 水溶液，放入超声中振荡，使其溶解并静置过夜。样品在 36℃、38℃和 42℃的环境下，利用荧光光谱仪研究 HIPGG 对尼罗红的温度控制释放行为。

图 6-13（a）是在不同浓度的 HIPGG-3 溶液中，尼罗红的荧光强度的变化（激发波长为 490nm）。由图 6-13（a）可以看出，随着 HIPGG 溶液浓度的增加，尼罗红的荧光强度增强。此外，当 HIPGG 水溶液浓度低于其 CMC 时，尼罗红的荧光强度相对较弱，当 HIPGG 溶液浓度高于 CMC 时，由于 HIPGG 分子自组装形成聚集体，使尼罗红增溶到聚集体疏水区域中，所以尼罗红的荧光强度突然增大，其他取代度的 HIPGG 也具有相似的研究结果。由图 6-13（b）可以看出，不同取代度的 HIPGG 随着浓度的增加荧光强度也逐渐增加。

增溶于 HIPGG 聚集体中的尼罗红可通过改变 Nile Red-HIPGG 水溶液体系

的温度实现可控释放。由图 6-13（c）可以看出，温度为 36℃时，HIPGG 聚集体中尼罗红的荧光强度随着时间的增加无明显变化，这说明在此温度下，增溶于 HIPGG 聚集体中的尼罗红在 150h 内无明显的释放。当温度为 38℃时，尼罗红的荧光强度随着时间的增加逐渐下降，这表明当温度高于 LCST 时，由于聚集体结构发生了形变，尼罗红从 HIPGG 聚集体中释放到水溶液中，导致了尼罗红荧光淬灭，进而荧光强度下降。从图 6-13（c）也可以看出，随着尼罗红-HIPGG 聚集体水溶液体系温度的增加，荧光强度随时间的增加呈现了较快的下降趋势，这也说明尼罗红从 HIPGG 聚集体中的释放过程可通过改变温度来调节。

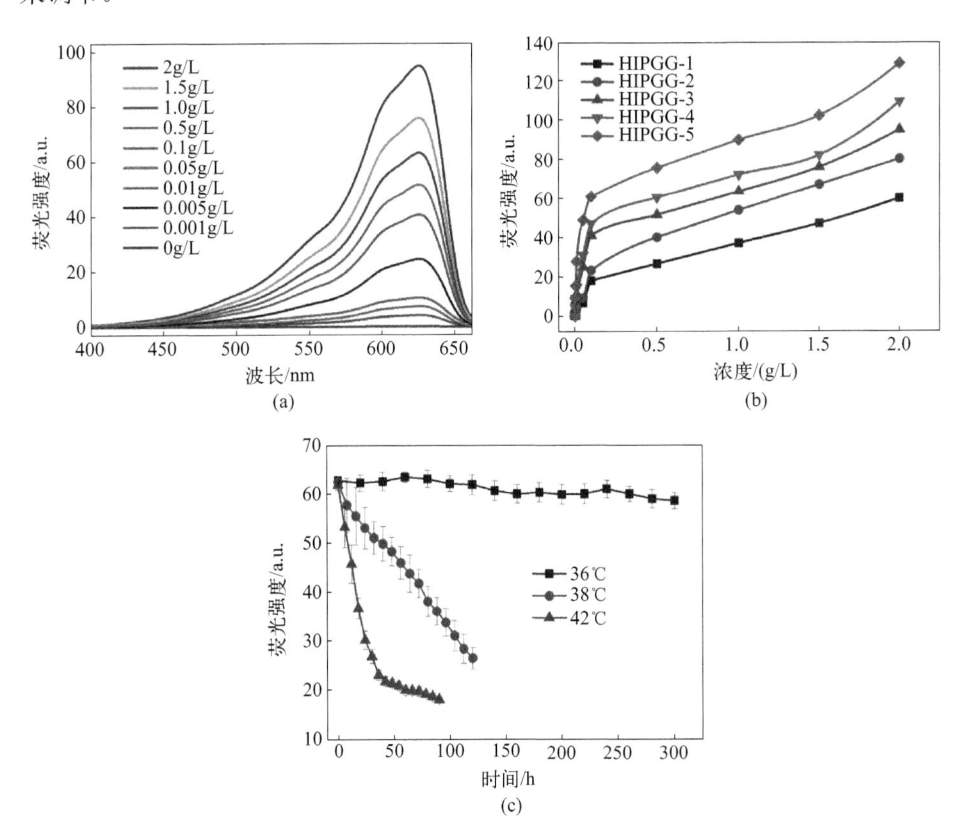

图 6-13　尼罗红在不同浓度 HIPGG-3 水溶液中的发射光谱（λex=490nm）（a），尼罗红发射光谱 λmax 荧光强度随 HIPGG 浓度的变化（b）及 HIPGG-3 胶束聚集体在 36℃、38℃和 42℃时尼罗红荧光强度随时间的变化（c）

参考文献

[1] 姚康德，许美萱，成国祥，等 . 智能材料 :21 世纪的新材料 [M]. 天津：天津大学出版社，1996.

[2] Roy D, Brooks W L A, Sumerlin B S. New directions in thermoresponsive polymers[J]. Chemical Society Reviews, 2013, 42(17): 7214-7243.

[3] Vancoillie G, Frank D, Hoogenboom R. Thermoresponsive poly (oligo ethylene glycol acrylates)[J]. Progress in Polymer Science, 2014, 39(6): 1074-1095.

[4] 陈丽琼，张黎明，陈建军，等 . 新型两亲性含糖嵌段聚合物的合成与自组装 [J]. 高等学校化学学报，2010, 31(08): 1676-1681.

[5] 张夏聪，李文，张阿方 . 温度敏感树形聚合物 [J]. 化学进展，2012, 24(09): 1765-1775.

[6] Xu X, Liu Y, Fu W, et al. Poly (*N*-isopropylacrylamide)-based thermoresponsive composite hydrogels for biomedical applications[J]. Polymers, 2020, 12(3): 580

[7] Tang L, Wang L, Yang X, et al. Poly (*N*-isopropylacrylamide)-based smart hydrogels: Design, properties and applications[J]. Progress in Materials Science, 2021, 115: 100702.

[8] Ding Y, Zhang G. Microcalorimetric investigation on association and dissolution of poly (*N*-isopropylacrylamide) chains in semidilute solutions[J]. Macromolecules, 2006, 39(26): 9654-9657.

[9] Lu Y, Han Y, Liang J, et al. Inverse thermally reversible gelation-based hydrogels: Synthesis and characterization of *N*-isopropylacrylamide copolymers containing deoxycholic acid in the side chain[J]. Polymer Chemistry, 2011, 2(8): 1866-1871.

[10] Loh X J, Zhang Z X, Wu Y L, et al. Synthesis of novel biodegradable thermoresponsive triblock copolymers based on poly (*R*)-3-hydroxybutyrate and poly (*N*-isopropylacrylamide) and their formation of thermoresponsive micelles[J]. Macromolecules, 2009, 42(1): 194-202.

[11] Maeda Y, Sakamoto J, Wang S Y, et al. Lower critical solution temperature behavior of poly (*N*-(2-ethoxyethyl)acrylamide) as compared with poly (*N*-isopropylacrylamide)[J]. Journal of Physical Chemistry B, 2009, 113(37): 12456-12461.

[12] Perez-Ramirez H A, Haro-Perez C, Odriozola G. Effect of temperature on the cononsolvency of poly (*N*-isopropylacrylamide) (PNIPAM) in aqueous 1-propanol[J]. ACS Applied Polymer Materials, 2019, 1(11): 2961-2972.

[13] Brummelhuis N T, Secker C, Schlaad H. Hofmeister salt effects on the lcst behavior of poly (2-oxazoline) star ionomers[J]. Macromolecular Rapid Communications, 2012, 33(19): 1690-1694.

[14] Lutz J-F, Akdemir O, Hoth A. Point by point comparison of two thermosensitive polymers exhibiting a similar LCST: Is the age of poly(NIPAM) over?[J]. Journal of the American Chemical Society, 2006, 128(40): 13046-13047.

[15] Zeng F, Tong Z, Feng H Q. NMR investigation of phase separation in poly (*N*-isopropyl

acrylamide)/water solutions[J]. Polymer, 1997, 38(22): 5539-5544.

[16] 徐阳粼 . 聚合物多重环境响应行为的 NMR 研究 [D]. 北京：中国科学院研究生院，2011.

[17] Shi Y L, Ju B Z, Zhang S F. Flocculation behavior of a new recyclable flocculant based on pH responsive tertiary amine starch ether[J]. Carbohydrate Polymers, 2012, 88(1): 132-138.

[18] Tian Y, Ju B Z, Zhang S F, et al. Thermoresponsive cellulose ether and its flocculation behavior for organic dye removal[J]. Carbohydrate Polymers, 2016, 136: 1209-1217.

[19] Zeng K, Xu D, Gong S, et al. Thermoresponsive hydrogels with sulfated polysaccharide-derived copolymers: The effect of carbohydrate backbones on the responsive and mechanical properties[J]. Cellulose, 2023, 30(13): 8355-8368.

[20] Graham S, Marina P F, Blencowe A. Thermoresponsive polysaccharides and their thermoreversible physical hydrogel networks[J]. Carbohydrate Polymers, 2019, 207: 143-159.

[21] Dai M, Zhang Y, Zhang L, et al. Multipurpose polysaccharide-based composite hydrogel with magnetic and thermoresponsive properties for phosphorus and enhanced copper (Ⅱ) removal[J]. Composites Part A-Applied Science and Manufacturing, 2022, 157: 106916.

[22] Chen J, Frazier C E, Edgar K J. In situ forming hydrogels based on oxidized hydroxypropyl cellulose and Jeffamines[J]. Cellulose, 2021, 28(18): 11367-11380.

[23] Jong K, Ju B Z, Kim G, et al. Preparation of temperature-pH dual-responsive hydrogel from hydroxyethyl starch for drug delivery[J]. Colloid and Polymer Science, 2023, 301(5): 455-464.

[24] Dai M Y, Shang Y, Li M, et al. Synthesis and characterization of starch ether/alginate hydrogels with reversible and tunable thermoresponsive properties[J]. Materials Research Express, 2020, 7(8): 085701.

[25] 尚枝，穆齐锋，张青松 . 中国温度敏感凝胶研究——回顾与展望 [J]. 材料导报，2014, 28(07): 53-60, 84.

[26] Graham S, Marina P F, Blencowe A. Thermoresponsive polysaccharides and their thermoreversible physical hydrogel networks[J]. Carbohydrate Polymers, 2019, 207: 143-159.

[27] Lencina M M S, Ciolino A E, Andreucetti N A, et al. Thermoresponsive hydrogels based on alginate-*g*-poly (*N*-isopropylacrylamide) copolymers obtained by low doses of gamma radiation[J]. European Polymer Journal, 2015, 68: 641-649.

[28] Shang Y, Dai M, Liu Y, et al. Research progress on preparation of natural polysaccharide-based hydrogels and removal of heavy metals from water body: A review[J]. Journal of Dalian Ocean University, 2021, 36(2): 347-354.

[29] Parasuraman D, Serpe M J. Poly (*N*-isopropylacrylamide) microgel-based assemblies for organic dye removal from water[J]. ACS Applied Materials & Interfaces, 2011, 3(12): 4714-4721.

[30] Tian Y, Ju B, Zhang S, et al. Thermoresponsive cellulose ether and its flocculation behavior for organic dye removal[J]. Carbohydrate Polymers, 2016, 136: 1209-1217.

[31] Kelarakis A, Tang T, Havredaki V, et al. Micellar and surface properties of a poly (methyl methacrylate)-block-poly (*N*-isopropylacrylamide) copolymer in aqueous solution[J]. Journal of Colloid and Interface Science, 2008, 320(1): 70-73.

[32] Chen G H, Guan Z B. Transition metal-catalyzed one-pot synthesis of water-soluble dendritic molecular nanocarriers[J]. Journal of the American Chemical Society, 2004, 126(9): 2662-2663.

[33] Stuart M C A, van de Pas J C, Engberts J. The use of nile red to monitor the aggregation behavior in ternary surfactant-water-organic solvent systems[J]. Journal of Physical Organic Chemistry, 2005, 18(9): 929-934.

[34] Jong K, Ju B Z, Zhang S F. Synthesis of pH-responsive *N*-acetyl-cysteine modified starch derivatives for oral delivery[J]. Journal of Biomaterials Science-Polymer Edition, 2017, 28(14): 1525-1537.

[35] Jong K, Ju B Z, Xiu J H, et al. Temperature and pH dual responsive 2-(dimethylamino) ethanethiol modified starch derivatives via a thiol-yne reaction for drug delivery[J]. Colloid and Polymer Science, 2018, 296(3): 627-636.

[36] Jong K, Ju B Z. Thermo-responsive behavior of propynyl-containing hydroxyethyl starch[J]. Colloid and Polymer Science, 2017, 295(2): 307-315.

[37] Ju B Z, Zhang C L, Zhang S F. Thermoresponsive starch derivates with widely tuned LCSTs by introducing short oligo(ethylene glycol) spacers[J]. Carbohydrate Polymers, 2014, 108: 307-312.

[38] Ju B Z, Yan D M, Zhang S F. Micelles self-assembled from thermoresponsive 2-hydroxy-3-butoxypropyl starches for drug delivery[J]. Carbohydrate Polymers, 2012, 87(2): 1404-1409.

[39] Tian Y, Liu Y, Ju B Z, et al. Thermoresponsive 2-hydroxy-3-isopropoxypropyl hydroxyethyl cellulose with tunable lcst for drug delivery[J]. RSC Advances, 2019, 9(4): 2268-2276.

[40] Dai M Y, Tian Y, Fan J Z, et al. Tuning of lower critical solution temperature of thermoresponsive 2-hydroxy-3-alkoxypropyl hydroxyethyl cellulose by alkyl side chains and additives[J]. Bioresources, 2019, 14(4): 7977-7991.

[41] Dai M Y, Liu Y, Ju B Z, et al. Preparation of thermoresponsive alginate/starch ether composite hydrogel and its application to the removal of Cu(Ⅱ) from aqueous solution[J]. Bioresource Technology, 2019, 294: 122192.

[42] Dai M, Zhao J, Zhang Y, et al. Dual-responsive hydrogels with three-stage optical modulation for smart windows[J]. ACS Applied Materials & Interfaces, 2022, 14(47): 53314-53322.

[43] Tian Y, Shang Y, Ma H, et al. Synthesis of 2-hydroxy-3-isopropoxypropyl guar gum and its thermo-responsive property for controlled release[J]. Bioresources, 2020, 15(4): 7615-7627.